DIN-Taschenbuch 317/4

Jetzt diesen Titel zusätzlich als E-Book downloaden und 70 % sparen!

Als Käufer dieses Buchtitels haben Sie Anspruch auf ein besonderes Kombi-Angebot: Sie können den Titel zusätzlich zum Ihnen vorliegenden gedruckten Exemplar für nur 30 % des Normalpreises als E-Book beziehen.

Der BESONDERE VORTEIL: Im E-Book recherchieren Sie in Sekundenschnelle die gewünschten Themen und Textpassagen. Denn die E-Book-Variante ist mit einer komfortablen Volltextsuche ausgestattet!

Deshalb: Zögern Sie nicht. Laden Sie sich am besten gleich Ihre persönliche E-Book-Ausgabe dieses Titels herunter.

In 3 einfachen Schritten zum E-Book:

❶ Rufen Sie die Website **www.dinmedia.de/e-book** auf.

❷ Geben Sie hier Ihren persönlichen, nur einmal verwendbaren E-Book-Code ein:

39549019580DK63

❸ Klicken Sie das „Download-Feld" an und gehen dann weiter zum Warenkorb. Führen Sie den normalen Bestellprozess aus.

Hinweis: Der E-Book-Code wurde individuell für Sie als Erwerber dieses Buches erzeugt und darf nicht an Dritte weitergegeben werden. Mit Zurückziehung dieses Buches wird auch der damit verbundene E-Book-Code für den Download ungültig.

DIN-Taschenbuch 317/4

Ihre Kontakte für Auskünfte und Bestellungen:
DIN Media GmbH
Telefon: +49 30 588 857 00-70
E-Mail: kundenservice@dinmedia.de

DIN

DIN-Taschenbuch 317/4

Werkstoffprüfung 4

Mechanisch-technologische Prüfverfahren 3: Kerbschlagbiegeversuch

1. Auflage

Stand der enthaltenen Normen: Februar 2026

Herausgeber: DIN Deutsches Institut für Normung e. V.

DIN Media GmbH

Herausgeber: DIN Deutsches Institut für Normung e. V.

© 2026 DIN Media GmbH
Am DIN-Platz
Burggrafenstraße 6
10787 Berlin

Telefon: +49 30 588 857 00-70
Internet: www.dinmedia.de
E-Mail: kundenservice@dinmedia.de

Satz: DIN Media GmbH, Berlin
Druck: BOOKS FACTORY Sp. z o.o., ul. Cukrowa 22, PL-71-004 Szczecin

Gedruckt auf säurefreiem, alterungsbeständigem Papier nach DIN EN ISO 9706

ISBN 978-3-410-39549-2
ISBN (E-Book) 978-3-410-39550-8

Vorwort

Das vorliegende DIN-Taschenbuch bietet eine kompakte und praxisorientierte Zusammenstellung der wichtigsten Normen zum Thema Kerbschlagbiegeversuch und Schlagzähigkeitsprüfung metallischer und polymerer Werkstoffe.

Der Kerbschlagbiegeversuch stellt ein bewährtes Prüfverfahren zur Bewertung des mechanischen Werkstoffverhaltens bei schlagartiger Beanspruchung dar. Insbesondere in sicherheitsrelevanten Anwendungsbereichen wie Maschinenbau, Fahrzeugtechnik oder Anlagenbau kommt der normgerechten Durchführung dieser Prüfungen eine besondere Bedeutung zu.

Dieses DIN-Taschenbuch richtet sich gezielt an kleine und mittelständische Unternehmen, Prüflabore, Werkstoffprüfer und Konstrukteure, die regelmäßig Prüfungen an metallischen und polymeren Werkstoffen durchführen oder bewerten müssen. Die Zusammenstellung unterstützt bei der Auswahl geeigneter Prüfverfahren und bietet eine praxisnahe Orientierung zur Anwendung der relevanten Normen. In diesem Zuge soll auf weiterführende Literatur hingewiesen werden, die sich ebenfalls mit der Thematik der Werkstoffprüfungen befasst:

- DIN-Taschenbuch 317/1 – Grundlagen: Maschinentechnik, Probekörper und Messgenauigkeit
- DIN-Taschenbuch 317/2 – Zug- und Biegeprüfung
- DIN-Taschenbuch 317/3 – Härteprüfungen
- DIN-Taschenbuch 317/5 – Zerstörungsfreie Prüfung

Inhalt

Maßgebend für das Anwenden jeder in diesem DIN-Taschenbuch enthaltenen Norm ist deren Fassung mit dem neuesten Ausgabedatum.

Sie können sich auch über den aktuellen Stand unter der Telefon-Nr. +49 30 588 857 00-70 oder im Internet unter www.dinmedia.de informieren.

Hinweise zur Nutzung von DIN-Taschenbüchern und Normen-Handbüchern

Was sind DIN-Normen?

DIN Deutsches Institut für Normung e. V. erarbeitet Normen und Standards als Dienstleistung für Wirtschaft, Staat und Gesellschaft. Die Hauptaufgabe von DIN besteht darin, gemeinsam mit Vertreterinnen und Vertretern der interessierten Kreise konsensbasierte Normen markt- und zeitgerecht zu erarbeiten. Hierfür bringen rund 35.000 Expertinnen und Experten ihr Fachwissen in die Normungsarbeit ein. Aufgrund eines Vertrages mit der Bundesregierung ist DIN als die nationale Normungsorganisation und als Vertreter deutscher Interessen in den europäischen und internationalen Normungsorganisationen anerkannt. Heute ist die Normungsarbeit von DIN zu fast 90 Prozent international ausgerichtet. DIN-Normen können Nationale Normen, Europäische Normen oder Internationale Normen sein. Welchen Ursprung und damit welchen Wirkungsbereich eine DIN-Norm hat, ist aus deren Bezeichnung zu ersehen:

DIN (plus Zählnummer, z. B. DIN 4701)

Hier handelt es sich um eine Nationale Norm, die ausschließlich oder überwiegend nationale Bedeutung hat oder als Vorstufe zu einem internationalen Dokument veröffentlicht wird (Entwürfe zu DIN-Normen werden zusätzlich mit einem „E" gekennzeichnet). Die Zählnummer hat keine klassifizierende Bedeutung. Bei Nationalen Normen mit Sicherheitsfestlegungen aus dem Bereich der Elektrotechnik ist neben der Zählnummer des Dokumentes auch die VDE-Klassifikation angegeben (z. B. DIN VDE 0100).

DIN EN (plus Zählnummer, z. B. DIN EN 71)

Hier handelt es sich um die deutsche Ausgabe einer Europäischen Norm, die unverändert von allen Mitgliedern der europäischen Normungsorganisationen CEN/CENELEC/ETSI übernommen wurde. Bei Europäischen Normen der Elektrotechnik ist der Ursprung der Norm aus der Zählnummer ersichtlich: Von CENELEC erarbeitete Normen haben Zählnummern zwischen 50000 und 59999, von CENELEC übernommene Normen, die in der IEC erarbeitet wurden, haben Zählnummern zwischen 60000 und 69999, Europäische Normen des ETSI haben Zählnummern im Bereich 300000.

DIN EN ISO oder DIN EN ISO/IEC (plus Zählnummer, z. B. DIN EN ISO 306)

Hier handelt es sich um die deutsche Ausgabe einer Europäischen Norm, die mit einer Internationalen Norm identisch ist und die unverändert von allen Mitgliedern der europäischen Normungsorganisationen CEN/CENELEC/ETSI übernommen wurde.

DIN ISO, DIN IEC oder DIN ISO/IEC (plus Zählnummer, z. B. DIN ISO 720)

Hier handelt es sich um die unveränderte Übernahme einer Internationalen Norm in das Deutsche Normenwerk.

Weitere Ergebnisse der Normungs- und Standardisierungsarbeit bei DIN können sein:

Technische Spezifikation (DIN/TS)

Eine Technische Spezifikation ist ein normatives Dokument, bei dem die künftige Möglichkeit zur Annahme als Norm gegeben ist, jedoch zurzeit die Veröffentlichung als Norm aus unterschiedlichen Gründen ausgeschlossen ist (z. B. wenn die technische Entwicklung des Normungsgegenstandes noch nicht abgeschlossen ist).

ANMERKUNG: Publikationen bis 2019 wurden unter der Bezeichnung „DIN SPEC (Vornorm)" bzw. „Vornorm" geführt.

ANMERKUNG: Eine Technische Spezifikation von DIN kann auch die Übernahme einer europäischen oder internationalen Technischen Spezifikation beinhalten.

Technischer Report (DIN/TR)

Bei einem Technischen Report handelt es sich um ein informatives Dokument zum technischen Inhalt von Normungsarbeiten (z. B. Daten, die aus einer Umfrage gewonnen wurden, oder Informationen zum „Stand der Technik" auf einem bestimmten Gebiet).

ANMERKUNG: Publikationen bis 2019 wurden unter der Bezeichnung „DIN SPEC (Fachbericht)" bzw. „Fachbericht" geführt.

ANMERKUNG: Ein Technischer Report von DIN kann auch die Übernahme eines europäischen oder internationalen Technischen Reports beinhalten.

DIN SPEC

Eine DIN SPEC ist ein Dokument, das in einem temporär zusammengestellten Gremium unter Beratung von DIN und ohne zwingende Einbeziehung aller interessierten Kreise erarbeitet wird.

ANMERKUNG: Unter dem Produktnamen DIN SPEC wurden auch Publikationen bis 2019 nach den Vornorm- und Fachberichts-Verfahren geführt.

ANMERKUNG: Europäische und internationale Dokumente, die nach dem gleichen Verfahren erarbeitet werden, werden als „Workshop Agreement" bezeichnet und können von DIN als DIN CWA bzw. DIN IWA übernommen werden.

ANMERKUNG: ISO/PAS und IEC/PAS werden als DIN ISO/PAS und DIN IEC/PAS übernommen.

Beiblatt (Bbl)

Ein Beiblatt enthält Informationen zu einer Norm oder Normenreihe, einer DIN/TS oder einem DIN/TR, jedoch keine zusätzlich genormten Festlegungen.

Was sind DIN-Taschenbücher und Normen-Handbücher?

Ein besonders einfacher und preisgünstiger Zugang zu den DIN-Normen führt über die DIN-Taschenbücher bzw. Normen-Handbücher. Sie enthalten die jeweils für ein bestimmtes Fach- oder Anwendungsgebiet relevanten Normen im Originaltext. Die Dokumente sind in der Regel als Originaltextfassungen enthalten, verkleinert auf das Format A5.

Was muss ich beachten?

Die Anwendung von DIN-Normen ist freiwillig. Das heißt, man kann sie anwenden, muss es aber nicht. DIN-Normen werden verbindlich durch Bezugnahme, z. B. in einem Vertrag zwischen privaten Parteien oder in Gesetzen und Verordnungen.

Der Vorteil der einzelvertraglich vereinbarten Verbindlichkeit von Normen liegt darin, dass sich Rechtsstreitigkeiten von vornherein vermeiden lassen, weil die Normen eindeutige Festlegungen sind. Die Bezugnahme in Gesetzen und Verordnungen entlastet den Staat und die Bevölkerung von rechtlichen Detailregelungen.

DIN-Taschenbücher und Normen-Handbücher geben den Stand der Normung zum Zeitpunkt ihres Erscheinens wieder. Die Angabe zum Stand der enthaltenen Normen und anderer Regeln des DIN-Taschenbuches bzw. Normen-Handbuches finden Sie auf Seite III. Maßgebend für das Anwenden jeder in einem DIN-Taschenbuch bzw. Normen-Handbuch enthaltenen Norm ist deren Fassung mit dem neuesten Ausgabedatum. Den aktuellen Stand zu jeder in diesem DIN-Taschenbuch bzw. Normen-Handbuch enthaltenen DIN-Norm können Sie im Webshop von DIN Media unter www.dinmedia.de abfragen. Dort finden Sie insbesondere etwaige Berichtigungen und Warnvermerke, welche bei der Anwendung der jeweiligen Norm unbedingt zu beachten sind.

Wie sind DIN-Taschenbücher und Normen-Handbücher aufgebaut?

DIN-Taschenbücher bzw. Normen-Handbücher enthalten die im Abschnitt „Verzeichnis enthaltener Normen“ jeweils aufgeführten Dokumente in ihrer Originalfassung. Ein DIN-Nummernverzeichnis sowie ein Stichwortverzeichnis am Ende des Buches erleichtern die Orientierung.

Abkürzungsverzeichnis

Die in den Dokumentnummern der Normen verwendeten Abkürzungen bedeuten:

A	Änderung von Europäischen oder Deutschen Normen
Bbl	Beiblatt
Ber	Berichtigung
CWA	CEN Workshop Agreement
DIN	Deutsche Norm
DIN EN	Deutsche Norm auf der Basis einer Europäischen Norm
DIN EN ISO	Deutsche Norm auf der Grundlage einer Europäischen Norm, die auf einer Internationalen Norm der ISO beruht
DIN EN ISO/IEC	Deutsche Norm auf der Grundlage einer Europäischen Norm, die auf einer Internationalen Norm der IEC beruht
DIN IEC	Deutsche Norm auf der Grundlage einer Internationalen Norm der IEC
DIN ISO	Deutsche Norm auf der Grundlage einer Internationalen Norm der ISO
DIN SPEC	DIN-Spezifikation
DIN VDE	Deutsche Norm, die zugleich VDE-Bestimmung oder VDE-Leitlinie ist
DVS	DVS-Richtlinie oder DVS-Merkblatt
E	Entwurf
EN	Europäische Norm
EN ISO	Europäische Norm, in die eine Internationale Norm unverändert übernommen wurde und deren deutsche Fassung den Status einer Deutschen Norm erhalten hat
ENV	Europäische Vornorm, deren deutsche Fassung den Status einer Deutschen Vornorm erhalten hat
IEC	Internationale Norm der IEC
ISO	Internationale Norm der ISO
IWA	International Workshop Agreement
PAS	Publicly Available Specification
TR	Technischer Report (Technical Report)
TS	Technische Spezifikation (Technical Specification)
VDI	VDI-Richtlinie

DIN-Nummernverzeichnis

Hierin bedeutet:

○ Zur enthaltenen Norm besteht ein Norm-Entwurf

(en) Von dieser Norm gibt es auch eine von DIN herausgegebene englische Übersetzung

Verzeichnis enthaltener Normen

(nach Sachgebieten geordnet)

Sachgebiet 1

Anforderungen an Prüfmaschinen

Dokument	Seite
DIN 51222	3

DIN 51222

DIN

ICS 77.040.10

Ersatz für
DIN 51222:2016-09

Prüfung metallischer Werkstoffe – Kerbschlagbiegeversuch – Besondere Anforderungen an Pendelschlagwerke mit einem Nennarbeitsvermögen ≤ 50 J und deren Prüfung

Materials testing machines –
Impact test –
Particular requirements on pendulum impact testing machines with a capacity of nominal energy ≤ 50 J and verification

Machines d'essai des matériaux –
Essai de flexion par choc –
Exigences particulières aux moutons-pendules avec une capacité de travail ≤ 50 J et vérification

Gesamtumfang 10 Seiten

DIN-Normenausschuss Materialprüfung (NMP)

Inhalt

Vorwort

Diese Norm wurde vom Arbeitsausschuss NA 062-01-44 AA „Schlagzähigkeitsprüfung für Metalle" im DIN-Normenausschuss Materialprüfung (NMP) erarbeitet.

Es wird auf die Möglichkeit hingewiesen, dass einige Elemente dieses Dokuments Patentrechte berühren können. Das DIN [und/oder die DKE] sind nicht dafür verantwortlich, einige oder alle diesbezüglichen Patentrechte zu identifizieren.

Änderungen

Gegenüber DIN 51222:1995-06 wurden folgende Änderungen vorgenommen:

a) Anpassung an die Anforderungen nach DIN EN ISO 148-1, DIN EN ISO 148-2 und DIN EN ISO 148-3;

b) redaktionelle Korrekturen.

Gegenüber DIN 51222:2016-09 wurden folgende Änderungen vorgenommen:

a) auf der DIN-Titelseite Titel korrigiert. Statt „≥ 50 J" heißt es „≤ 50 J".

Frühere Ausgaben

DIN 51222: 1954-08, 1957-01, 1968-11, 1973-11, 1979-01, 1985-01, 1995-06, 2016-09
DIN 51306: 1983-09

Einleitung

Mit der Herausgabe von DIN EN ISO 148-2:2009-06 werden Anforderungen und Prüfungen von Pendelschlagwerken mit einem Nennarbeitsvermögen $\leq$ 50 J nicht mehr genormt. Daher hat sich der NA 062-01-44 AA zum Erhalt der DIN 51222 unter Berücksichtigung der Anforderung nach der Normenreihe DIN EN ISO 148 entschieden.

DIN EN ISO 148-2 gilt prinzipiell auch für Pendelschlagwerke mit einem kleineren Nennarbeitsvermögen als 300 J (Normalbedingungen), enthält jedoch keine konkreten Festlegungen, die speziell für diese kleinen Pendelschlagwerke erforderlich sind. Mit dieser Neuausgabe von DIN 51222 werden die besonderen Anforderungen an kleine Pendelschlagwerke und deren Prüfung festgelegt, die nicht in der Europäischen Norm DIN EN ISO 148-2 enthalten sind.

1 Anwendungsbereich

In dieser Norm sind besondere Anforderungen an Pendelschlagwerke mit einem Nennarbeitsvermögen ≤ 50 J und deren Prüfung festgelegt, die in DIN EN ISO 148-2 nicht spezifiziert sind.

ANMERKUNG Pendelschlagwerke nach dieser Norm werden für die Durchführung des Kerbschlagbiegeversuchs nach DIN EN ISO 148-1, DIN EN ISO 179-1 und DIN 52189-1 verwendet.

2 Normative Verweisungen

Die folgenden Dokumente, die in diesem Dokument teilweise oder als Ganzes zitiert werden, sind für die Anwendung dieses Dokuments erforderlich. Bei datierten Verweisungen gilt nur die in Bezug genommene Ausgabe. Bei undatierten Verweisungen gilt die letzte Ausgabe des in Bezug genommenen Dokuments (einschließlich aller Änderungen).

DIN 52189-1, *Prüfung von Holz — Schlagbiegeversuch — Teil 1: Bestimmung der Bruchschlagarbeit*

DIN EN ISO 148-1, *Metallische Werkstoffe — Kerbschlagbiegeversuch nach Charpy — Teil 1: Prüfverfahren*

DIN EN ISO 148-2, *Metallische Werkstoffe — Kerbschlagbiegeversuch nach Charpy — Teil 2: Prüfung der Prüfmaschinen (Pendelschlagwerke)*

DIN EN ISO 179-1, *Kunststoffe — Bestimmung der Charpy-Schlageigenschaften — Teil 1: Nicht instrumentierte Schlagzähigkeitsprüfung*

3 Begriffe

Für die Anwendung dieses Dokuments gelten die Begriffe nach DIN EN ISO 148-1 und DIN EN ISO 148-2.

4 Symbole und ihre Benennungen

Es gelten die Symbole und Benennungen nach DIN EN ISO 148-1 und DIN EN ISO 148-2.

5 Direkte Prüfung des Pendelschlagwerks

5.1 Allgemeines

Die Prüfung erstreckt sich auf folgende Punkte:

— das Maschinengestell;

— das Pendel;

— die Lage von Maschinengestell/Pendel;

— die Auflager und Widerlager für die Probe;

— der Freiraum zwischen Widerlager und Pendel;

— die Lage des Schwingungsmittelpunktes;

— die Anzeigeeinrichtung für die verbrauchte Schlagenergie;

— Potentielle Energie;

— den Fehler der angezeigten verbrauchten Schlagenergie;

— die durch Reibung verbrauchte Energie;

— die Auftreffgeschwindigkeit.

5.2 Maschinengestell

Beim Schlag auf eine Probe, deren Schlagenergie größer als das Arbeitsvermögen des Pendelschlagwerkes ist, darf das Pendelschlagwerk keine sichtbaren Bewegungen ausführen. Pendelschlagwerke müssen mit einem Untergestell fest verbunden sein, wobei die Masse des Untergestells größer sein muss als die 40-fache Masse des größten Pendelhammers. Bei Pendelschlagwerken mit einem Nennarbeitsvermögen von 4 J und darunter genügt im Allgemeinen eine freie Aufstellung auf einem Arbeitstisch.

5.3 Pendel

Die geometrischen Kenngrößen in Abhängigkeit vom Nennarbeitsvermögen der Pendelschlagwerke sind in Tabelle 1 enthalten. Die in der Tabelle 1 aufgeführten lichten Abstände der Widerlager sind aus Prüfnormen abgeleitet und beschreiben den Stand der Technik. Die im Tabellenkopf aufgeführten Pendelschlagwerke mit den angegebenen Nennarbeitsvermögen dürfen mit den darunter angegebenen lichten Abständen innerhalb der Grenzabweichung betrieben werden.

Tabelle 1 — Geometrische Kenngrößen

Nennarbeitsvermögen K_N des Pendelschlagwerks Wert in J	0,5; 1; 2; 4	7,5; 15	25; 50
Lichter Abstand der Widerlager mm	$40^{+0,1}_{0}$ $70^{+0,1}_{0}$ $100^{+0,1}_{0}$	$22^{+0,1}_{0}$ $30^{+0,1}_{0}$ $40^{+0,1}_{0}$ $70^{+0,1}_{0}$	$30^{+0,1}_{0}$ $40^{+0,1}_{0}$
Dicke der Hammerfinne des Pendels mm	≤ 10		≤ 12
Freiwinkel der Widerlager Grad	5 ± 1		

5.4 Lage Maschinengestell/Pendel

Die Lage des Maschinengestells und des Pendel muss DIN EN ISO 148-2 entsprechen mit folgender Änderung:

— Die Länge des Vergleichsstabes sollte der Länge der Probe entsprechen und einen rechtwinkligen Querschnitt aufweisen. Die Höhe des Vergleichstabes muss der Höhe der Probe minus 0,5 mm, und der Breite der Probe entsprechen.

— Die Prüfung des radialen Spiels der Pendellager ist für Pendelschlagwerke nach dieser Norm ($K_N \leq 50$ J) nicht festgelegt.

5.5 Auflager und Widerlager für die Probe

Die beiden Auflager müssen in einer Ebene liegen. Der Versatz zwischen den Auflagerflächen darf 0,1 mm nicht überschreiten.

Die Auflager müssen so angebracht sein, dass die Längsachse der Probe zur Drehachse des Pendels bis auf $^{3}/_{1\,000}$ parallel ist.

Die beiden Widerlager müssen in einer Ebene liegen. Der Versatz zwischen den Widerlagerflächen darf 0,1 mm nicht überschreiten (siehe Tabelle 1).

Weitere Kenngrößen siehe Tabelle 1.

Für Pendelschlagwerke, mit denen Schlagbiegeversuche an Holz durchgeführt werden, ist nach DIN 52189-1 der Rundungshalbmesser (15 ± 0,1) mm festgelegt.

5.6 Freiraum zwischen Widerlager und Pendel

Kein Teil des Pendels, das die Widerlager passiert, darf dicker als 10 mm bei einem Nennarbeitsvermögen ≤ 15 J sowie dicker als 12 mm bei Nennarbeitsvermögen von 25 J bis 50 J sein.

5.7 Lage des Schwingungsmittelpunktes

Der Abstand l_1 des Schwingungsmittelpunktes von der Drehachse entspricht der Länge eines mathematischen Pendels gleicher Schwingungsdauer für das Pendelschlagwerk. Deshalb ist die Schwingungsdauer t des Pendels zu bestimmen und l_1 nach Gleichung (1) zu berechnen,

$$l_1 = \frac{g \cdot t^2}{4\pi^2} \tag{1}$$

in der $g = 9{,}806\,7$ m/s², $\pi^2 = 9{,}869\,6$ und t eine vollständige Schwingung in Sekunden ist.

Für ein Pendel kann t mit ausreichender Genauigkeit bestimmt werden, wenn man für die Berechnung von t den Mittelwert von 3 Messungen der Gesamtdauer T für 50 volle Schwingungen ermittelt, vorausgesetzt, die Auslenkung des Pendels aus seiner Ruhelage war nicht größer als 5°, und die Differenz zwischen der größten Dauer T_{max} und der kleinsten Dauer T_{min} für 50 Schwingungen ist nicht größer als 0,2 s. Bei Pendelschlagwerken mit einem Arbeitsvermögen von $K_N \leq 7{,}5$ J können, wenn wegen der verhältnismäßig großen Reibung keine 50 Schwingungen erreicht werden, 25 Schwingungen der Berechnung zugrunde gelegt werden. Die Grenzabweichung für l_1 ist in Tabelle 2 festgelegt.

Tabelle 2 — Grenzabweichungen für l_1

Nennarbeitsvermögen K_N J	Nennwert für l_1	Grenzabweichung vom Nennwert für l_1 % von L
0,5; 1; 2; 4	L	± 1,0
7,5; 15; 25; 50	$0{,}995 \times L$	± 0,5

5.8 Anzeigeeinrichtung für die verbrauchte Energie

ANMERKUNG Die Anzeigeeinrichtung der Maschine hat eine Gradeinteilung für die Messung des Steigwinkels und/oder eine Skaleneinteilung in Einheiten der verbrauchten Schlagenergie.

5.8.1 Skalenanzeige

Die Anforderung an eine Skalenanzeige nach DIN EN ISO 148-2 sind zu erfüllen mit folgender Änderung:

Ein Skalenteil darf höchstens 1 % des Nennarbeitsvermögens entsprechen und muss das Schätzen der verbrauchten Schlagenergie in Schritten von höchstens 0,2 % des Nennarbeitsvermögens zulassen.

5.8.2 Ziffernanzeige

Die Anforderung an eine Ziffernanzeige nach DIN EN ISO 148-2 sind zu erfüllen mit folgender Änderung:

Die Auflösung muss mindestens 0,2 % des jeweiligen Nennarbeitsvermögens betragen.

5.9 Potentielle Energie (K_p)

Die Bestimmung der potentiellen Energie (K_p) muss nach DIN EN ISO 148-2 erfolgen.

5.10 Fehler der angezeigten verbrauchten Schlagenergie (K_s)

Der Fehler der angezeigten verbrauchten Schlagenergie (K_s) muss nach DIN EN ISO 148-2 bestimmt werden.

5.11 Durch Reibung verbrauchte Energie

Die durch Reibung verbrauchte Energie muss nach DIN EN ISO 148-2 bestimmt werden. Die nach DIN EN ISO 148-2 bestimmten Gesamtverluste $p + p'$ dürfen die in der Tabelle 3 angegebenen Werte nicht überschreiten.

Tabelle 3 — Zulässige Gesamtverluste

Nennarbeitsvermögen K_N J	Zulässiger Gesamtverlust von K_N %
0,5	2,0
1; 2	1,0
4; 7,5; 15; 25; 50	0,5

5.12 Auftreffgeschwindigkeit

Die Auftreffgeschwindigkeit muss nach DIN EN ISO 148-2 berechnet werden. Die zulässigen Auftreffgeschwindigkeiten dürfen die in Tabelle 4 angegebenen Werte nicht überschreiten.

Tabelle 4 — Zulässige Auftreffgeschwindigkeiten

Nennarbeitsvermögen K_N J	Zulässige Auftreffgeschwindigkeit v m/s
0,5; 1; 2; 4	2,8 bis 3,1
7,5; 15; 25; 50	3,6 bis 4,0

6 Direkte Prüfung

Die direkte Prüfung ist nach DIN EN ISO 148-2 durchzuführen.

7 Indirekte Prüfung des Pendelschlagwerkes

Die indirekte Prüfung des Pendelschlagwerkes ist nach DIN EN ISO 148-2 durchzuführen, sofern Referenzproben in dem Bereich verfügbar sind.

8 Prüfhäufigkeit

Die Prüfhäufigkeit ist nach DIN EN ISO 148-2 zu wählen.

9 Prüfzeugnis

Das Prüfzeugnis ist nach DIN EN ISO 148-2 auszustellen.

10 Bezeichnung

Pendelschlagwerke werden nach ihrem Nennarbeitsvermögen bezeichnet. Die Bezeichnung eines Pendelschlagwerkes mit einem Nennarbeitsvermögen von ≤ 50 J lautet:

Pendelschlagwerk DIN 51222—50

Literaturhinweise

DIN 51233, *Werkstoffprüfmaschinen — Sicherheitstechnische Festlegungen — Allgemeine Festlegungen*

DIN EN ISO 148-1 Beiblatt 1, *Metallische Werkstoffe — Kerbschlagbiegeversuch nach Charpy — Teil 1: Prüfverfahren; Beiblatt 1: Sonderprobenformen*

Sachgebiet 2

Schlagzähigkeitsprüfungen für metallische Werkstoffe

DIN EN ISO 148-1

DIN

ICS 77.040.10

Ersatz für
DIN EN ISO 148-1:2011-01

Metallische Werkstoffe – Kerbschlagbiegeversuch nach Charpy – Teil 1: Prüfverfahren (ISO 148-1:2016); Deutsche Fassung EN ISO 148-1:2016

Metallic materials –
Charpy pendulum impact test –
Part 1: Test method (ISO 148-1:2016);
German version EN ISO 148-1:2016

Matériaux métalliques –
Essai de flexion par choc sur éprouvette Charpy –
Partie 1: Méthode d'essai (ISO 148-1:2016);
Version allemande EN ISO 148-1:2016

Gesamtumfang 40 Seiten

DIN-Normenausschuss Materialprüfung (NMP)

www.din.de
www.beuth.de

2482423

Nationales Vorwort

Dieses Dokument (EN ISO 148-1:2016) wurde vom Technischen Komitee ISO/TC 164 „Mechanical testing of metals", Unterkomitee SC 4 „Toughness testing — Fracture (F), Pendulum (P), Tear (T)" in Zusammenarbeit mit dem Technischen Komitee ECISS/TC 101 „Prüfverfahren für Stahl (andere als chemische Analysen)", dessen Sekretariat von AFNOR (Frankreich) gehalten wird, erarbeitet. Das zuständige deutsche Normungsgremium ist der Arbeitsausschuss NA 062-01-44 AA „Schlagzähigkeitsprüfung für Metalle" im DIN-Normenausschuss Materialprüfung (NMP).

Für die Anwendung dieser Norm gibt der zuständige Arbeitsausschuss folgende Hinweise:

Ist es nicht möglich, aus dem Probenmaterial Normalproben zu entnehmen, sind die Vorgaben der entsprechenden Produktnormen zu beachten.

Im Prüfbericht sollte unbedingt die Probenlage und die Lage des Kerbs angegeben werden.

Die Prüfanordnung zur Bestimmung der seitlichen Ausdehnung nach Bild B.3 ist als beispielhaft anzusehen, d. h. es können andere Maße verwendet werden.

Aufgrund der langjährigen Erfahrungen der Prüfinstitutionen zur Prüfung von Pendelschlagwerken in Deutschland empfiehlt der Arbeitsausschuss NA 062-01-44 AA, nicht nur eine indirekte Prüfung, sondern auch weiterhin eine vollständige direkte Prüfung (statt der vorgeschriebenen reduzierten) in Abständen von einem Jahr durchzuführen, um damit eine höhere Sicherheit für die Richtigkeit der Schlagenergie zu erreichen, damit die auf verschiedenen Maschinen nach dem gleichen Verfahren und nach den gleichen Prüfbedingungen ermittelten Schlagenergien auch weiterhin in gewohntem Maß vergleichbar bleiben.

Nach DIN EN ISO 148-1 kann der Kerbschlagbiegeversuch nach Charpy wahlweise unter Verwendung einer Hammerfinne mit 2 mm oder mit 8 mm Radius durchgeführt werden, wobei die verwendete Hammerfinne bei der Ergebnisangabe zu dokumentieren ist. Hinzuweisen ist hierbei darauf, dass sich die Ergebnisse des Kerbschlagbiegeversuches in Abhängigkeit von der verwendeten Hammerfinne signifikant unterscheiden können. Zu den quantitativen Unterschieden liegen vielfältige Ergebnisse vor, die aber sowohl werkstoffspezifisch als auch für den Hochlagen-, Übergangs- und Tieflagenbereich der Kerbschlagarbeit nicht einheitlich sind. In Produktstandards und Qualitätskriterien wird bei den Gewährleistungswerten für die Kerbschlagarbeit in der Regel nur allgemein auf Werte Bezug genommen, die nach einer bestimmten Prüfnorm zu ermitteln sind, die aber dabei nicht zwischen den Ergebnissen verschiedener Hammerfinnen spezifiziert. Deshalb wird dem Anwender der vorliegenden Norm dringend empfohlen, vorab relevante Dokumente diesbezüglich zu überprüfen und gegebenenfalls mit Kunden oder Auftraggebern die zu verwendende Hammerfinne zu vereinbaren, um Missverständnisse und Interpretationsspielräume auszuschließen.

Der in Tabelle E.1 angegebene Wert $\overline{KV}$ ist korrigiert nach Gleichung (E.1).

Der in der Normenreihe DIN EN ISO 148 verwendete Begriff „Schlagenergie" ist mit dem bisher noch oft gebräuchlichen Begriff „Schlagarbeit" äquivalent.

Diese Europäische Norm enthält neben den gesetzlichen Einheiten auch die Einheit „in (inch)“, die in Deutschland nicht zugelassen sind. Es wird ausdrücklich darauf hingewiesen, dass die Anwendung dieser Einheiten im nationalen amtlichen und geschäftlichen Verkehr aufgrund des Gesetzes über Einheiten im Messwesen nicht zulässig ist.

Umrechnung:

Nicht zugelassene Einheit	Zugelassene Einheit	Umrechnung
in (inch)	mm	1 inch = 25,4 mm

Für die in diesem Dokument zitierten Internationalen Normen wird im Folgenden auf die entsprechenden Deutschen Normen hingewiesen:

ISO 148-2	siehe	DIN EN ISO 148-2
ISO 148-3	siehe	DIN EN ISO 148-3
ISO 286-1	siehe	DIN EN ISO 286-1
ISO 3785	siehe	DIN EN ISO 3785
ISO 14556	siehe	DIN EN ISO 14556

Änderungen

Gegenüber DIN EN ISO 148-1:2011-01 wurden folgende Änderungen vorgenommen:

a) Vereinheitlichung der Terminologie „Dicke“ und „Breite“ mit den Normen aus dem Bereich der Bruchmechanik;

b) Ergänzung eines neuen Abschnitts 8.2 „Reibungsmessung“ wie bislang nur im Teil 2 der Normenreihe definiert;

c) Ergänzung, dass andere Methoden zur Temperierung zulässig sind, solange sie die entsprechenden Anforderungen von 8.3 erfüllen;

d) Erweiterung im Abschnitt 8.4 „Handhabung der Proben“;

e) Überarbeitung des Abschnitts 8.6 zu nicht vollständig gebrochenen Proben;

f) Anpassung der Anforderungen an den Prüfbericht (Abschnitt 9);

g) Anpassung der Festlegung zur Übergangstemperatur (Abschnitt 4 und D.2);

h) redaktionelle Überarbeitung.

Frühere Ausgaben

DIN DVM A 115 = DIN 50115: 1937-09
DIN 50115: 1952x-05, 1966-11, 1975-02, 1991-04
DIN EN 10045-1: 1991-04
DIN EN ISO 148-1: 2011-01

Nationaler Anhang NA
(informativ)

Bezeichnungsbeispiele

In der internationalen Norm sind keine Festlegungen zur Bildung der Bezeichnung bezüglich der Probenbreite und des Nennarbeitsvermögens des Pendelschlagwerkes enthalten. Daher sind im Folgenden Vorschläge zur Bildung der Bezeichnung gegeben.

Für die Prüfung dürfen Pendelschlagwerke mit unterschiedlichem Nennarbeitsvermögen eingesetzt werden. Werden Pendelschlagwerke mit einem von (300 ± 10) J abweichenden Nennarbeitsvermögen verwendet, sollten die Kurzzeichen KV_2 oder KV_8 bzw. KU_2 oder KU_8 mit einem entsprechenden Zusatz versehen werden, der das Nennarbeitsvermögen des Pendelschlagwerkes angibt.

Ferner sollte das Kurzzeichen durch die Angabe der Probenbreite ergänzt werden, sofern die Prüfung nicht an Normalproben, sondern an Untermaßproben mit V-Kerb durchgeführt wird.

BEISPIEL 1

$KV_2 \cdot 150/7{,}5 = 73$ J

- beim Bruch verbrauchte Schlagenergie 73 J
- Probenbreite 7,5 mm
- Nennarbeitsvermögen des Pendelschlagwerkes 150 J
- Radius der Hammerfinne 2 mm
- Probe mit V-Kerb

BEISPIEL 2

$KU_8 \cdot 300/7{,}5 = 173$ J

- beim Bruch verbrauchte Schlagenergie 173 J
- Probenbreite 7,5 mm
- Nennarbeitsvermögen des Pendelschlagwerkes 300 J
- Radius der Hammerfinne 8 mm
- Probe mit U-Kerb

Nationaler Anhang NB
(informativ)

Literaturhinweise

DIN EN ISO 148-2, *Metallische Werkstoffe — Kerbschlagbiegeversuch nach Charpy — Teil 2: Überprüfung der Prüfmaschinen (Pendelschlagwerke)*

DIN EN ISO 148-3, *Metallische Werkstoffe — Kerbschlagbiegeversuch nach Charpy — Teil 3: Vorbereitung und Charakterisierung von Charpy-V-Referenzproben für die indirekte Prüfung der Prüfmaschinen (Pendelschlagwerke)*

DIN EN ISO 286-1, *Geometrische Produktspezifikation (GPS) — ISO-Toleranzsystem für Längenmaße — Teil 1: Grundlagen für Toleranzen, Abmaße und Passungen*

DIN EN ISO 3785, *Metallische Werkstoffe — Kennzeichnung von Probenachsen in Bezug zur Halbzeuggefügetextur*

DIN EN ISO 14556, *Metallische Werkstoffe — Kerbschlagbiegeversuch nach Charpy (V-Kerb) — Instrumentiertes Prüfverfahren*

— Leerseite —

EUROPÄISCHE NORM

EUROPEAN STANDARD

NORME EUROPÉENNE

EN ISO 148-1

November 2016

ICS 77.040.10

Ersatz für EN ISO 148-1:2010

Deutsche Fassung

Metallische Werkstoffe — Kerbschlagbiegeversuch nach Charpy — Teil 1: Prüfverfahren (ISO 148-1:2016)

Metallic materials — Charpy pendulum impact test — Part 1: Test method (ISO 148-1:2016)

Matériaux métalliques — Essai de flexion par choc sur éprouvette Charpy — Partie 1: Méthode d'essai (ISO 148-1:2016)

Diese Europäische Norm wurde vom CEN am 20. August 2016 angenommen.

Die CEN-Mitglieder sind gehalten, die CEN/CENELEC-Geschäftsordnung zu erfüllen, in der die Bedingungen festgelegt sind, unter denen dieser Europäischen Norm ohne jede Änderung der Status einer nationalen Norm zu geben ist. Auf dem letzten Stand befindliche Listen dieser nationalen Normen mit ihren bibliographischen Angaben sind beim Management-Zentrum des CEN-CENELEC oder bei jedem CEN-Mitglied auf Anfrage erhältlich.

Diese Europäische Norm besteht in drei offiziellen Fassungen (Deutsch, Englisch, Französisch). Eine Fassung in einer anderen Sprache, die von einem CEN-Mitglied in eigener Verantwortung durch Übersetzung in seine Landessprache gemacht und dem Management-Zentrum mitgeteilt worden ist, hat den gleichen Status wie die offiziellen Fassungen.

CEN-Mitglieder sind die nationalen Normungsinstitute von Belgien, Bulgarien, Dänemark, Deutschland, der ehemaligen jugoslawischen Republik Mazedonien, Estland, Finnland, Frankreich, Griechenland, Irland, Island, Italien, Kroatien, Lettland, Litauen, Luxemburg, Malta, den Niederlanden, Norwegen, Österreich, Polen, Portugal, Rumänien, Schweden, der Schweiz, der Slowakei, Slowenien, Spanien, der Tschechischen Republik, der Türkei, Ungarn, dem Vereinigten Königreich und Zypern.

EUROPÄISCHES KOMITEE FÜR NORMUNG
EUROPEAN COMMITTEE FOR STANDARDIZATION
COMITÉ EUROPÉEN DE NORMALISATION

CEN-CENELEC Management-Zentrum: Avenue Marnix 17, B-1000 Brüssel

Ref. Nr. EN ISO 148-1:2016 D

Inhalt

Europäisches Vorwort

Dieses Dokument (EN ISO 148-1:2016) wurde vom Technischen Komitee ISO/TC 164 „Mechanical testing of metals" in Zusammenarbeit mit dem Technischen Komitee CEN/TC 101 „Prüfverfahren für Stahl (andere als chemische Analysen)" erarbeitet, dessen Sekretariat von AFNOR gehalten wird.

Diese Europäische Norm muss den Status einer nationalen Norm erhalten, entweder durch Veröffentlichung eines identischen Textes oder durch Anerkennung bis Mai 2017, und etwaige entgegenstehende nationale Normen müssen bis Mai 2017 zurückgezogen werden.

Es wird auf die Möglichkeit hingewiesen, dass einige Elemente dieses Dokuments Patentrechte berühren können. CEN [und/oder CENELEC] sind nicht dafür verantwortlich, einige oder alle diesbezüglichen Patentrechte zu identifizieren.

Dieses Dokument ersetzt EN ISO 148-1:2010.

Entsprechend der CEN-CENELEC-Geschäftsordnung sind die nationalen Normungsinstitute der folgenden Länder gehalten, diese Europäische Norm zu übernehmen: Belgien, Bulgarien, Dänemark, Deutschland, die ehemalige jugoslawische Republik Mazedonien, Estland, Finnland, Frankreich, Griechenland, Irland, Island, Italien, Kroatien, Lettland, Litauen, Luxemburg, Malta, Niederlande, Norwegen, Österreich, Polen, Portugal, Rumänien, Schweden, Schweiz, Slowakei, Slowenien, Spanien, Tschechische Republik, Türkei, Ungarn, Vereinigtes Königreich und Zypern.

Anerkennungsnotiz

Der Text von ISO 148-1:2016 wurde von CEN als EN ISO 148-1:2016 ohne irgendeine Abänderung genehmigt.

Vorwort

ISO (die Internationale Organisation für Normung) ist eine weltweite Vereinigung von Nationalen Normungsorganisationen (ISO-Mitgliedsorganisationen). Die Erstellung von Internationalen Normen wird normalerweise von ISO Technischen Komitees durchgeführt. Jede Mitgliedsorganisation, die Interesse an einem Thema hat, für welches ein Technisches Komitee gegründet wurde, hat das Recht, in diesem Komitee vertreten zu sein. Internationale Organisationen, staatlich und nicht-staatlich, in Liaison mit ISO, nehmen ebenfalls an der Arbeit teil. ISO arbeitet eng mit der Internationalen Elektrotechnischen Kommission (IEC) bei allen elektrotechnischen Themen zusammen.

Die Verfahren, die bei der Entwicklung dieses Dokuments angewendet wurden und die für die weitere Pflege vorgesehen sind, werden in den ISO/IEC-Direktiven, Teil 1 beschrieben. Im Besonderen sollten die für die verschiedenen ISO-Dokumentenarten notwendigen Annahmekriterien beachtet werden. Dieses Dokument wurde in Übereinstimmung mit den Gestaltungsregeln der ISO/IEC-Direktiven, Teil 2 erarbeitet (siehe www.iso.org/directives).

Es wird auf die Möglichkeit hingewiesen, dass einige Elemente dieses Dokuments Patentrechte berühren können. ISO ist nicht dafür verantwortlich, einige oder alle diesbezüglichen Patentrechte zu identifizieren. Details zu allen während der Entwicklung des Dokuments identifizierten Patentrechten finden sich in der Einleitung und/oder in der ISO-Liste der empfangenen Patenterklärungen (siehe www.iso.org/patents).

Jeder in diesem Dokument verwendete Handelsname wird als Information zum Nutzen der Anwender angegeben und stellt keine Anerkennung dar.

Eine Erläuterung der Bedeutung ISO-spezifischer Benennungen und Ausdrücke, die sich auf Konformitätsbewertung beziehen, sowie Informationen über die Beachtung der Grundsätze der Welthandelsorganisation (WTO) zu technischen Handelshemmnissen (TBT, en: Technical Barriers to Trade) durch ISO enthält der folgende Link: www.iso.org/iso/foreword.html.

Das für dieses Dokument verantwortliche Komitee ist ISO/TC 164, Mechanical testing of metals, Unterkomitee SC 4, Toughness testing – Fracture (F), Pendulum (P), Tear (T).

Diese dritte Ausgabe ersetzt die zweite Ausgabe (ISO 148-1:2009), die technisch überarbeitet wurde.

ISO 148 besteht unter dem allgemeinen Titel *Metallic materials — Charpy pendulum impact test* aus folgenden Teilen:

— *Part 1: Test method*

— *Part 2: Verification of testing machines*

— *Part 3: Preparation and characterization of Charpy V-notch test pieces for indirect verification of pendulum impact machines*

1 Anwendungsbereich

Dieser Teil von ISO 148 gilt für Kerbschlagbiegeversuche nach Charpy (V- und U-Kerb) für metallische Werkstoffe, zur Bestimmung der verbrauchten Schlagenergie. Dieser Teil von ISO 148 gilt nicht für den instrumentierten Kerbschlagbiegeversuch, der in ISO 14556 festgelegt ist.

Anhänge B und C basieren auf ASTM E23 und werden mit Erlaubnis von ASTM International, 100 Barr Harbor Drive, P.O. Box C700, West Conshohocken, PA 19428-2959, USA, verwendet.

2 Normative Verweisungen

Die folgenden Dokumente, die in diesem Dokument teilweise oder als Ganzes zitiert werden, sind für die Anwendung dieses Dokuments erforderlich. Bei datierten Verweisungen gilt nur die in Bezug genommene Ausgabe. Bei undatierten Verweisungen gilt die letzte Ausgabe des in Bezug genommenen Dokuments (einschließlich aller Änderungen).

ISO 148-2, *Metallic materials — Charpy pendulum impact test — Part 2: Verification of testing machines*

ISO 286-1, *Geometrical product specifications (GPS) — ISO code system for tolerances on linear sizes — Part 1: Basis of tolerances, deviations and fits*

3 Begriffe

Für die Anwendung dieses Dokuments gelten die folgenden Begriffe.

3.1 Die Energie betreffende Begriffe

3.1.1
potentielle Anfangsenergie
potentielle Energie
K_p
die durch eine direkte Überprüfung bestimmte potenzielle Energie des Hammers vor seiner Freigabe für den Schlagversuch

3.1.2
verbrauchte Schlagenergie
K
Energie, die für das Brechen der Probe mit einem Pendelschlagwerk benötigt wird, die, wie in 6.4.5 definiert, bezüglich der Reibung korrigiert ist

Anmerkung 1 zum Begriff: Der Buchstabe V oder U wird zur Beschreibung der Kerbgeometrie verwendet, die lautet: *KV* oder *KU*. Die Zahl 2 oder die Zahl 8 wird als Index zur Bezeichnung des Radius der Hammerfinne angegeben, z. B. KV_2.

3.1.3
Nennwert der potenziellen Anfangsenergie
nominelles Arbeitsvermögen
K_N
vom Hersteller des Pendelschlagwerks angegebene Energie

3.2 Das Prüfstück betreffende Begriffe

3.2.1
Breite
W
Abstand zwischen der gekerbten Fläche und der gegenüberliegenden Fläche

Anmerkung 1 zum Begriff: Siehe Bild 1.

Anmerkung 2 zum Begriff: In vorherigen Versionen der Normenreihe ISO 148 (vor 2016) wurde der Abstand zwischen der gekerbten Fläche und der gegenüberliegenden Fläche als „Höhe" bezeichnet. Die Änderung des Maßes zu „Breite" sorgt dafür, dass dieser Teil der ISO 148 mit der in anderen ISO-Normen zu Brüchen verwendeten Terminologie übereinstimmt.

3.2.2
Dicke
B
Maß senkrecht zur Breite und parallel zum Kerb

Anmerkung 1 zum Begriff: Siehe Bild 1.

Anmerkung 2 zum Begriff: In vorherigen Versionen der Normenreihe ISO 148 (vor 2016) wurde das Maß senkrecht zur Breite und parallel zur Kerbe als „Breite" bezeichnet. Die Änderung des Maßes zu „Dicke" sorgt dafür, dass dieser Teil der ISO 148 mit der in anderen ISO- Normen zu Brüchen verwendeten Terminologie übereinstimmt.

3.2.3
Länge
L
größtes Maß senkrecht zum Kerb

Anmerkung 1 zum Begriff: Siehe Bild 1.

4 Symbole und Abkürzungen

Die in den Tabellen 1 und 2 angegebenen und in Bild 2 dargestellten Symbole und Bezeichnungen sind für diesen Teil von ISO 148 anwendbar.

Tabelle 1 — Symbole, deren Einheiten und Bezeichnung

Symbol	Einheit	Bezeichnung
B	mm	Dicke der Probe
α	°	Fallwinkel des Pendels
β_1	J oder °	Steigwinkel, wenn die Maschine auf übliche Weise, ohne eingelegten Probekörper, betätigt wurde
β_2	J oder °	Steigwinkel, wenn die Maschine auf übliche Weise, ohne eingelegten Probekörper und ohne Rückstellung der Anzeigeeinrichtung, betätigt wurde
L	mm	Länge der Probe
LE	mm	Seitliche Ausdehnung
K	J	Verbrauchte Schlagenergie (angegeben als KV_2, KV_8, KU_2, KU_8, zur Kennzeichnung der spezifischen Kerbgeometrie und des Radius der Schlagkante)
K_1	J oder °	Angezeigte verbrauchte Schlagenergie, wenn die Maschine auf übliche Weise, ohne eingelegten Probekörper, betätigt wurde
K_2	J oder °	Angezeigte verbrauchte Schlagenergie, wenn die Maschine auf übliche Weise, ohne eingelegten Probekörper und ohne Rückstellung der Anzeigeeinrichtung, betätigt wurde
K_N	J oder °	Nennwert der potenziellen Anfangsenergie
K_p	J	Potentielle Anfangsenergie (potentielle Energie)
KV_2	J	Für eine Probe mit V-Kerbe, bei Anwendung einer Hammerfinne mit einem 2 mm Radius, verbrauchte Schlagenergie
KV_8	J	Für eine Probe mit V-Kerbe, bei Anwendung einer Hammerfinne mit einem 8 mm Radius, verbrauchte Schlagenergie
KU_2	J	Für eine Probe mit U-Kerbe, bei Anwendung einer Hammerfinne mit einem 2 mm Radius, verbrauchte Schlagenergie
KU_8	J	Für eine Probe mit U-Kerbe, bei Anwendung einer Hammerfinne mit einem 8 mm Radius, verbrauchte Schlagenergie
M	N·m	Moment gleich dem Produkt $F \cdot l_2$
p	J	Durch Reibung des Zeigers verursachter Verlust der verbrauchten Schlagenergie
p'	J	Durch Lagerreibung und Luftwiderstand verursachter Verlust der verbrauchten Schlagenergie
p_β	J	Korrekturwert für die Verluste der verbrauchten Schlagenergie bei einem Steigwinkel von β
SFA	%	Prozentualer Gleitbruchanteil (Bruchaussehen) (en: shear fracture appearance)
T_t	°C	Übergangstemperatur
W	mm	Breite der Probe
T_{t27}	°C	Für einen bestimmten Wert verbrauchter Energie, zum Beispiel 27 J, festgelegte Übergangstemperatur
$T_{t50\%US}$	°C	Für einen bestimmten Prozentsatz der verbrauchten Energie der Hochlage, zum Beispiel 50 %, festgelegte Übergangstemperatur
$T_{t50\%SFA}$	°C	Für einen bestimmten Anteil des Gleitbruchanteils, zum Beispiel 50 %, festgelegte Übergangstemperatur
$T_{t0,9}$	°C	Für einen bestimmten Anteil der seitlichen Ausdehnung, zum Beispiel 0,9 mm, festgelegte Übergangstemperatur

5 Kurzbeschreibungen der Prüfung

Bei dieser Prüfung wird eine gekerbte Probe unter den in den Abschnitten 6, 7 und 8 definierten Bedingungen mit einem einzigen Schlag eines Pendelhammers durchgeschlagen. Die Probe mit dem Kerb, dessen Geometrie exakt festgelegt ist, wird im Pendelschlagwerk so angeordnet, dass sich der Kerb mittig zwischen den beiden Auflagern auf der dem Auftreffpunkt des Pendelhammers gegenüberliegenden Seite befindet. Bei dieser Schlagprüfung werden üblicherweise die verbrauchte Schlagenergie, die seitliche Ausdehnung und der prozentuale Gleitbruchanteil (Bruchaussehen) bestimmt.

Da die Schlagenergiewerte für viele metallische Werkstoffe temperaturabhängig sind, müssen Kerbschlagbiegeversuche bei einer festgelegten Temperatur durchgeführt werden. Falls eine von der Raumtemperatur abweichende Prüftemperatur angewendet wird, muss die Probe unter kontrollierten Bedingungen auf die vorgesehene Temperatur temperiert (erwärmt oder abgekühlt) werden.

Der Kerbschlagbiegeversuch nach Charpy kommt häufig bei routinemäßigen Bestanden-/Nicht-bestanden Abnahmeprüfungen mit hohem Durchsatz im Industriebereich zur Anwendung. Es kann sein, dass es bei diesen Prüfungen nicht von Bedeutung ist, ob die Probe vollständig oder teilweise gebrochen ist oder einfach nur plastisch verformt und durch die Widerlager gezogen wird. Im Forschungs-, Konstruktions- oder akademischen Bereich werden die gemessenen Energiewerte genauer betrachtet; in diesen Fällen kann es von enormer Bedeutung sein, ob die Probe gebrochen ist oder nicht.

Es ist wichtig, zu beachten, dass nicht alle Ergebnisse aus Kerbschlagbiegeversuchen nach Charpy direkt miteinander verglichen werden können. Die Prüfungen können zum Beispiel mit Hämmern mit Hammerfinnen mit unterschiedlichen Radien oder mit unterschiedlichen Probenformen durchgeführt worden sein. Prüfungen mit unterschiedlichen Hammerfinnen können unterschiedliche Ergebnisse erbringen [7]; das Gleiche gilt für Prüfungen, die mit unterschiedlich geformten Proben durchgeführt wurden. Daher ist für die Vergleichbarkeit der Ergebnisse nicht nur die Einhaltung der ISO 148, sondern auch eine eindeutige und vollständige Berichterstattung hinsichtlich der Art des Geräts, der Probe und der Einzelheiten zur Probe nach den Prüfungen, erforderlich.

6 Probestücke

6.1 Allgemeines

Die Normal-Probe muss 55 mm lang sein und einen quadratischen Querschnitt mit 10 mm Seitenlänge haben. In der Mitte der Probenlänge muss eine V- oder U-Kerbe eingebracht sein, wie jeweils in 6.2.1 bzw. 6.2.2 beschrieben.

Kann aus dem zu untersuchenden Material keine Normal-Probe hergestellt werden, ist eine Untermaß-Probe mit 7,5 mm, 5 mm oder 2,5 mm Dicke (siehe Bild 2 und Tabelle 2) zu verwenden, sofern nicht anders festgelegt.

ANMERKUNG 1 Ein direkter Vergleich der Ergebnisse ist nur dann von Bedeutung, wenn er zwischen Proben mit der gleichen Form und denselben Maßen erfolgt.

ANMERKUNG 2 Da bei niedrigen Schlagenergiewerten die überschüssige Energie vom Pendel aufgenommen wird, ist die Anwendung von Zwischenlagen (Unterlegplättchen) zur genaueren Positionierung von Untermaß-Proben in Bezug auf die Schlagmitte wichtig. Bei hohen Schlagenergiewerten können die Zwischenlagen weggelassen werden. Diese Zwischenlagen können auf oder unter den Auflagen der Probe angeordnet werden, so dass die Mitte des Dickenmaßes der Probe 5 mm über der Auflagerfläche für die 10 mm Probe liegt. Zwischenlagen können vorübergehend mittels Klebeband oder anderen Mitteln an den Auflagen befestigt werden.

Wenn ein wärmebehandelter Werkstoff untersucht wird, muss die Endbearbeitung der Probe einschließlich des Einarbeitens des Kerbs nach der letzten Wärmebehandlung erfolgen, sofern nicht nachgewiesen werden kann, dass eine Bearbeitung vor der Wärmebehandlung die Ergebnisse nicht beeinflusst.

6.2 Kerbgeometrie

Der Kerb muss sorgfältig so hergestellt werden, dass am Kerbgrundradius keine Bearbeitungsmarken sichtbar sind, die einen Einfluss auf die verbrauchte Schlagenergie haben könnten.

Die Symmetrieebene des Kerbs muss senkrecht zur Längsachse der Probe verlaufen (siehe Bild 2).

6.2.1 V-Kerb

Der V-Kerb muss einen Kerbwinkel von 45°, eine Kerbtiefe von 2 mm und einen Kerbradius von 0,25 mm haben (siehe Bild 2 a) und Tabelle 2).

6.2.2 U-Kerb

Der U-Kerb muss (wenn nicht anders festgelegt) eine Kerbtiefe von 5 mm und einen Kerbradius von 1 mm haben (siehe Bild 2 b) und Tabelle 2).

6.3 Toleranzen für die Proben

Die Toleranzen für die festgelegten Proben und Kerbmaße werden in Bild 2 und in Tabelle 2 angegeben.

6.4 Herstellung der Proben

Die Proben sind so herzustellen, dass alle Veränderungen der Probe, z. B. durch Warm- oder Kaltumformung, möglichst klein gehalten werden.

6.5 Kennzeichnung der Proben

Die Probe darf an Stellen gekennzeichnet werden, die nicht mit den Auflagern, den Widerlagern oder der Hammerfinne in Berührung kommen, und an Stellen, an denen plastische Verformung und Oberflächenfehler, verursacht durch die Kennzeichnung, die verbrauchte Schlagenergie nicht beeinflussen (siehe 8.8).

7 Prüfgeräte

7.1 Allgemeines

Die Messungen der Geräte und die Einzelheiten zu den Proben müssen auf nationale oder internationale Normen rückführbar sein. Die zur Messung verwendeten Geräte sind in geeigneten Zeitabständen zu kalibrieren.

7.2 Aufstellung und Überprüfung des Pendelschlagwerks

Die Prüfmaschine ist nach ISO 148-2 aufzustellen und zu überprüfen.

7.3 Hammerfinne (Finnenschneide)

Für die Hammerfinne gilt entweder die für die 2-mm-Hammerfinne oder für die 8-mm-Hammerfinne festgelegte Geometrie. Es wird empfohlen, den Radius der Hammerfinne als Index auf folgende Weise anzugeben: KV_2 oder KV_8 und KU_2 oder KU_8.

Für die Wahl der Geometrie der Hammerfinne muss eine Verweisung auf die Produktspezifikation erfolgen.

ANMERKUNG Mit 2-mm-Hammerfinnen durchgeführte Prüfungen können andere Ergebnisse erbringen als mit 8-mm-Hammerfinnen durchgeführte Prüfungen [7].

8 Durchführung

8.1 Allgemeines

Die Probe ist rechtwinkelig gegen die Widerlager des Pendelschlagwerks zu legen, so dass die Symmetrieebene des Kerbs und die Symmetrieebene der Auf- und Widerlager, mit Abweichungen von höchstens 0,5 mm, übereinstimmen. Die Finnenschneide muss in der Symmetrieebene des Kerbs auf die dem Kerb gegenüberliegende Seite auftreffen (siehe Bild 1).

8.2 Reibungsmessung

Die durch Reibung verbrauchte Schlagenergie muss täglich, vor jeder ersten Prüfung, überprüft werden. Die Reibungsverluste dürfen, wie unten erklärt, geschätzt werden. Jedoch dürfen auch andere Verfahren angewendet werden.

ANMERKUNG Die durch Reibung verbrauchte Energie enthält, ist aber nicht beschränkt auf, Luftwiderstand, Lagerreibung und Reibung des Schleppzeigers. Gesteigerte Reibung an einem Gerät kann die Menge an verbrauchter Energie beeinflussen.

8.2.1 Um den durch die Reibung des Schleppzeigers verursachten Verlust zu bestimmen, wird das Pendelschlagwerk auf die übliche Weise betätigt, jedoch ohne dass eine Probe eingelegt ist; der vom Schleppzeiger angezeigte Steigwinkel β_1 oder die angezeigte verbrauchte Energie K_1 ist aufzuzeichnen. Dann wird eine zweite Prüfung ohne Rückstellung des Schleppzeigers durchgeführt, und der neue Steigwinkel β_2 oder die angezeigte verbrauchte Energie K_2 ist aufzuzeichnen. Damit gilt für den Reibungsverlust des Schleppzeigers während der Auslenkung:

$$p = M(\cos\beta_1 - \cos\beta_2) \quad (1)$$

wenn die Skala für die Ablesung der verbrauchten Schlagenergie in Grad unterteilt ist oder

$$p = K_1 - K_2 \quad (2)$$

wenn die Skala für die Ablesung der verbrauchten Energie in Energieeinheiten unterteilt ist.

ANMERKUNG Bei Maschinen ohne Schleppzeiger ist diese Reibungsmessung nicht notwendig.

8.2.2 Das Verfahren für die durch Lagerreibung und Luftwiderstand für eine Halbschwingung verursachten Verluste wird folgendermaßen bestimmt:

Nachdem β_2 oder K_2 bestimmt wurde, wird das Pendel in seine Ausgangsstellung gebracht. Ohne Rückstellung des Schleppzeigers (der Anzeigeeinrichtung) wird das Pendel stoß- und schwingungsfrei so freigegeben, dass es 10 Halbschwingungen durchführen kann. Nachdem das Pendel seine 11te Halbschwingungen begonnen hat, wird der Schleppzeiger (die Anzeigeeinrichtung) auf einen Teilstrich verschoben, der etwa 5 % der gesamten Skalenbereichsanzeige entspricht, und der Wert wird als β_3 oder K_3 aufgezeichnet. Die Verluste durch Lagerreibung und Luftwiderstand für eine Halbschwingung sind dann nach den folgenden Gleichungen zu bestimmen:

$$p' = 1/10 \cdot M(\cos\beta_3 - \cos\beta_2) \quad (3)$$

wenn die Skala für die Ablesung der verbrauchten Schlagenergie in Grad unterteilt ist oder

$$p' = 1/10 \cdot (K_3 - K_2) \quad (4)$$

wenn die Skala für die Ablesung der verbrauchten Energie in Energieeinheiten unterteilt ist.

Die Anzahl der Schwingungen kann nach Ermessen des Gerätebenutzers geändert werden und p' sollte im Hinblick auf die angewendete Anzahl der Schwingungen korrigiert werden.

ANMERKUNG 1 Falls diese Verluste bei einer tatsächlichen Prüfung, die einen Steigwinkel β ergibt, berücksichtigt werden müssen, kann die folgende Größe vom Wert der verbrauchten Schlagenergie abgezogen werden.

$$p_\beta = p\frac{\beta}{\beta_1} + p'\frac{\alpha + \beta}{\alpha + \beta_2} \tag{5}$$

Da β_1 und β_2 nahezu gleich α, dem Fallwinkel, sind, kann die Gleichung (5) vereinfacht werden zu:

$$p_\beta = p\frac{\beta}{\alpha} + p'\frac{\alpha + \beta}{2\alpha} \tag{6}$$

Für Pendelschlagwerke mit der Anzeige von Werten in Energieeinheiten kann der Wert für β wie folgt errechnet werden:

$$\beta = \arccos\left[1 - 1/M\left(K_\mathrm{p} - K_\mathrm{T}\right)\right] \tag{7}$$

Der auf diese Weise gemessene gesamte Reibungsverlust $p + p'$ darf 0,5 % des nominellen Arbeitsvermögens K_N nicht überschreiten. Falls der Reibungsverlust diesen Wert des nominellen Arbeitsvermögens überschreitet und es nicht gelingt, ihn durch Verringerung der Zeigerreibung in den Toleranzbereich zu bringen, müssen die Lager gereinigt oder ausgetauscht werden.

8.3 Prüftemperaturk

8.3.1 Wenn nicht anders festgelegt, müssen die Kerbschlagbiegeversuche bei 23 °C ± 5 °C (Umgebungstemperatur) durchgeführt werden. Ist eine Temperatur festgelegt, muss die Probe auf eine Temperatur innerhalb ±2 °C konditioniert werden.

8.3.2 Bei einer Temperierung (Erwärmung oder Abkühlung) in einem flüssigen Medium, muss die Probe im Behälter mit dem flüssigen Medium auf einem Gitter, mindestens 25 mm über dem Behälterboden, bedeckt von mindestens 25 mm Flüssigkeit und in mindestens 10 mm Abstand von den Seitenwänden des Behälters, angeordnet werden. Das Medium muss ständig gerührt und auf geeignete Weise auf die festgelegte Temperatur gebracht werden. Die Einrichtung zum Messen der Temperatur des Mediums sollte in der Mitte einer Gruppe von Proben angeordnet werden. Die Temperatur des Mediums muss mindestens 5 min bei der festgelegten Temperatur, innerhalb ±1 °C, gehalten werden.

ANMERKUNG Bei Anwendung eines flüssigen Temperiermediums, das bis in die Nähe seines Siedepunkts erhitzt wurde, kann sich die Temperatur der Probe in der Zeitspanne nach der Entnahme aus dem Medium bis zum Bruch der Probe aufgrund der Verdunstungskühlung erheblich verringern. [8]

8.3.3 Bei einer Temperierung (Erwärmung oder Abkühlung) in einem gasförmigen Medium, muss die Probe in der Temperiereinrichtung mindestens 50 mm Abstand zur nächsten Oberfläche haben. Die einzelnen Proben müssen untereinander einen Abstand von mindestens 10 mm haben. Das Medium ist konstant zu zirkulieren und durch eine zweckmäßige Methode auf die festgelegte Temperatur zu bringen. Die Einrichtung zum Messen der Temperatur des Mediums sollte in der Mitte einer Gruppe von Proben angeordnet werden. Die Temperatur des gasförmigen Mediums muss mindestens 30 min bei der festgelegten Temperatur ±1 °C gehalten werden, bevor die Probe aus dem Medium für die Prüfung entnommen wird.

8.3.4 Andere Methoden zur Temperierung sind zulässig, solange sie die einschlägigen Anforderungen von 8.3 erfüllen.

8.4 Handhabung der Proben

Bei Prüfungen unter anderen als Umgebungstemperaturen, dürfen nicht mehr als 5 s verstreichen zwischen dem Zeitpunkt, an dem die Probe aus dem Heiz- oder Kühlmedium entnommen wird, und dem Zeitpunkt, an dem die Hammerfinne darauf auftrifft. Eine Ausnahme wird gemacht, wenn der Unterschied zwischen der Umgebungs- oder Geräte-Temperatur und der Temperatur der Probe weniger als 25 °C beträgt. In diesem Fall muss die Zeit für den Proben-Transfer weniger als 10 s betragen.

Die zum Transportieren der Probe verwendete Einrichtung (Zange) muss so gestaltet und benutzt werden, dass die Probentemperatur innerhalb des zulässigen Temperaturbereichs bleibt.

Die Teile der Einrichtung (Zange), die mit der Probe bei der Überführung aus dem Temperiermedium zum Pendelschlagwerk in Kontakt kommen, müssen zusammen mit den Proben temperiert werden.

Es sollte darauf geachtet werden, sicherzustellen, dass die Einrichtung, mit der die Probe auf den Widerlagern zentriert wird, nicht dazu führt, dass die Bruchstücke hochfester Proben mit niedrigen Schlagenergiewerten von der Zentriereinrichtung gegen das Pendel zurückprallen. Diese Interaktion zwischen Pendel und Probe führt dazu, dass fälschlicherweise hohe Schlagenergiewerte ermittelt werden. Es hat sich gezeigt, dass der Abstand zwischen dem Ende der in Prüfposition angeordneten Probe und der (den) Zentriereinrichtung oder festen Teilen des Pendelschlagwerks gleich oder größer als 13 mm sein muss, um zu verhindern, dass zurückprallende Enden der Proben während der Prüfung gegen das Pendel schlagen können.

ANMERKUNG Für die Überführung von Proben aus dem Temperiermedium in die vorschriftsmäßige Prüfposition werden häufig Zangen mit Selbstzentrierung verwendet, die eine ähnliche Ausführung wie die Zangen haben, die in Anhang A für Proben mit V-Kerb beschrieben sind. Mit solchen Zangen sind mögliche Probleme hinsichtlich des Abstands vermeidbar, die auf Interferenzen zwischen gebrochenen Probenhälften und einer festen Zentriereinrichtung zurückzuführen sind.

8.5 Überschreiten des Arbeitsvermögens des Pendelschlagwerks

Die verbrauchte Schlagenergie K sollte 80 % der potentiellen Anfangsenergie K_p nicht überschreiten. Bei einer höheren verbrauchten Schlagenergie sind die ermittelten Werte ungenau und müssen als angenäherte Werte ausgewiesen werden; als 80 % des Arbeitsvermögens des Pendelschlagwerks überschreitend, worauf im Prüfbericht hinzuweisen ist.

ANMERKUNG Im Idealfall wird ein Kerbschlagbiegeversuch mit konstanter Schlaggeschwindigkeit durchgeführt. Bei Versuchen mit Pendelschlagwerken nimmt die Geschwindigkeit mit fortschreitendem Bruch ab. Für Proben mit Schlagenergiewerten im Bereich des Arbeitsvermögens des Pendelschlagwerks verringert sich die Geschwindigkeit des Pendels während des Bruchs so sehr, dass eine Bestimmung genauer Schlagenergiewerte nicht mehr möglich ist.

8.6 Unvollständiger Bruch

Proben zerbrechen während der Prüfung nicht immer in zwei Teile.

Für Abnahmeprüfungen für Werkstoffe ist es nicht erforderlich, Informationen zu unvollständigen Brüchen zu berichten.

Bei anderen Prüfungen als Abnahmeprüfungen für Werkstoffe ist es erforderlich, dass nicht gebrochene Proben berichtet werden.

ANMERKUNG 1 Für den Fall, dass individuelle Proben nicht im Prüfprotokoll gekennzeichnet werden, kann die Gruppe als gebrochen oder nicht gebrochen bezeichnet werden.

ANMERKUNG 2 Eine Probe, die durch den Schlag nicht vollständig in zwei halbe Proben geteilt wurde, kann als gebrochen erachtet werden, wenn die zwei Hälften ohne Zuhilfenahme mechanischer Werkzeuge und ohne Ermüdung des Werkstoffs der Probe durch Drücken gegen die miteinander verbundenen Hälften getrennt werden können.

ANMERKUNG 3 Eine Abnahmeprüfung für Werkstoffe ist eine Prüfung, in deren Rahmen Mindestanforderungen für die Abnahme bewertet werden.

8.7 Verklemmen einer Probe

Wenn sich eine Probe im Pendelschlagwerk verklemmt, darf das Ergebnis für diese Probe nicht in die Auswertung einbezogen werden. Das Pendelschlagwerk ist gründlich auf Beschädigungen zu untersuchen, die die Kalibrierung des Pendelschlagwerks beeinträchtigen würden.

ANMERKUNG Eine Probe verklemmt sich dadurch, dass ihre Bruchstücke zwischen beweglichen und nicht beweglichen Teilen des Pendelschlagwerks stecken bleiben. Dieses Verklemmen kann zu einem signifikanten Schlagenergieverbrauch führen. Von sekundären Hammerauftreffmarken können Klemmmarken dadurch unterschieden werden, dass sie auf der verklemmten Probe als paarweise Marken sichtbar sind, die einander gegenüberliegen.

8.8 Untersuchung nach erfolgtem Bruch

Falls die Untersuchung nach dem Bruch ergibt, dass die Kennzeichnung zur Probenidentifizierung teilweise in einem sichtbar verformten Bereich der Probe liegt, könnte es sein, dass das Prüfergebnis nicht repräsentativ für den Werkstoff ist; worauf im Prüfbericht hingewiesen werden muss.

9 Prüfbericht

9.1 Erforderliche Angaben

Der Prüfbericht muss folgende Angaben enthalten oder, falls dies mit dem Kunden vereinbart wurde, muss es möglich sein, auf Grundlage einer nachverfolgbaren Kodierung des Prüfberichts durch das Prüflabor diese Informationen zu erlangen:

a) Verweisung auf diesen Teil von ISO 148, d. h. ISO 148-1;

b) Kennzeichnung der Probe (z. B. Stahlsorte, Nr. der Schmelze);

c) Größe der Probe, falls keine Normal-Probe verwendet wurde;

d) Temperatur der Prüfung oder Prüftemperatur der Probe;

e) die verbrauchte Schlagenergie, KV_2, KV_8, KU_2, oder KU_8, wie jeweils zutreffend;

f) ob eine Probe oder ein Großteil von Proben einer Gruppe gebrochen ist (bei Abnahmeprüfungen für Werkstoffe nicht erforderlich);

g) alle ungewöhnlichen Ereignisse, die die Prüfung beeinflusst haben könnten.

9.2 Optionale Angaben

Zusätzlich zu den Informationen in 9.1 kann der Prüfbericht optional enthalten:

a) Ausrichtung der Probe (siehe ISO 3785);

b) potentielle Anfangsenergie der Prüfmaschine, in Joule;

c) seitliche Ausdehnung (siehe Anhang B);

d) Bruchaussehen (siehe Anhang C);

e) verbrauchte Schlagenergie-/Temperaturkurve (siehe D.1);

f) seitliche Ausdehnungs-/Temperaturkurve;

g) Kurve des Aussehens der Bruchfläche/Temperaturkurve;

h) Übergangstemperatur(en) und zu ihrer (deren) Bestimmung angewendete Kriterien (siehe D.2);

i) Anzahl der beim Kerbschlagversuch nicht vollständig gebrochenen Proben;

j) Datum (Monat und Jahr) der aktuellsten vollständigen direkten und indirekten Überprüfungen;

k) Messunsicherheit der verbrauchten Schlagenergie (siehe Anhang E).

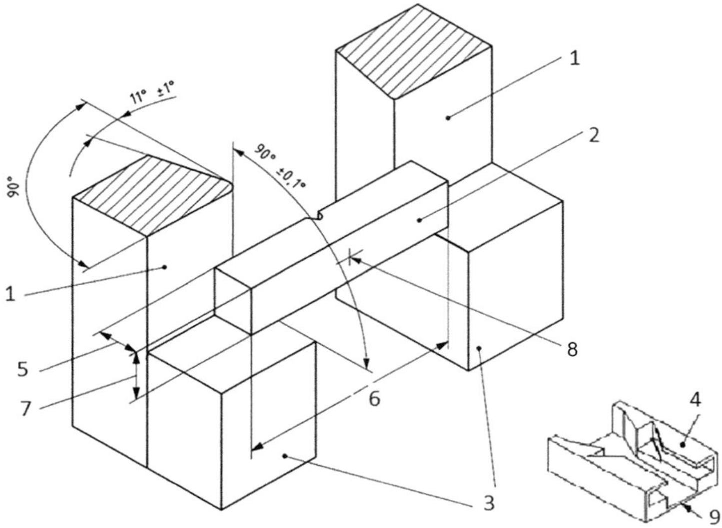

Legende

1 Widerlager

2 Normal-Probe

3 Auflager für die Probe

4 Abdeckvorrichtung

5 Breite der Probe, *W*

6 Länge der Probe, *L*

7 Dicke der Probe, *B*

8 Auftreffpunkt

9 Richtung der Pendelschwingung

Bild 1 — Probe-Terminologie, die die Anordnung der Auflager und Widerlager für ein Pendelschlagwerk zeigt

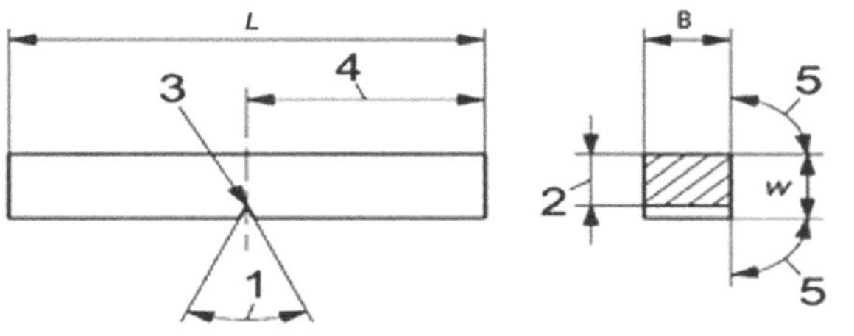

a) Geometrie eines V-Kerbs

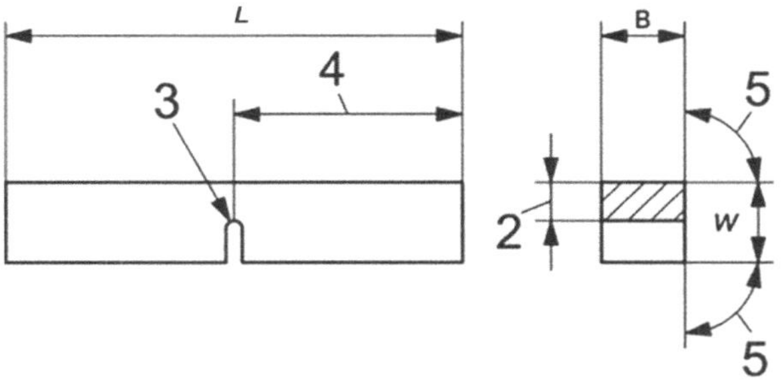

b) Geometrie eines U-Kerbs

ANMERKUNG Die Symbole *L*, *W*, *B* und die Zahlen 1 bis 5 beziehen sich auf Tabelle 2.

Bild 2 — Probe Kerbschlagbiegeversuch nach Charpy

Tabelle 2 — Toleranzen für die festgelegten Probenmaße

Bezeichnung	Symbol und Nr.	V-Kerb-Probe			U-Kerb-Probe		
		Nennmaß	Toleranzen für die Bearbeitung		Nennmaß	Toleranzen für die Bearbeitung	
				Toleranz-klasse[a]			Toleranz-klasse[a]
Länge	*L*	55 mm	±0,60 mm	js15	55 mm	±0,60 mm	js15
Breite	*W*	10 mm	±0,075 mm	js12	10 mm	±0,11 mm	js13
Dicke[c]	*B*	10 mm	±0,11 mm	js13	10 mm	±0,11 mm	js13
— Normal-Probe — Untermaß-Probe — Untermaß-Probe — Untermaß-Probe		10 mm 7,5 mm 5 mm 2,5 mm	±0,11 mm ±0,11 mm ±0,06 mm ±0,05 mm	js13 js13 js12 js12	10 mm 7,5 mm 5 mm —	±0,11 mm ±0,11 mm ±0,06 mm —	js13 — — —
Kerbwinkel	1	45°	±2°	—	—	—	—
Steg	2	8 mm	±0,075 mm	js12	5 mm	±0,09 mm	js13
Kerbradius	3	0,25 mm	±0,025 mm	—	1 mm	±0,07 mm	js12
Kerb-Position (zentriert)	4	27,5 mm	±0,42 mm[d]	js15	27,5 mm	±0,42 mm[d]	js15
Winkel zwischen der Symmetrieebene des Kerbs und der Längsachse der Probe		90°	±2°	—	90°	±2°	—
Winkel zwischen benachbarten Längsflächen der Probe	5	90°	±2°	—	90°	±2°	—
Oberflächenrauheit[b]	N.V.	< 5 µm			< 5 µm		

[a] In Übereinstimmung mit ISO 286-1.

[b] Außer an den Enden müssen die Proben eine Oberflächenrauheit besser als *Ra* 5 µm haben.

[c] Falls eine andere Dicke (2 mm oder 3 mm) festgelegt ist, müssen auch die entsprechenden Toleranzen festgelegt sein.

[d] Für Pendelschlagwerke mit automatischer Positionierung der Proben wird eine Toleranz von ±0,165 mm statt ±0,42 mm empfohlen.

Anhang A
(informativ)

Selbstzentrierende Zangen

Zangen, ähnlich dem in Bild A.1 dargestellten Beispiel, werden häufig verwendet, um die Probe zu überführen und sie vorschriftsmäßig im Pendelschlagprüfwerk zu positionieren.

Maße in Millimeter

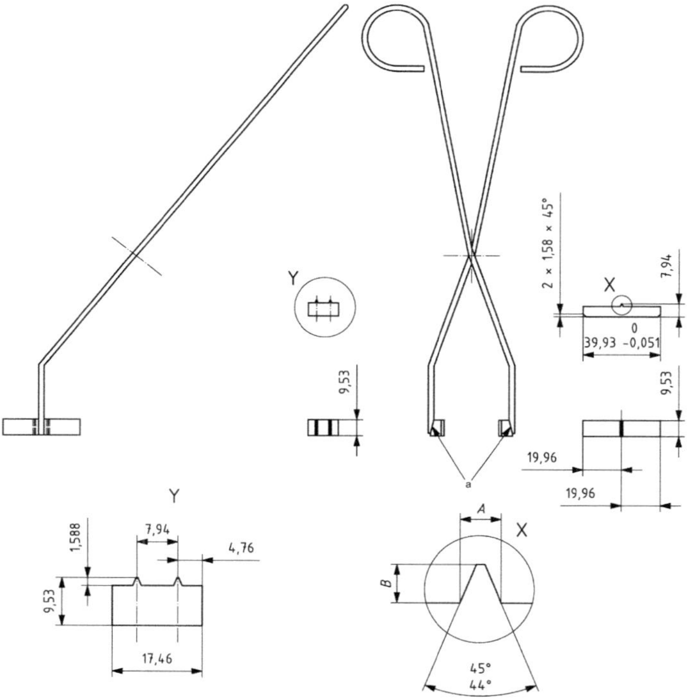

Probendicke	*A*	*B*
10	1,60 bis 1,70	1,52 bis 1,65
5	0,74 bis 0,80	0,69 bis 0,81
3	0,45 bis 0,51	0,36 bis 0,48

a Stahlstücke, mittels Silberlot parallel zueinander an der Zange angelötet.

Bild A.1 — Zentrierzangen für Charpy-Proben mit V-Kerb

Anhang B
(informativ)

Seitliche Ausdehnung

B.1 Allgemeines

Ein Maß für den Bruchwiderstand eines Werkstoffs, der z. B. am Kerbgrund einer Charpy-Probe unter dreiachsiger Beanspruchung steht, ist die Größe der an dieser Stelle auftretenden Verformung. Bei dieser Verformung handelt es sich in diesem Fall um eine Kontraktion. Da es auch nach erfolgtem Bruch schwierig ist, diese Verformung messtechnisch zu erfassen, wird üblicherweise die Ausdehnung an beiden Enden der Bruchebene gemessen und anstelle der Kontraktion angegeben.

B.2 Durchführung

Beim Verfahren zum Messen der seitlichen Ausdehnung sollte berücksichtigt werden, dass die Bruchebene selten durch die Stellen verläuft, an der die maximale Ausdehnung an beiden Seiten der Probe vorliegt. Eine Bruchhälfte kann die maximale Ausdehnung für beiden Seiten, für nur eine Seite oder für keine Seite enthalten. Die angewendeten Messverfahren sollten daher einen Ausdehnungswert liefern, der gleich der Summe aus den für die jeweilige Seite gemessenen beiden größeren Werten ist, wozu die beiden Bruchhälften getrennt auszumessen sind. Die Größe der Ausdehnung auf jeder Seite der beiden Bruchhälften muss unter Bezug auf die Ebene gemessen werden, die durch den nicht verformten Teil der jeweiligen Probenseite festgelegt ist (siehe Bild B.1). Für diese Messungen können Kontakt- oder kontaktlose Methoden verwendet werden.

Die seitliche Ausdehnung darf mit einem geeigneten Messgerät ermittelt werden, z. B. mit einer in den Bildern B.2 und B.3 dargestellten Messuhr. Die beiden gebrochenen Hälften werden einzeln ausgemessen. Zunächst sind jedoch die Seiten rechtwinklig zum Kerb auf beim Kerbschlagbiegeversuch gebildete Grate zu untersuchen; möglicherweise vorhandene Grate müssen vorsichtig, z. B. mit feinem Schleifpapier, ohne Beschädigung der auszumessenden Aufstauchungen, entfernt werden. Als nächstes werden die beiden Probenhälften mit den Flächen aneinandergelegt, die sich ursprünglich rechts und links vom Kerb befunden haben. Dann werden die Seitenflächen der beiden Probenhälften (siehe Bild B.1) so gegen die Referenzfläche gepresst, dass die Aufstauchungen am Taster der Messuhr anliegen. Der für die erste Aufstauchung abgelesene Wert ist zu notieren, dann ist dieser Arbeitsgang für die andere Probenhälfte zu wiederholen (siehe Bild B.1), wobei darauf zu achten ist, dass die Messung an derselben Probenseite erfolgt. Der größere der beiden ermittelten Werte ist die Ausdehnung für diese Seite der Probe. Das Verfahren zum Ausmessen der Aufstauchungen wird für die andere Probenseite wiederholt, danach werden die jeweils größeren dieser ermittelten Werte addiert. Beispielsweise, wenn $A_1 > A_2$ und $A_3 = A_4$ ist, folgt *LE (seitliche Ausdehnung)* $= A_1 + (A_3$ oder $A_4)$. Falls $A_1 > A_2$ und $A_3 > A_4$ ist, folgt $LE = A_1 + A_3$.

Wenn eine oder mehrere Aufstauchungen einer Probe durch Aufschlagen z. B. am Widerlager, Maschinenrahmen usw. verformt wurde, darf diese Probe nicht ausgemessen werden. Dies ist im Prüfbericht zu vermerken.

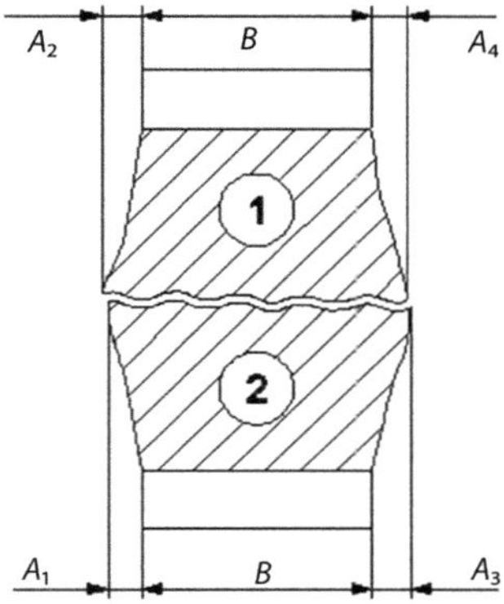

Legende

1	Seite eins der Bruchprobe
2	Seite zwei der Bruchprobe
B	Dicke der Probe, mm
A_1, A_2, A_3, A_4	Gemessener Abstand, mm

Bild B.1 — Hälften gebrochener Charpy V-Kerb-Einschlagproben, welche die Messung seitlicher Ausdehnung veranschaulichen

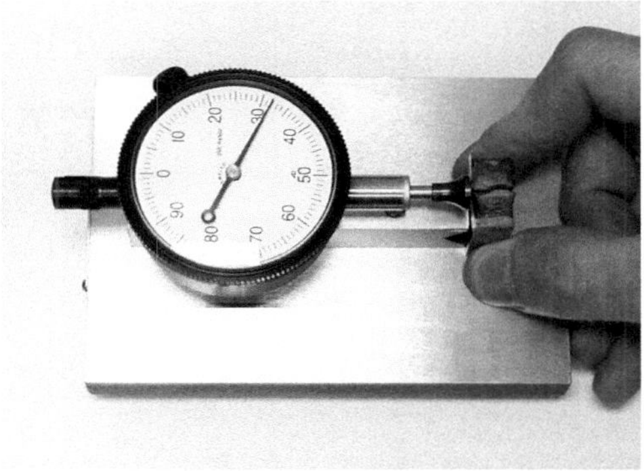

Bild B.2 — Messuhr zur Messung der seitlichen Ausdehnung von Charpy-Proben; im Bild werden beide Hälften einer Charpy-Probe dargestellt; anstatt jede Hälfte einzeln zu messen, werden sie auf einer Seite gemessen

Maße in Millimeter

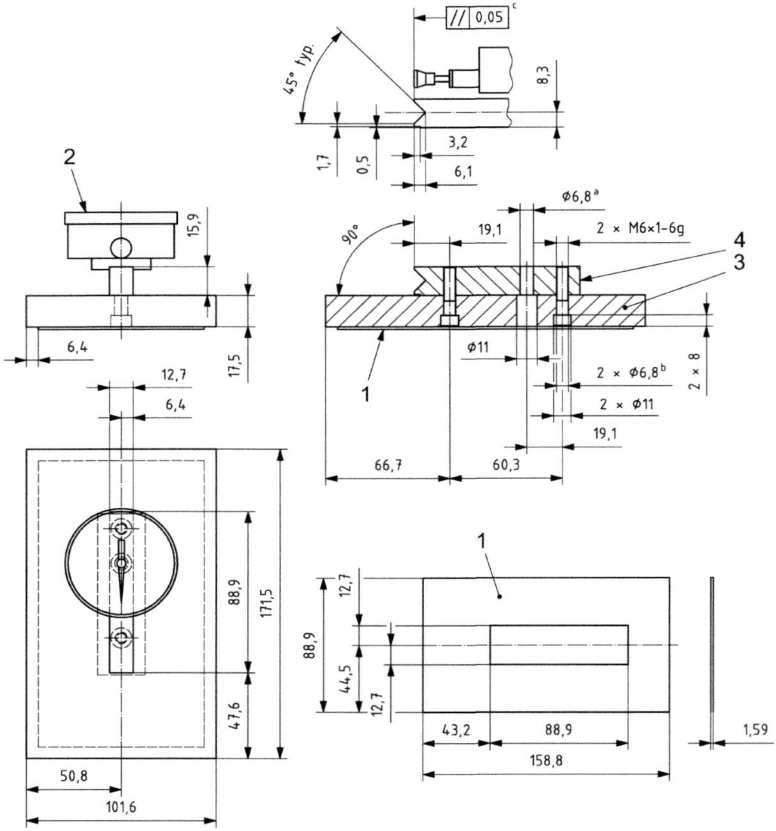

Legende

1 Gummi-Unterlage
2 Anzeige, Messbereich 10 mm, Skalenteilung 1/100 mm
3 Grundplatte aus nichtrostendem oder verchromtem Stahl
4 Messuhrhalterung aus nichtrostendem oder verchromtem Stahl

[a] Für Innensechskantschraube UNC 1/4"-20", Höhe des Innensechskants 7/8", zur Anbringung der Messuhr.

[b] Für Innensechskantschrauben M6 × 1, Höhe des Innensechskants 25 mm.

[c] Überlappen bei Anbringung der Messuhr.

Bild B.3 — Baugruppe und Details zum Messgerät für seitliche Ausdehnung

Anhang C
(informativ)

Bruchaussehen

C.1 Allgemeines

Die Bruchfläche der Charpy-Proben wird häufig durch den in Prozent angegebenen, auftretenden Scherbruch bewertet. Je größer der Gleitbruchanteil ist, umso höher ist die Kerbzähigkeit des Werkstoffs. Die Bruchfläche der meisten Charpy-Proben zeigt sowohl Gleitbruch- als auch glatte Bruchbereiche. Die Gleitbruchbereiche werden als komplett zäh angenommen, die flachen Bruchbereiche jedoch können zäh oder spröde sein oder eine Kombination dieser beiden Brucharten aufweisen. Da diese Bewertung sehr subjektiv erfolgt, wird empfohlen, sie in Spezifikationen nicht anzuwenden.

ANMERKUNG Die verwendete Benennung „faseriges Bruchaussehen" wird häufig als Synonym für „Gleitbruchanteil" verwendet. Das Gegenteil wird oft durch die Benennungen „Spaltbruch" und „kristallines Bruchaussehen" gekennzeichnet.

C.2 Durchführungen

Der prozentuale Gleitbruchanteil wird üblicherweise nach einem der folgenden Verfahren bestimmt:

a) Ausmessen der Länge und Breite des Spaltbruchanteils des glatten Bruchbereichs (d. h. des Anteils mit „kristallinem" Aussehen), siehe Bild C.1, und Bestimmen des prozentualen Gleitbruchanteils nach Tabelle C.1;

b) Vergleich des Bruchaussehens der Probe mit Bruchbild-Richtreihen, z. B. nach Bild C.2;

c) Vergrößern der Bruchfläche und Vergleich mit früher kalibrierten Richtreihen, die der Bruchfläche überlagert werden, oder Ausmessen des prozentualen Spaltbruchanteils mit einem Planimeter und Berechnung des prozentualen Gleitbruchanteils (je 100 % Spaltbruch);

d) Fotografieren der Bruchfläche mit geeigneter Vergrößerung und Ausmessen des prozentualen Spaltbruchanteils mit einem Planimeter und dann Berechnung des prozentualen Gleitbruchanteils (je 100 % Spaltbruch);

e) Ausmessen des prozentualen Gleitbruchanteils mit Hilfe von Bildanalyse-Verfahren.

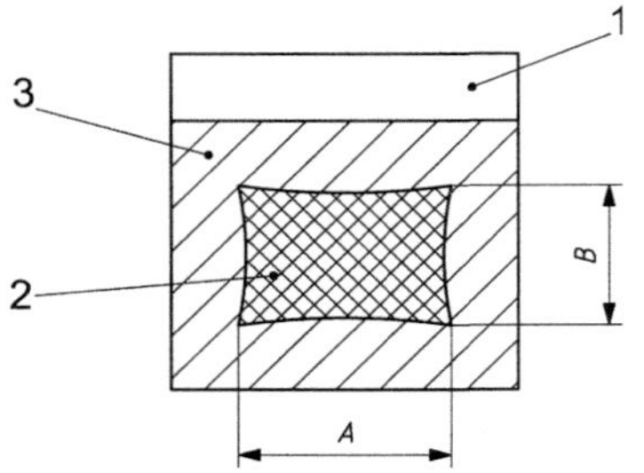

Legende

1 Kerb

2 Fläche mit Spaltbruchaussehen (spröde)

3 Fläche mit Scherbruchaussehen (matt)

A Ermitteltes Maß zur Schätzung des Spaltbereichs

B Ermitteltes Maß zur Schätzung des Spaltbereichs

ANMERKUNG 1 Ermitteln der Maße von *A* und *B* auf die nächsten 0,5 mm.

ANMERKUNG 2 Bestimmen des prozentualen Scherbruchs mittels Tabelle C.1.

Bild C.1 — Bestimmung des prozentualen Gleitbruchanteils

Tabelle C.1 — Prozentualer Gleitbruchanteil für Messungen in Millimetern

B mm	*A* mm																		
	1,0	1,5	2,0	2,5	3,0	3,5	4,0	4,5	5,0	5,5	6,0	6,5	7,0	7,5	8,0	8,5	9,0	9,5	10
	Prozentualer Gleitbruchanteil																		
1,0	99	98	98	97	96	96	95	94	94	93	92	92	91	91	90	89	89	88	88
1,5	98	97	96	95	94	93	92	92	91	90	89	88	87	86	85	84	83	82	81
2,0	98	96	95	94	92	91	90	89	88	86	85	84	82	81	80	79	77	76	75
2,5	97	95	94	92	91	89	88	86	84	83	81	80	78	77	75	73	72	70	69
3,0	96	94	92	91	89	87	85	83	81	79	77	76	74	72	70	68	66	64	62
3,5	96	93	91	89	87	85	82	80	78	76	74	72	69	67	65	63	61	58	56
4,0	95	92	90	88	85	82	80	77	75	72	70	67	65	62	60	57	55	52	50
4,5	94	92	89	86	83	80	77	75	72	69	66	63	61	58	55	52	49	46	44
5,0	94	91	88	85	81	78	75	72	69	66	62	59	56	53	50	47	44	41	37
5,5	93	90	86	83	79	76	72	69	66	62	59	55	52	48	45	42	38	35	31
6,0	92	89	85	81	77	74	70	66	62	59	55	51	47	44	40	36	33	29	25
6,5	92	88	84	80	76	72	67	63	59	55	51	47	43	39	35	31	27	23	19
7,0	91	87	82	78	74	69	65	61	56	52	47	43	39	34	30	26	21	17	12
7,5	91	86	81	77	72	67	62	58	53	48	44	39	34	30	25	20	16	11	6
8,0	90	85	80	75	70	65	60	55	50	45	40	35	30	25	20	15	10	5	0
ANMERKUNG 100 % Scherung muss angegeben werden, wenn entweder A oder B Null ist.																			

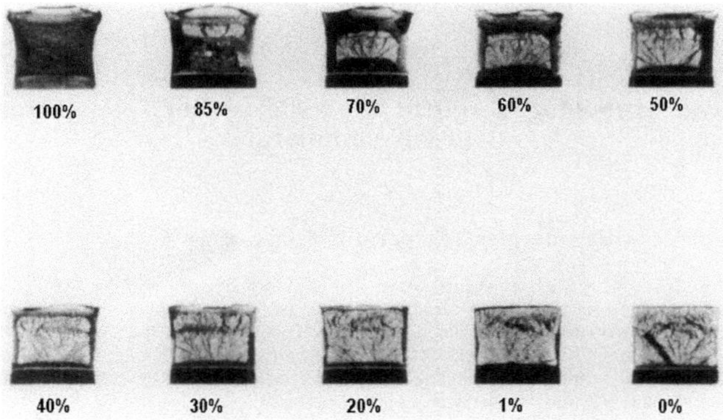

a) Vergleichsbilder für das Bruchaussehen und Angaben für den prozentualen Gleitbruchanteil

b) Anleitung zur Schätzung des Bruchaussehens

Bild C.2 — Bruchaussehen

Anhang D
(informativ)

Verbrauchte Schlagenergie in Abhängigkeit der Temperatur und Übergangstemperatur

D.1 Verbrauchte Schlagenergie-/Temperatur-Kurve

Die verbrauchte Schlagenergie-/Temperatur-Kurve (*K*-/*T*-Kurve) gibt die verbrauchte Schlagenergie der Prüftemperatur einer vorgegebenen Art von Probe an (siehe Bild D.1). Im Allgemeinen wird der Kurvenverlauf durch Kurvenregression aus den Einzelwerten ermittelt. Die Form der Kurve und die Streuung der Prüfergebnisse sind vom Werkstoff, der Probenform und der Schlaggeschwindigkeit abhängig. Wenn die Kurve einen duktil bis brüchigen Übergangsbereich zeigt, ist zwischen der Hochlage, dem Übergangsgebiet (Steilabfall) und der Tieflage zu unterscheiden.

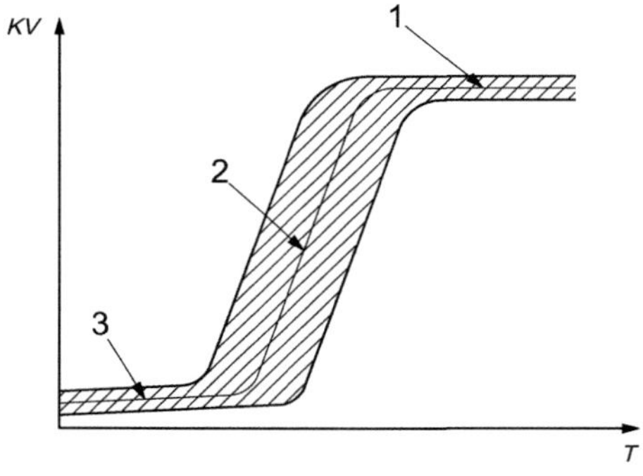

Legende

T Temperatur

K verbrauchte Schlagenergie

1 Hochlage

2 Übergangsgebiet (Steilabfall)

3 Tieflage

ANMERKUNG Übergangskurven für Scherbruchbereiche und für seitliche Ausdehnung sind ebenfalls üblich, jedoch sind diese hier nicht aufgeführt.

Bild D.1 — Schematische Darstellung der Verbrauchte Schlagenergie-/Temperatur-Kurve

D.2 Übergangstemperaturen

Die Übergangstemperatur T_t kennzeichnet die Position des Steilabfalls in der Verbrauchte Schlagenergie-/ Temperatur-Kurve. Da sich der Steilabfall im Allgemeinen über einen ziemlich breiten Temperaturbereich erstreckt, kann keine allgemeingültige Definition für die Übergangstemperatur angegeben werden. Neben anderen haben sich die folgenden Kriterien als hilfreich zur Festlegung der Übergangstemperatur erwiesen:

a) T_{t27}, das einem bestimmten Wert der verbrauchten Schlagenergie entspricht, z. B. $KV_8 = 27$ J;

b) $T_{t50\%\mathrm{US}}$, das einem bestimmten Prozentanteil des Werts der verbrauchten Schlagenergie im Bereich der Hochlage entspricht, z. B. 50 %;

c) $T_{t50\%\mathrm{SFA}}$, das einem bestimmten Anteil des Scherbruchs entspricht, z. B. 50 %;

d) $T_{t0,9}$, das einem bestimmten Anteil der seitlichen Ausdehnung entspricht, z. B. 0,9 mm.

Die Auswahl des Verfahrens zur Festlegung der Übergangstemperatur sollte in der Produktnorm oder einer Spezifikation festgelegt oder vereinbart werden.

ANMERKUNG Das am häufigsten verwendete Anpassungsmodell für Übergangskurven ist das hyperbolische Tangentenmodell.

Anhang E
(informativ)

Messunsicherheit eines Wertes K der verbrauchten Schlagenergie

E.1 Symbole und Einheiten

Die in diesem Anhang verwendeten Symbole und Einheiten werden in Tabelle E.1 angegeben. *KV* wird nur zu Beispielzwecken verwendet, wobei die Buchstaben *V* oder *U* die Kerbgeometrie angeben.

Tabelle E.1 — Symbole und Einheiten

Symbol	Einheit	Definition
B_V	J	systematische Abweichung des Pendelschlagwerks, bestimmt durch indirekte Überprüfung
k		Erweiterungsfaktor
KV	J	verbrauchte Schlagenergie, gemessen nach dieser Internationalen Norm, an einer Probe mit V-Kerb
$\overline{KV}$	J	angegebener mittlerer *KV*-Wert für einen Satz von Proben aus einem zu untersuchenden Werkstoff
KV_R	J	zertifizierter *KV*-Wert für das bei der indirekten Überprüfung verwendete Referenzmaterial
$\overline{KV}_V$	J	mittlerer *KV*-Wert der bei der indirekten Überprüfung untersuchten Referenzproben
n		Anzahl der untersuchten Proben
r	J	Auflösung der Anzeige des Pendelschlagwerks
s_x	J	Standardabweichung der an *n* Proben ermittelten Werte
T_x	J	Fehler des gemessenen *KV*-Werts, der auf Temperatureinflüsse zurückzuführen ist
$u(\overline{KV})$	J	Standardmessunsicherheit von $\overline{KV}$
$U(\overline{KV})$	J	erweiterte Messunsicherheit von $\overline{KV}$ mit einem Vertrauensniveau von etwa 95 %
$u(r)$		Standardmessunsicherheit aus der Auflösung des Pendelschlagwerks
u_T	K	Standardmessunsicherheit der gemessenen Prüftemperatur
u_V	J	Standardmessunsicherheit des Ergebnisses aus der indirekten Überprüfung
$u(\bar{x})$	J	Standardmessunsicherheit von $\bar{x}$
$\bar{x}$	J	abgelesener mittlerer *KV*-Wert für einen Satz von *n* Proben aus einem zu untersuchenden Werkstoff ohne Korrektur für Abweichung
$v_{\overline{KV}}$		Freiheitsgrade entsprechend $u(\overline{KV})$
v_V		Freiheitsgrade entsprechend u_V
$v_{\bar{x}}$		Freiheitsgrade entsprechend $u(\bar{x})$

E.2 Bestimmung der Messunsicherheit

E.2.1 Allgemeines

In diesem Anhang ist ein unempfindliches Verfahren zur Bestimmung der Messunsicherheit, $u(\overline{KV})$, bezogen auf die mittlere verbrauchte Schlagenergie, $\overline{KV}$, eines Probensatzes aus einem zu untersuchenden Werkstoff festgelegt. Es können alternative Verfahren zur Abschätzung $u(\overline{KV})$ der Messunsicherheit, die dann akzeptabel sind, wenn sie den Anforderungen des GUM [4] entsprechen, entwickelt werden.

Bei dieser Vorgehensweise werden als Eingabe die Ergebnisse der „indirekten Überprüfung" des Charpy-Pendelschlagwerks benötigt, die ein normatives Verfahren zur Bewertung der Leistung des Pendelschlagwerks bei Anwendung von Referenzproben darstellt (siehe ISO 148-2).

ANMERKUNG 1 Nach der Normenreihe ISO 148 wird gefordert, dass Pendelschlagwerke die Anforderungen sowohl der indirekten als auch der direkten Überprüfung erfüllen müssen. Bei der direkten Prüfung werden alle individuellen geometrischen und mechanischen Anforderungen an die Konstruktion von Pendelschlagwerken überprüft (siehe ISO 148-2).

Die Bedeutung der direkten und der indirekten Überprüfung in der meteorologischen Kette für die Rückführbarkeit der Charpy-Messungen ist in Bild E.1 angegeben. Die Kette beginnt auf internationaler Ebene mit der Definition der Messgröße, *KV*, oder der verbrauchten Schlagenergie, die in den genormten Verfahren nach der Normenreihe ISO 148 beschrieben ist. Die globale Vergleichbarkeit beruht auf internationalen Vergleichen von Charpy-Referenz-Pendelschlagwerken und auf zertifizierten Werten für zertifizierte Referenzproben, die von nationalen oder internationalen Organisationen unter Anwendung von mehreren Referenz-Pendelschlagwerken erstellt wurden.

In Kalibrierlaboratorien werden zertifizierte Referenzproben verwendet, um die im Laboratorium vorhandenen Referenz-Pendelschlagwerke zu überprüfen, so dass dann mit deren Hilfe Referenzproben beschrieben und hergestellt werden können. Auf der Anwenderebene können mit der Durchführung von Kerbschlagbiegeversuchen nach Charpy beauftragte Prüflaboratorien das laboreigene Pendelschlagwerk mit Hilfe von Referenzproben überprüfen, um zuverlässige *KV*-Werte zu erreichen.

ANMERKUNG 2 Anwender können zertifizierte Referenzproben von nationalen oder internationalen Organisationen beziehen und damit die Ebene des Kalibrierlaboratoriums umgehen.

ANMERKUNG 3 Weitere Informationen zum Unterschied zwischen zertifizierten Referenzproben und Referenzproben, siehe ISO 148-3:2016, Anhang A.

E.2.2 Unsicherheits-Verzichtserklärung

Eine Messunsicherheitsanalyse ist hilfreich, um die Hauptquellen für Inkonsistenzen der gemessenen Ergebnisse aufzudecken.

Produktnormen und Datenbanken für Werkstoffeigenschaften, die auf dem vorliegenden Teil von ISO 148 basieren, enthalten unvermeidbar einen aus der Messunsicherheit resultierenden Beitrag. Eine weitere Anpassung der Messunsicherheit ist deswegen nicht angebracht, weil auf diese Weise riskiert wird, dass die Übereinstimmung des Produkts mit den Anforderungen nicht mehr gegeben ist. Sofern vom Kunden nicht ausdrücklich anders gefordert, ist die nach diesem Verfahren abgeschätzte Messunsicherheit deshalb nur zu informatorischen Zwecken anzuwenden.

Die in diesem Teil von ISO 148 festgelegten Prüfbedingungen und -grenzen sollten nicht angepasst werden, um Unsicherheiten bei der Messung Rechnung zu tragen, sofern vom Kunden nicht ausdrücklich anders gefordert. Sofern vom Kunden nicht ausdrücklich anders gefordert, sollten die ermittelten Messunsicherheiten nicht mit den gemessenen Ergebnissen kombiniert werden, um die Übereinstimmung mit den Produkt-Spezifikationen zu bewerten. Stattdessen sind die angegebenen Toleranzen als Zulässigkeitsintervalle [5] zu interpretieren. Diesem Ansatz liegt die Annahme zugrunde, dass die Messungen mit einer akzeptierten maximalen Messunsicherheit vorgenommen wurden. Nach Möglichkeit wurde diese maximale Messunsicherheit in der aktuellen Version der Normenreihe ISO 148 festgelegt. Die Messunsicherheiten gemessener Werte sollten unterhalb der angegebenen Werte liegen.

E.3 Allgemeine Durchführung

E.3.1 Beiträge zur Messunsicherheit

Die wichtigsten Faktoren, die zur Messunsicherheit beitragen, stehen im Zusammenhang mit

a) der systematischen Abweichung des Pendelschlagwerks, ermittelt durch die indirekte Überprüfung,

b) der Homogenität des zu untersuchenden Werkstoffs und der Wiederholpräzision des Pendelschlagwerks und

c) der Prüftemperatur.

Zur Bestimmung der mittleren verbrauchten Schlagenergie $\overline{KV}$ wird die Gleichung (E.1) verwendet:

$$\overline{KV} = \bar{x} - B_V - T_x \qquad \text{(E.1)}$$

dabei ist

$\bar{x}$ der Mittelwert der abgelesenen verbrauchten Schlagenergie von n Proben;

B_V die systematische Abweichung des Pendelschlagwerks, basierend auf der indirekten Überprüfung;

T_x die systematische Abweichung, verursacht durch die Temperatur.

E.3.2 Systematische Abweichung des Pendelschlagwerks

In der Regel (siehe Literaturhinweis [5]) sollten die gemessenen Werte mit bekannter systematischer Abweichung korrigiert werden. Die indirekte Überprüfung ist eine Möglichkeit, den Wert für die systematische Abweichung festzulegen. Die durch indirekte Überprüfung ermittelte systematische Abweichung des Pendelschlagwerks, die in ISO 148-2 definiert wird, ist nach Gleichung (E.2) zu berechnen:

$$B_V = \overline{KV}_V - KV_R \qquad \text{(E.2)}$$

dabei ist

$\overline{KV}_V$ der Mittelwert für die Referenzproben, die bei der indirekten Überprüfung gebrochen sind;

KV_R der zertifizierte Wert der Referenzproben.

In Abhängigkeit davon, wie gut der Wert von B_V bekannt ist, werden in ISO 148-2 unterschiedliche Möglichkeiten zur Behandlung der mit den Ergebnissen der indirekten Überprüfung verbundenen Unsicherheit vorgeschlagen:

a) B_V ist bekannt und stabil. In diesem Ausnahmefall wird der beobachtete Wert $\bar{x}$ korrigiert durch einen Ausdruck, der B_V gleicht, um $\overline{KV}$ zu erzielen.

b) Meistens gibt es keinen sicheren Beweis für die Belastbarkeit des B_V-Wertes. In diesem Fall wird die systematische Abweichung nicht korrigiert, sondern diese trägt zu u_V, der Unsicherheit des Ergebnisses der indirekten Überprüfung, bei.

In beiden Fällen wird die Messunsicherheit für das Ergebnis der indirekten Überprüfung, u_V, und die systematische Abweichung des Pendelschlagwerks nach den Verfahren berechnet, die in ISO 148-2 beschrieben werden. Das Ergebnis der Unsicherheitsanalyse für die indirekte Überprüfung ist der Wert u_V.

Wenn es eine signifikante Differenz zwischen den Werten für $\overline{KV}_V$ und $\overline{KV}$ gibt, dann sollten die Werte B_V und u_V mit dem Verhältnis $\overline{KV}/\overline{KV}_V$ multipliziert werden.

E.3.3 Wiederholpräzision des Pendelschlagwerks und Inhomogenität des Werkstoffs

Die Unsicherheit von $\bar{x}$, dem für n Proben abgelesenen Mittelwert für die verbrauchte Schlagenergie, wird nach Gleichung (E.3) bestimmt:

$$u(\bar{x}) = \frac{s_x}{\sqrt{n}} \quad \text{(E.3)}$$

dabei ist s_x die Standardabweichung der an n Proben ermittelten Werte.

Der Wert s_x wird durch zwei Faktoren verursacht:

— die Wiederholpräzision des Pendelschlagwerks;

— die Inhomogenität des Werkstoffs der einzelnen Proben.

Diese Faktoren vermengen sich, und daher sind beide in diesem Ausdruck enthalten. Es wird empfohlen, die gesamte Messunsicherheit mit dem Wert von s_x als konservativen Ausdruck der durch die Inhomogenität des Werkstoffs bedingten Streuung von K_V, anzugeben.

Der Wert von $v_{\bar{x}}$, der Anzahl der Freiheitsgrade aus $u(\bar{x})$, wird als $n-1$ berechnet.

E.3.4 Systematische Abweichung der Temperatur

Die Auswirkung der systematischen Abweichung der Temperatur T_x auf die verbrauchte Schlagenergie ist stark materialabhängig. Bei der Prüfung von Stahl im Temperaturbereich des Übergangs spröd/zäh können kleine Temperaturänderungen zu großen Differenzen der verbrauchten Schlagenergie führen. Zum Zeitpunkt der Veröffentlichung dieses Dokuments ist es nicht möglich, eine allgemeingültige und anerkannte Vorgehensweise zur Berechnung des Beitrags zur Unsicherheit der verbrauchten Schlagenergie anzugeben, die der Unsicherheit der gemessenen Prüftemperatur entspricht. Stattdessen wird vorgeschlagen, die Angabe der Messunsicherheit hinsichtlich der verbrauchten Schlagenergie durch eine gesonderte Angabe von u_T zu ergänzen, der Unsicherheit der Prüftemperatur, bei der die verbrauchte Schlagenergie gemessen wurde (siehe E.5 zum Beispiel).

E.3.5 Auflösung der Anzeigeeinrichtung des Pendelschlagwerks

Der Einfluss der Auflösung der Anzeigeeinrichtung des Pendelschlagwerks ist in den meisten Fällen, im Vergleich zu anderen Faktoren, die zur Unsicherheit beitragen (siehe E.3.1 bis E.3.4), vernachlässigbar. Eine Ausnahme liegt vor, wenn die Auflösung der Anzeigeeinrichtung des Pendelschlagwerks groß und die gemessene Schlagenergie gering ist. Dann ist der entsprechende Unsicherheitsbeitrag nach Gleichung (E.4) zu berechnen:

$$u(r) = \frac{r}{\sqrt{3}} \quad \text{(E.4)}$$

dabei ist

r die Auflösung der Anzeigeeinrichtung des Pendelschlagwerks.

Die entsprechende Anzahl an Freiheitsgraden ist ∞.

E.4 Kombinierte und erweiterte Messunsicherheit

Zur Berechnung von $u(\overline{KV})$ sollten die Faktoren, die zur Messunsicherheit beitragen (siehe E.3), kombiniert werden. Da u_T gesondert behandelt wird, und da die Ausdrücke $u(\bar{x})$, u_V und $u_{(r)}$ unabhängig voneinander sind, wird die kombinierte Standardmessunsicherheit nach Gleichung (E.5) bestimmt:

$$u(\overline{KV}) = \sqrt{u^2(\bar{x}) + u_V^2 + u^2(r)} \qquad \text{(E.5)}$$

Zur Berechnung der erweiterten Messunsicherheit wird die kombinierte Standardunsicherheit mit dem entsprechenden Erweiterungsfaktor, k, multipliziert. Der Wert für k hängt von $v_{\overline{KV}}$ ab, den effektiven Freiheitsgraden aus $u(\overline{KV})$, die unter Anwendung der einfachen Näherung nach Welch-Satterthwaite [4] berechnet werden können, indem die Freiheitsgrade v_V und v_x kombiniert und die entsprechenden Beiträge zur Messunsicherheit u_V und $u(\bar{x})$ bewertet werden. Da der Wert für die Freiheitsgrade, die $u(r)$ entsprechen, ∞ ist, leistet die Auflösung der Anzeige des Pendelschlagwerks keinen Beitrag zu $v_{\overline{KV}}$; siehe Gleichung (E.6):

$$v_{\overline{KV}} = \frac{u^4(\overline{KV})}{\dfrac{u^4(\bar{x})}{v_{\bar{x}}} + \dfrac{u_V^4}{v_V}} \qquad \text{(E.6)}$$

ANMERKUNG Bei Kerbschlagbiegeversuchen nach Charpy ist die Anzahl der Proben oftmals auf 5 oder sogar auf nur 3 begrenzt. Außerdem führt die Heterogenität der Proben häufig zu einem signifikanten Wert für $u(\bar{x})$. Deshalb ist die Anzahl der effektiven Freiheitsgrade in den meisten Fällen nicht groß genug, um einen Erweiterungsfaktor $k = 2$ anzuwenden.

Der Erweiterungsfaktor, k, der einem Vertrauensniveau von etwa 95 % entspricht, wird nach GUM t-Tabelle als $t_{95}(v_{\overline{KV}})$ erhalten. (Ausgewählte t-Werte werden in Tabelle E.5 angegeben.) Die erweiterte Unsicherheit von $\overline{KV}$ wird nach Gleichung (E.7) bestimmt:

$$U(\overline{KV}) = k \times u(\overline{KV}) = t_{95}(v_{\overline{KV}})\, u(\overline{KV}) \qquad \text{(E.7)}$$

E.5 Beispiel

In diesem Beispiel wird die Messunsicherheit für den Mittelwert, $\bar{x}$, eines Satzes von $n = 3$ Proben aus einem bestimmten zu untersuchenden Werkstoff berechnet. Die Ergebnisse in Tabelle E.2 wurden mit einem Pendelschlagwerk ermittelt, das sowohl das Verfahren der direkten als auch der indirekten Überprüfung erfolgreich bestanden hat. Im ersten Schritt wird der mittlere abgelesene KV-Wert, $\bar{x}$, berechnet, genau wie die Standardmessunsicherheit, $u(\bar{x})$, die mit der Gleichung (E.3) berechnet wird.

Tabelle E.2 — Nicht korrigierte Ergebnisse des Kerbschlagbiegeversuchs nach Charpy

Maße in Joule

Prüfergebnisse	
KV, Probe 1	105,8
KV, Probe 2	109,3
KV, Probe 3	112,2
Mittlerer *KV*, $\bar{x}$	109,1
Standardabweichung von $n = 3$ *KV*-Werten, s_x	3,2
Standardmessunsicherheit für den Mittelwert aus den abgelesenen *KV*-Werten, $u(\bar{x})$, berechnet nach Gleichung (E.3)	1,9

Im zweiten Schritt werden die (nicht auf Abweichung korrigierten) Rohergebnisse mit den Ergebnissen der letzten indirekten Überprüfung verglichen, für die Referenzproben mit unterschiedlichen Energieniveaus (z. B. 20 J, 120 J und 220 J) verwendet wurden. Der zu untersuchende Werkstoff hatte einen Wert für die verbrauchte Schlagenergie nahe bei 120 J ($\bar{x} = 109,1$ J). Daher werden die Ergebnisse der indirekten Überprüfung, die für dieses Energieniveau ermittelt wurden, für die Abschätzung der Unsicherheit verwendet. Der Wert für die systematische Abweichung B_V, erfüllt die Überprüfungskriterien nach ISO 148-2. Da es jedoch keinen sicheren Beweis für die Belastbarkeit von B_V gibt, wurde der abgelesene Wert hinsichtlich der systematischen Abweichung nicht korrigiert. Demzufolge ist der angegebene KV-Wert, $\overline{KV}$, gleich dem aus gemessenen Werten gebildeten Mittelwert, $\bar{x}$. Da beim gemessenen Wert die systematische Abweichung nicht berücksichtigt wurde, trägt diese zur Messunsicherheit des Ergebnisses der indirekten Überprüfung, u_V, bei. Die resultierende Standardmessunsicherheit für das Ergebnis der indirekten Überprüfung bei 120 J war $u_V = 5,2$ J, mit einer Anzahl von 7 Freiheitsgraden (siehe ISO 148-2). Diese Information sollte in den Unterlagen des Pendelschlagwerks, die nach jeder Überprüfung aktualisiert werden, verfügbar sein.

Tabelle E.3 gibt das Verfahren zur Berechnung der Messunsicherheit an.

Tabelle E.3 — Kalkulationsschema der erweiterten Messunsicherheit $U(\overline{KV})$

Nicht korrigierte Prüfergebnisse		**Ergebnisse der indirekten Überprüfung bei 120 J**	
$u(\bar{x})$	1,9 J	u_V	5,2 J
Freiheitsgrade ν_x für Prüfungen bei $n = 3$ Proben, berechnet als $n - 1$	2	Freiheitsgrad der indirekten Überprüfung ν_V aus dem Kalibrierzertifikat übernommen	7
Kombinierte Standardmessunsicherheit $u(\overline{KV})$, aus Gleichung (E.5)			5,5 J
$\nu_{\overline{KV}}$, der effektive Freiheitsgrad von $u(\overline{KV})$, aus Gleichung (E.6)			8
t-Faktor, der einem $\nu_{\overline{KV}}$ von 8 und einem Vertrauensniveau von 95 % entspricht, $t_{95}(\nu_{\overline{KV}})$			2,3
Erweiterte Messunsicherheit $U(\overline{KV})$			12,6 J

Zur Angabe der Prüfergebnisse und der Messunsicherheit kann Tabelle E.4 verwendet werden.

Tabelle E.4 — Übersichtstabelle für das Ergebnis, $\overline{KV}$, mit erweiterter Messunsicherheit, $U(\overline{KV})$

n	s_x [a] J	$\overline{KV}$ J	$v_{\overline{KV}}$	$t_{95}(v_{\overline{KV}})$	$U(\overline{KV})$ [b,c] J
3	3,2	109,1	8	2,3	12,6

[a] Diese Standardabweichung ist eine konservative Abschätzung der Heterogenität des zu untersuchenden Werkstoffs (ihr Wert enthält auch einen Beitrag aus der Wiederholpräzision des Pendelschlagwerks, welche nicht gesondert bewertet werden kann).

[b] Die nach diesem Verfahren berechnete erweiterte Messunsicherheit entspricht einem Vertrauensniveau von etwa 95 %.

[c] Die angegebene Messunsicherheit unterliegt der Messunsicherheit der Prüftemperatur, die (bei einem Vertrauensniveau von 95 %) mit einer Unsicherheit von 2 K gemessen wurde. Die angegebene Messunsicherheit berücksichtigt nicht die Beiträge, die durch bestimmte Merkmale des zu untersuchenden Werkstoffs eingebracht werden können.

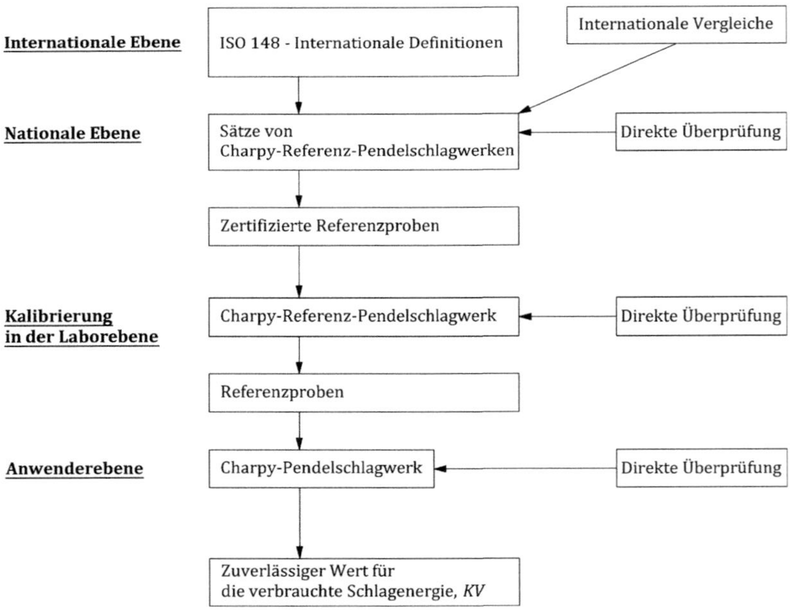

Bild E.1 — Struktur der meteorologischen Rückverfolgbarkeitskette für die Definition und Weitergabe der Skalen für die verbrauchte Schlagenergie beim Kerbschlagbiegeversuch nach Charpy

Tabelle E.5 — Wert für $t_p(\text{v})$ aus der t-Verteilung für v Freiheitsgrade zur Definition eines Intervalls von $-t_p(\text{v})$ bis $+t_p(\text{v})$, die den Bruchteil, p, der Verteilung [5] einschließt

Freiheitsgrade, v	$t_p(\text{v})$ **für Bruchteil** $P = 95\ \%$
1	12,71
2	4,30
3	3,18
4	2,78
5	2,57
6	2,45
7	2,36
8	2,31
9	2,26
10	2,23
11	2,20
12	2,18
13	2,16
14	2,14
15	2,13
16	2,12
17	2,11
18	2,10
19	2,09
20	2,09
25	2,06
30	2,04
35	2,03
40	2,02
45	2,01
50	2,01
100	1,98
∞	1,96

Literaturhinweise

[1] ISO 148-3:2016, *Metallic materials — Charpy pendulum impact test — Part 3: Preparation and characterization of Charpy V-notch test pieces for indirect verification of pendulum impact machines*

[2] ISO 3785, *Metallic materials — Designation of test specimen axes in relation to product texture*

[3] ISO 14556, *Metallic materials — Charpy V-notch pendulum impact test — Instrumented test method*

[4] ISO/IEC Guide 98-3:2008, *Uncertainty of measurement — Part 3: Guide to the expression of uncertainty in measurement (GUM:1995)*

[5] JCGM 106:2012, *Evaluation of measurement uncertainty — The role of measurement uncertainty in conformity assessment*

[6] ASTM E23, *Standard Test Methods for Notched Bar Impact Testing of Metallic Materials*

[7] LI H., ZHOU X., XU W *Correlation Between Charpy Absorbed Energy Using 2 mm and 8 mm Strikers. J. ASTM Int. 2011 October*, **8** (9) [JAI]

[8] Nanstad R.K., Swain R.L., Berggren R.G. *Influence of thermal conditioning media on Charpy specimen test temperature. Charpy Impact Test: Factors and Variables, ASTM STP 1072*. ASTM, 1990, pp. 195.

Februar 2014

DIN EN ISO 148-1 Beiblatt 1

DIN

ICS 77.040.10

Mit DIN EN ISO 148-1:2011-01
Ersatz für
DIN 50115:1991-04

Dieses Beiblatt enthält Informationen zu DIN EN ISO 148-1, jedoch keine zusätzlich genormten Festlegungen.

Metallische Werkstoffe – Kerbschlagbiegeversuch nach Charpy – Teil 1: Prüfverfahren; Beiblatt 1: Sonderprobenformen

Metallic materials –
Charpy pendulum impact test –
Part 1: Test method; Supplement 1: Special test pieces

Matériaux métalliques –
Essai de flexion par choc sur éprouvette Charpy –
Partie 1: Méthode d'essai; Supplément 1: Formes des éprouvettes particulaires

Gesamtumfang 6 Seiten

Normenausschuss Materialprüfung (NMP) im DIN

www.din.de
www.beuth.de

2067513

Inhalt

Seite

Vorwort

Dieses Beiblatt wurde vom Arbeitsausschuss NA 062-01-44 AA „Schlagzähigkeitsprüfung für Metalle" im Normenausschuss Materialprüfung ausgearbeitet.

Es wird auf die Möglichkeit hingewiesen, dass einige Elemente dieses Dokuments Patentrechte berühren können. Das DIN ist nicht dafür verantwortlich, einige oder alle diesbezüglichen Patentrechte zu identifizieren.

Aufgrund der Veröffentlichung von DIN EN ISO 148-1, in der die Bestimmung der seitlichen Breitung wie auch des Anteils an matter Bruchfläche integriert worden ist, wurde DIN 50115 teilweise durch DIN EN ISO 148-1 ersetzt. Der zuständige Arbeitsausschuss NA 062-01-44 AA hat beschlossen, statt der Veröffentlichung einer Restnorm, die Informationen aus der DIN 50115, die noch nicht in DIN EN ISO 148-1 oder DIN EN ISO 14556 enthalten sind, in ein Beiblatt zu DIN EN ISO 148-1 zu überführen.

Mit dem Erscheinen von DIN EN ISO 148-1 sind die Angaben über die Proben allgemeingültig festgelegt. Die Proben werden hier nicht normativ festgelegt, sondern es soll ein informativer Überblick gegeben werden.

Änderungen

Gegenüber DIN 50115:1991-04 wurden folgende Änderungen vorgenommen:

a) Probenformen nicht mehr normativ, sondern als informativer Überblick;

b) nur noch die besonderen Probenformen DVM und DVMK sind enthalten;

c) die Bestimmung der seitlichen (lateralen) Breitung ist Bestandteil von DIN EN ISO 148-1;

d) die Bestimmung des Anteils an matter Bruchfläche ist Bestandteil von DIN EN ISO 148-1;

e) redaktionelle Überarbeitung.

Frühere Ausgaben

DIN DVM A 115 = DIN 50115: 1937-09
DIN 50115: 1952x-05, 1966-11, 1975-02, 1991-04

1 Anwendungsbereich

In diesem Beiblatt sind nicht in DIN EN ISO 148-1 bzw. DIN EN ISO 14556 festgelegte Proben enthalten, die bislang in DIN 50115 festgelegt waren.

2 Proben

Die Sonder-Formen und Maße der Kerbschlagproben sind aus den Bildern 1 bis 3 und aus der Tabelle 1 ersichtlich.

Maße in Millimeter

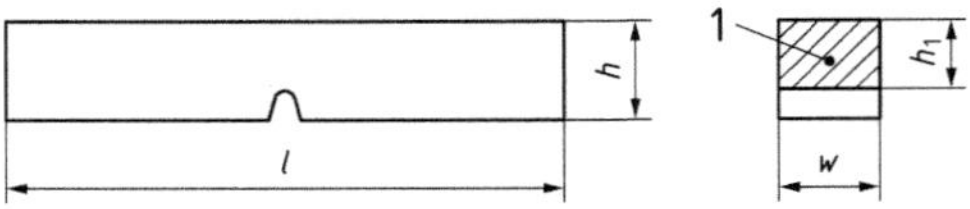

Legende

w Breite der Probe
l Länge der Probe
h Höhe der Probe
h_1 Höhe im Kerbgrund
1 Prüfquerschnitt S

Bild 1 — Benennungen der Proben-Abmessungen

Maße in Millimeter

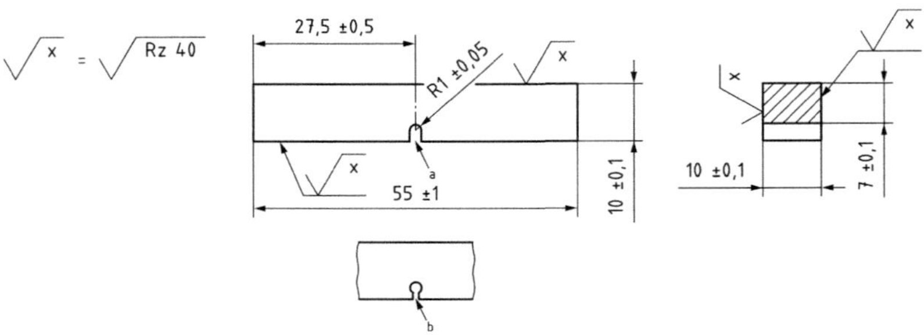

a Kerb gefräst
b Kerb gebohrt und aufgesägt

Bild 2 — DVM-Probe

Maße in Millimeter

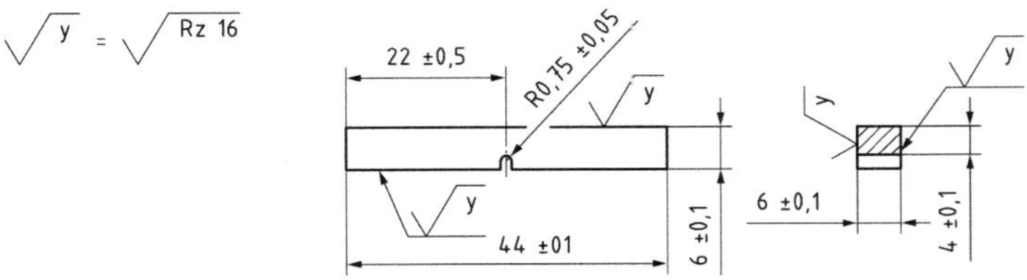

Bild 3 — DVMK-Probe

Tabelle 1 — Maße der Kerbschlagproben

Probenform: Benennung	Probenform: Kurzzeichen	Bild Nr.	Länge	Breite	Höhe	Höhe im Kerbgrund	Nenn-Prüfquerschnitt cm²	Kerbradius	Kerbwinkel Grad	Lichter Abstand der Widerlager
DVM-Probe	DVM	2	55 ± 1	10 ± 0,1	10 ± 0,1	7 ± 0,1	0,70	1 ± 0,05	—	$40^{+0,2}_{0}$
DVMK-Probe	DVMK	3	44 ± 1	6 ± 0,1	6 ± 0,1	4 ± 0,1	0,24	0,75 ± 0,05	—	$30^{+0,5}_{0}$
Die Winkel zwischen benachbarten Seitenflächen müssen bei allen Probenformen 90° ± 2° sein.										

Literaturhinweise

DIN EN ISO 148-1, *Metallische Werkstoffe — Kerbschlagbiegeversuch nach Charpy — Teil 1: Prüfverfahren*

DIN EN ISO 1302, *Geometrische Produktspezifikation (GPS) — Angabe der Oberflächenbeschaffenheit in der technischen Produktdokumentation*

DIN EN ISO 14556, *Stahl — Kerbschlagbiegeversuch nach Charpy (V-Kerb) — Instrumentiertes Prüfverfahren*

SEP 1315, *Kerbschlagbiegeversuch mit Ermittlung von Kraft und Weg — Empfehlungen zur Durchführung und Auswertung* (zurückgezogen)

ASTM A 370, *Standard Test Methods and Definitions for Mechanical Testing of Steel Products*

DIN EN ISO 148-2

ICS 77.040.10

Ersatz für
DIN EN ISO 148-2:2009-09

Metallische Werkstoffe – Kerbschlagbiegeversuch nach Charpy – Teil 2: Überprüfung der Prüfmaschinen (Pendelschlagwerke) (ISO 148-2:2016); Deutsche Fassung EN ISO 148-2:2016

Metallic materials –
Charpy pendulum impact test –
Part 2: Verification of testing machines (ISO 148-2:2016);
German version EN ISO 148-2:2016

Matériaux métalliques –
Essai de flexion par choc sur éprouvette Charpy –
Partie 2: Vérification des machines d'essai (mouton-pendule) (ISO 148-2:2016);
Version allemande EN ISO 148-2:2016

Gesamtumfang 48 Seiten

DIN-Normenausschuss Materialprüfung (NMP)

www.din.de
www.beuth.de

2482424

Nationales Vorwort

Dieses Dokument (EN ISO 148-2:2016) wurde vom Technischen Komitee ISO/TC 164 „Mechanical testing of metals", Unterkomitee SC 4 „Toughness testing — Fracture (F), Pendulum (P), Tear (T)" in Zusammenarbeit mit dem Technische Komitee ECISS/TC 101 „Prüfverfahren für Stahl (andere als chemische Anlaysen)", dessen Sekretariat von AFNOR (Frankreich) gehalten wird, erarbeitet. Das zuständige deutsche Normungsgremium ist der Arbeitsausschuss NA 062-01-44 AA „Schlagzähigkeitsprüfung für Metalle" im DIN-Normenausschuss Materialprüfung (NMP).

Diese Norm enthält eine nationale Fußnote. Um die Anwendbarkeit zu erleichtern wurde im Anhang B bei der Formel B.18 auf die Tabelle 1 mit den Symbolen und Abkürzungen hingewiesen.

Für die Anwendung dieser Norm gibt der zuständige Arbeitsausschuss folgende Hinweise:

Die Übereinstimmung des Pendelschlagwerkes mit dieser Norm wird sowohl durch Kalibrieren als auch durch Überprüfen (en: „verification") ermittelt.

In dieser Internationalen Norm sind für die lichten Abstände zwischen den Widerlagern für die Prüfung von Pendelschlagwerken für DVM-, DVMK-Proben keine Maße und Maßabweichungen enthalten. Diese Angaben sind in DIN EN ISO 148-1 Beiblatt 1:2014-02 enthalten.

Zwar gilt DIN EN ISO 148-2 auch prinzipiell für Pendelschlagwerke mit einem kleineren Nennarbeitsvermögen als 300 J (Normalbedingungen), sie enthält jedoch keine konkreten Festlegungen, die speziell für diese kleinen Pendelschlagwerke erforderlich sind. Deshalb bleibt DIN 51222 weiter bestehen. Dort werden die besonderen Anforderungen an kleine Pendelschlagwerke mit einem Nennarbeitsvermögen $\leq$ 50 J und deren Prüfung festgelegt, die nicht in DIN EN ISO 148-2 enthalten sind.

In EN ISO 148-2 wird zwischen der um die Reibung korrigierten und der unkorrigierten Energie unterschieden. Bei der verbrauchten Schlagenergie K handelt es sich um die bei der Prüfung mit einem Pendelschlagwerk für das Brechen der Probe erforderlichen Energie, die bezüglich der Reibung korrigiert ist, und unter der gesamten verbrauchten Energie K_T wird die Energie inklusive der Reibung verstanden. Die direkt an der Anzeigeeinrichtung abgelesene Energie (um die Reibung korrigiert oder nicht) wird als K_S bezeichnet.

Nach 6.3.4 wird für die Ruhelage des Pendels gefordert, dass es so hängen muss, dass die Finnenschneide höchstens 2,5 mm von der Stelle entfernt ist, an der sie die Probe gerade berühren würde. Gemeint ist, ein zulässiger Abstand von $\pm$ 2,5 mm.

Aufgrund der langjährigen Erfahrungen der Prüfinstitutionen zur Prüfung von Pendelschlagwerken in Deutschland empfiehlt der Arbeitsausschuss NA 062-01-44 AA nicht nur eine indirekte Prüfung, sondern auch weiterhin eine vollständige direkte Prüfung (statt der vorgeschriebenen reduzierten) in Abständen von einem Jahr durchzuführen, um damit eine höhere Sicherheit für die Richtigkeit der Schlagenergie zu erreichen, damit die auf verschiedenen Maschinen nach dem gleichen Verfahren und nach den gleichen Prüfbedingungen ermittelten Schlagenergien auch weiterhin in gewohntem Maß vergleichbar bleiben.

Für die in diesem Dokument zitierten Internationalen Normen wird im Folgenden auf die entsprechenden Deutschen Normen hingewiesen:

ISO 148-1 siehe DIN EN ISO 148-1

ISO 148-3 siehe DIN EN ISO 148-3

Änderungen

Gegenüber DIN EN ISO 148-2:2009-09 wurden folgende Änderungen vorgenommen:

a) Vereinheitlichung der Terminologie „Dicke“ und „Breite“ mit den Normen aus dem Bereich der Bruchmechanik;

b) Überarbeitung von 7.3 „Anforderungen an Referenzproben‘;

c) Erweiterung von durchzuführenden Überprüfungen und Angaben zu Messunsicherheitsgrenzwerten;

d) Überarbeitung der Anforderungen und Informationen zur Häufigkeit der Überprüfung;

e) redaktionelle Überarbeitung.

Frühere Ausgaben

DIN 51222: 1954-08, 1957-01, 1968-11, 1973-11, 1979-01, 1985-01
DIN 51306: 1983-09
DIN EN 10045-2: 1993-01
DIN EN ISO 148-2: 2009-06, 2009-09

Nationaler Anhang NA
(informativ)

Literaturhinweise

DIN EN ISO 148-1, *Metallische Werkstoffe — Kerbschlagbiegeversuch nach Charpy — Teil 1: Prüfverfahren*

DIN EN ISO 148-3, *Metallische Werkstoffe — Kerbschlagbiegeversuch nach Charpy — Teil 3: Vorbereitung und Charakterisierung von Charpy-V-Referenzproben für die indirekte Überprüfung der Prüfmaschinen (Pendelschlagwerke)*

— Leerseite —

EUROPÄISCHE NORM

EUROPEAN STANDARD

NORME EUROPÉENNE

EN ISO 148-2

November 2016

ICS 77.040.10

Ersatz für EN ISO 148-2:2008

Deutsche Fassung

Metallische Werkstoffe — Kerbschlagbiegeversuch nach Charpy — Teil 2: Überprüfung der Prüfmaschinen (Pendelschlagwerke) (ISO 148-2:2016)

Metallic materials —
Charpy pendulum impact test —
Part 2: Verification of testing machines
(ISO 148-2:2016)

Matériaux métalliques —
Essai de flexion par choc sur éprouvette Charpy —
Partie 2: Vérification des machines d'essai
(mouton-pendule)
(ISO 148-2:2016)

Diese Europäische Norm wurde vom CEN am 20. August 2016 angenommen

Die CEN-Mitglieder sind gehalten, die CEN/CENELEC-Geschäftsordnung zu erfüllen, in der die Bedingungen festgelegt sind, unter denen dieser Europäischen Norm ohne jede Änderung der Status einer nationalen Norm zu geben ist. Auf dem letzten Stand befindliche Listen dieser nationalen Normen mit ihren bibliographischen Angaben sind beim Management-Zentrum des CEN-CENELEC oder bei jedem CEN-Mitglied auf Anfrage erhältlich.

Diese Europäische Norm besteht in drei offiziellen Fassungen (Deutsch, Englisch, Französisch). Eine Fassung in einer anderen Sprache, die von einem CEN-Mitglied in eigener Verantwortung durch Übersetzung in seine Landessprache gemacht und dem Management-Zentrum mitgeteilt worden ist, hat den gleichen Status wie die offiziellen Fassungen.

CEN-Mitglieder sind die nationalen Normungsinstitute von Belgien, Bulgarien, Dänemark, Deutschland, der ehemaligen jugoslawischen Republik Mazedonien, Estland, Finnland, Frankreich, Griechenland, Irland, Island, Italien, Kroatien, Lettland, Litauen, Luxemburg, Malta, den Niederlanden, Norwegen, Österreich, Polen, Portugal, Rumänien, Schweden, der Schweiz, der Slowakei, Slowenien, Spanien, der Tschechischen Republik, der Türkei, Ungarn, dem Vereinigten Königreich und Zypern.

EUROPÄISCHES KOMITEE FÜR NORMUNG
EUROPEAN COMMITTEE FOR STANDARDIZATION
COMITÉ EUROPÉEN DE NORMALISATION

CEN-CENELEC Management-Zentrum: Avenue Marnix 17, B-1000 Brüssel

Ref. Nr. EN ISO 148-2:2016 D

Inhalt

Europäisches Vorwort

Dieses Dokument (EN ISO 148-2:2016) wurde vom Technischen Komitee ISO/TC 164 „Mechanical testing of metals" in Zusammenarbeit mit dem Technischen Komitee CEN/TC 101 „Prüfverfahren für Stahl (andere als chemische Analysen)" erarbeitet, dessen Sekretariat von AFNOR gehalten wird.

Diese Europäische Norm muss den Status einer nationalen Norm erhalten, entweder durch Veröffentlichung eines identischen Textes oder durch Anerkennung bis Mai 2017, und etwaige entgegenstehende nationale Normen müssen bis Mai 2017 zurückgezogen werden.

Es wird auf die Möglichkeit hingewiesen, dass einige Elemente dieses Dokuments Patentrechte berühren können. CEN [und/oder CENELEC] sind nicht dafür verantwortlich, einige oder alle diesbezüglichen Patentrechte zu identifizieren.

Dieses Dokument ersetzt EN ISO 148-2:2008.

Entsprechend der CEN-CENELEC-Geschäftsordnung sind die nationalen Normungsinstitute der folgenden Länder gehalten, diese Europäische Norm zu übernehmen: Belgien, Bulgarien, Dänemark, Deutschland, die ehemalige jugoslawische Republik Mazedonien, Estland, Finnland, Frankreich, Griechenland, Irland, Island, Italien, Kroatien, Lettland, Litauen, Luxemburg, Malta, Niederlande, Norwegen, Österreich, Polen, Portugal, Rumänien, Schweden, Schweiz, Slowakei, Slowenien, Spanien, Tschechische Republik, Türkei, Ungarn, Vereinigtes Königreich und Zypern.

Anerkennungsnotiz

Der Text von ISO 148-2:2016 wurde von CEN als EN ISO 148-2:2016 ohne irgendeine Abänderung genehmigt.

Vorwort

ISO (die Internationale Organisation für Normung) ist eine weltweite Vereinigung von Nationalen Normungsorganisationen (ISO-Mitgliedsorganisationen). Die Erstellung von Internationalen Normen wird normalerweise von ISO Technischen Komitees durchgeführt. Jede Mitgliedsorganisation, die Interesse an einem Thema hat, für welches ein Technisches Komitee gegründet wurde, hat das Recht, in diesem Komitee vertreten zu sein. Internationale Organisationen, staatlich und nicht-staatlich, in Liaison mit ISO, nehmen ebenfalls an der Arbeit teil. ISO arbeitet eng mit der Internationalen Elektrotechnischen Kommission (IEC) bei allen elektrotechnischen Themen zusammen.

Die Verfahren, die bei der Entwicklung dieses Dokuments angewendet wurden und die für die weitere Pflege vorgesehen sind, werden in den ISO/IEC-Direktiven, Teil 1 beschrieben. Im Besonderen sollten die für die verschiedenen ISO-Dokumentenarten notwendigen Annahmekriterien beachtet werden. Dieses Dokument wurde in Übereinstimmung mit den Gestaltungsregeln der ISO/IEC-Direktiven, Teil 2 erarbeitet (siehe www.iso.org/directives).

Es wird auf die Möglichkeit hingewiesen, dass einige Elemente dieses Dokuments Patentrechte berühren können. ISO ist nicht dafür verantwortlich, einige oder alle diesbezüglichen Patentrechte zu identifizieren. Details zu allen während der Entwicklung des Dokuments identifizierten Patentrechten finden sich in der Einleitung und/oder in der ISO-Liste der empfangenen Patenterklärungen (siehe www.iso.org/patents).

Jeder in diesem Dokument verwendete Handelsname wird als Information zum Nutzen der Anwender angegeben und stellt keine Anerkennung dar.

Eine Erläuterung der Bedeutung ISO-spezifischer Benennungen und Ausdrücke, die sich auf Konformitätsbewertung beziehen, sowie Informationen über die Beachtung der Grundsätze der Welthandelsorganisation (WTO) zu technischen Handelshemmnissen (TBT, en: Technical Barriers to Trade) durch ISO enthält der folgende Link: www.iso.org/iso/foreword.html.

Das für dieses Dokument verantwortliche Komitee ist ISO/TC 164, *Mechanical testing of metals*, Unterkomitee SC 4, *Toughness testing — Fracture (F), Pendulum (P), Tear (T)*.

Diese dritte Ausgabe ersetzt die zweite Ausgabe (ISO 148-2:2008), die technisch überarbeitet wurde.

ISO 148 besteht unter dem allgemeinen Titel *Metallic material — Charpy pendulum impact test* aus folgenden Teilen:

— Part 1: *Test method*

— Part 2: *Verification of testing machines*

— Part 3: *Preparation and characterization of Charpy V-notch test pieces for indirect verification of pendulum impact machines*

Einleitung

Gewöhnlich basiert die Eignung eines Pendelschlagwerks zur Annahmeprüfung von Metallwerkstoffen auf einer Kalibrierung seiner Skala und der Überprüfung der Einhaltung festgelegter Maße, wie Form und Weite der Widerlager, die die Probekörper stützen. Die Kalibrierung der Skala wird für gewöhnlich durch Messung der Masse des Pendels und dessen Höhe bei unterschiedlichen Skalenanzeigen überprüft. Dieses Verfahren zur Bewertung von Pendelschlagwerken hatte den eindeutigen Vorteil, dass nur Größenmessungen nötig waren, die auf Nationale Normen zurückgeführt werden konnten. Die objektive Beschaffenheit dieser zurückverfolgbaren Messungen reduzierten die Notwendigkeit eines Schiedsverfahrens für die Eignung der Pendelschlagwerke bei Werkstoff-Annahmeprüfungen.

Trotzdem kam es vor, dass zwei Pendelschlagwerke, die durch die oben genannten direkten Überprüfungsverfahren bewertet wurden und die alle Maßanforderungen erfüllten, deutlich unterschiedliche Kerbschlagwerte bei der Prüfung von Probekörpern desselben Materials aufwiesen.

Wenn die Werte des einen Pendelschlagwerks die Werkstoffbestimmungen erfüllten und die des anderen nicht, war dieser Unterschied aus wirtschaftlicher Sicht wichtig. Um solche Unterschiede zu vermeiden, forderten einige Werkstoff-Abnehmer, dass alle Pendelschlagwerke, die für Annahmeprüfungen von Werkstoffen, die sie kauften, genutzt wurden, indirekt durch Prüfungen an Vergleichskörpern, die sie zur Verfügung stellten, überprüft werden mussten. Ein Pendelschlagwerk wurde nur dann akzeptiert, wenn die Werte des Pendelschlagwerks mit den Werten, die durch Vergleichskörper erhalten wurden, in einem festgelegten Grenzbereich, übereinstimmten.

Dieser Teil von ISO 148 beschreibt beides, das ursprüngliche direkte und das indirekte Verfahren zur Überprüfung.

1 Anwendungsbereich

Dieser Teil von ISO 148 beinhaltet die Überprüfung von Pendelschlagwerken hinsichtlich ihrer einzelnen Teile, ihrer gesamten Schlagarbeit und der Genauigkeit der erhaltenen Ergebnisse. Er gilt für Pendelschlagwerke mit 2-mm-Hämmern oder mit 8-mm-Hämmern, die für Kerbschlagbiegeversuche, beispielsweise nach ISO 148-1, angewendet werden.

Dieser Teil von ISO 148 kann auf Pendelschlagwerke mit unterschiedlichem Arbeitsvermögen und verschiedenen Bauarten angewendet werden.

Pendelschlagwerke, die für die Prüfung metallischer Werkstoffe nach diesem Teil von ISO 148 verwendet werden für betriebliche, allgemeine oder Forschungszwecke werden als Betriebs-Pendelschlagwerke bezeichnet. Pendelschlagwerke, für die strengere Anforderungen gelten, werden als Referenz-Pendelschlagwerke bezeichnet. Festlegungen für die Überprüfung von Referenz-Pendelschlagwerken sind in ISO 148-3 enthalten.

In diesem Teil von ISO 148 werden zwei Verfahren zur Überprüfung beschrieben.

a) Das direkte Verfahren, welches von Natur aus statisch ist, beinhaltet die Messung der kritischen Teile des Pendelschlagwerks, um sicherzustellen, dass die Anforderungen dieses Teils von ISO 148 erfüllt werden. Die für die Überprüfung und Kalibrierung verwendeten Geräte sind auf Nationale oder Internationale Normen zurückzuführen.

b) Das indirekte Verfahren, welches von Natur aus dynamisch ist, verwendet Referenzproben, um die verschiedenen Stellen der Messskala für verbrauchte Schlagenergie zu überprüfen. Die Anforderungen an die Referenzproben sind in ISO 148-3 enthalten.

Ein Pendelschlagwerk entspricht so lange nicht diesem Teil von ISO 148, bis Überprüfungen sowohl nach dem direkten als auch nach dem indirekten Verfahren durchgeführt wurden und das Pendelschlagwerk den in Abschnitt 6 und Abschnitt 7 festgelegten Anforderungen entspricht.

Dieser Teil von ISO 148 beschreibt, wie die verschiedenen Komponenten der gesamten verbrauchten (absorbierten) Schlagenergie zum Brechen einer Probe bewertet werden. Die gesamte verbrauchte Schlagenergie besteht

— aus der zum Bruch der Probe benötigten Energie und

— aus den internen Energieverlusten des Pendelschlagwerks, nachdem das aus seiner Ausgangsstellung ausgeklinkte Pendel die erste Halbschwingung durchlaufen hat.

ANMERKUNG Die internen Energieverluste sind zurückzuführen auf die folgenden Punkte:

— Luftwiderstand, Reibung im Lager der Drehachse und des Zeigers des Pendels, die nach dem direkten Verfahren bestimmt werden können (siehe 6.4.5);

— Erschütterungen des Fundaments, Schwingungen des Maschinengestells und des Pendels, für die keine geeigneten Messverfahren und Messgeräte entwickelt wurden.

2 Normative Verweisungen

Die folgenden Dokumente, die in diesem Dokument teilweise oder als Ganzes zitiert werden, sind für die Anwendung dieses Dokuments erforderlich. Bei datierten Verweisungen gilt nur die in Bezug genommene Ausgabe. Bei undatierten Verweisungen gilt die letzte Ausgabe des in Bezug genommenen Dokuments (einschließlich aller Änderungen).

ISO 148-1, *Metallic materials — Charpy pendulum impact test — Part 1: Test method*

ISO 148-3, *Metallic materials — Charpy pendulum impact test — Part 3: Preparation and characterization of Charpy V-notch test pieces for indirect verification of pendulum impact machines*

3 Begriffe

Für die Anwendung dieses Dokuments gelten die folgenden Begriffe.

3.1 Begriffe im Zusammenhang mit dem Pendelschlagwerk

3.1.1
Widerlager
Bauteil des Pendelschlagwerks, das die vorgeschriebene Position der Probe in Bezug auf die Hammerfinne und die Auflager sichert und die Probe bei Einwirkung der Schlagkraft abstützt

3.1.2
Maschinensockel
Teil des Maschinengestells unterhalb der waagerechten Ebene der Auflager

3.1.3
Schwingungsmittelpunkt
Punkt in einem Körper, bei dem die Wirkung eines auf ihn gerichteten Stoßes dieselbe ist, als wenn an diesem Punkt die gesamte Masse des Körpers konzentriert wäre

Anmerkung 1 zum Begriff: Wenn ein einfaches Pendel einen Stoß mit waagerechter Wirkungslinie ausführt, die durch den Schwingungsmittelpunkt verläuft, entsteht keine resultierende horizontale Kraft auf die Drehachse.

Anmerkung 2 zum Begriff: Siehe Bild 4.

3.1.4
Auftreffpunkt
Punkt auf der senkrechten Finnenschneide des frei hängenden Pendelhammers, der die waagerechte Ebene in Höhe der halben Probendicke (d. h. bei 5 mm) trifft, wenn die übliche Probe oder ein gleichwertiger Probestab auf den Auflagern angeordnet ist

Anmerkung 1 zum Begriff: Siehe Bild 4.

3.1.5
Betriebs-Pendelschlagwerk
Pendelschlagwerk, verwendet für Prüfungen an metallischen Werkstoffen für betriebliche, für allgemeine oder meistens für Forschungszwecke

Anmerkung 1 zum Begriff: Betriebs-Pendelschlagwerke sind nicht zum Bestimmen für Referenzwerte zu verwenden, es sei denn, dass sie auch die Anforderungen eines Referenz-Pendelschlagwerks (siehe ISO 148-3) erfüllen.

Anmerkung 2 zum Begriff: Betriebs-Pendelschlagwerke werden nach den in diesem Teil von ISO 148 beschriebenen Verfahren überprüft.

3.1.6
Referenz-Pendelschlagwerk
Pendelschlagwerk, das für die Bestimmung zertifizierter Werte an *Referenzprobenlosen* (3.3.4) verwendet wird

Anmerkung 1 zum Begriff: Referenz-Pendelschlagwerke werden nach den in ISO 148-3 beschriebenen Verfahren überprüft.

3.1.7
Hammerfinne
Teil des Pendelhammers, der die Probe berührt

Anmerkung 1 zum Begriff: Die Hammerfinne, die tatsächlich die Probe berührt, hat einen Radius von 2 mm (2-mm-Hammer) oder einen Radius von 8 mm (8-mm-Hammer).

Anmerkung 2 zum Begriff: Siehe Bild 2.

3.1.8
Auflager für die Probe
Bauteil des Pendelschlagwerks, das die exakte Position der Probe in Bezug auf den *Schwingungsmittelpunkt* (3.1.3) des Pendels, die *Hammerfinne* (3.1.7) und die *Widerlager* (3.1.1) sichert

Anmerkung 1 zum Begriff: Siehe Bild 2 und Bild 3.

3.2 Begriffe im Zusammenhang mit der Energie

3.2.1
gesamte verbrauchte Schlagenergie
K_T
gesamte verbrauchte Energie, die für das Brechen der Probe mit einem Pendelschlagwerk benötigt wird, die nicht bezüglich jeglicher Energieverluste korrigiert wurde

Anmerkung 1 zum Begriff: Sie entspricht der Differenz zwischen der *potentiellen Energie* (3.2.2) des Pendels in seiner Ausgangsstellung vor dem Schlag und in seiner Stellung am Ende der ersten Halbschwingung, während der die Probe gebrochen wird (siehe 6.3).

3.2.2
potentielle Anfangsenergie
potentielle Energie
K_P
die durch eine direkte Überprüfung bestimmte potentielle Energie des Hammers vor seiner Freigabe für den Schlagversuch

Anmerkung 1 zum Begriff: Siehe 6.4.2.

3.2.3
verbrauchte Schlagenergie
K
die bei der Prüfung mit einem Pendelschlagwerk für das Brechen der Probe erforderliche Energie, die, wie in 6.4.5 definiert, bezüglich der Reibung korrigiert ist

Anmerkung 1 zum Begriff: Der Buchstabe V oder U wird zur Beschreibung der Kerbgeometrie verwendet, d. h. *KV* oder *KU*. Die Zahl 2 oder die Zahl 8 wird als Index zur Bezeichnung des Radius der Hammerfinne angegeben, z. B. KV_2.

3.2.4
berechnete Schlagenergie
K_{calc}
Schlagenergie, die bei der direkten Überprüfung aus den Messwerten für Winkel, Länge und Kraft errechnet wird

3.2.5
Nennwert der potentiellen Anfangsenergie
nominelles Arbeitsvermögen
K_N
vom Hersteller des Pendelschlagwerks angegebene Energie

3.2.6
angezeigte verbrauchte Schlagenergie
K_S
von der Anzeigeeinrichtung angezeigte Energie, die um die Reibung und den Luftwiderstand korrigiert sein kann, um die *verbrauchte Schlagenergie K* (3.2.3) zu bestimmen

3.2.7
Energiewert der Referenzproben
K_R
zertifizierter Wert der *verbrauchten Energie* (3.2.3) der *Referenzproben* (3.3.4), die bei Überprüfung des Arbeitsvermögens eines Pendelschlagwerks verwendet werden

3.3 Begriffe im Zusammenhang mit den Proben

3.3.1
Breite
W
Abstand zwischen der gekerbten Fläche und der gegenüberliegenden Fläche

Anmerkung 1 zum Begriff: In früheren Ausgaben der Normenreihe ISO 148 (vor 2016) wurde die Distanz zwischen der gekerbten und der gegenüberliegenden Fläche als "Höhe" festgelegt. Die Veränderung dieses Maßes zu "Breite" führt dazu, dass ISO 148-2 konsistent mit der Terminologie anderer ISO-Normen zu Brüchen wird.

3.3.2
Dicke
B
Maß senkrecht zur *Breite* (3.3.1) und parallel zum Kerb

Anmerkung 1 zum Begriff: In früheren Ausgaben der Normenreihe ISO 148 (vor 2016) wurde das Maß senkrecht zur Breite und parallel zum Kerb als "Breite" festgelegt. Die Veränderung dieses Maßes zu "Dicke" führt dazu, dass ISO 148-2 konsistent mit der Terminologie anderer ISO-Normen zu Brüchen wird.

3.3.3
Länge
L
größtes Maß senkrecht zum Kerb

3.3.4
Referenzprobe
Kerbschlagbiegeprobe, die für die Eignungsprüfung eines Pendelschlagwerks verwendet wird, indem die angezeigte *verbrauchte Schlagenergie* (3.2.3) mit dem für die Probe zugehörigen *Energiewert der Referenzproben* (3.2.7) verglichen wird

Anmerkung 1 zum Begriff: Referenzproben werden nach ISO 148-3 hergestellt.

4 Symbole und Abkürzungen

Tabelle 1 — Symbole/Abkürzungen sowie deren Bedeutungen und Einheiten

Symbole/ Abkür-zungen[a]	Einheit	Bezeichnung
B_V	J	Systematische Abweichung des Pendelschlagwerks, durch indirekte Überprüfung bestimmt
b	J	Wiederholpräzision
F	N	Vom Pendel ausgeübte Kraft, wenn die Messung im Abstand l_2 erfolgt
F_g	N	Vom Pendel bedingt durch Schwerkraft ausgeübte Kraft
g	m/s^2	Beschleunigung aufgrund der Schwerkraft
GUM	—	Leitfaden zur Angabe der Messunsicherheit[1]
h	m	Fallhöhe des Pendels
H_1	m	Steighöhe des Pendels
K	J	Verbrauchte Schlagenergie (zur Kennzeichnung der ausgewählten Kerbgeometrie und des ausgewählten Radius der Hammerfinne als KV_2, KV_8, KU_2, KU_8 angegeben)
K_T	J	gesamte verbrauchte Schlagenergie
K_S	J	angezeigte verbrauchte Schlagenergie
K_{calc}	J	berechnete Schlagenergie
KV_R	J	Zertifizierter *KV*-Wert der bei der indirekten Überprüfung verwendeten Referenzproben
$\overline{KV}_V$	J	Mittlerer *KV*-Wert der bei der indirekten Überprüfung untersuchten Referenzproben
K_N	J	Nennwert der potentiellen Anfangsenergie (Nominelles Arbeitsvermögen)
K_P	J	Potentielle Anfangsenergie (potentielle Energie)
K_R	J	Referenzenergiewert für einen Satz Charpy-Referenzproben
K_1 oder β_1	J oder °	Angezeigte verbrauchte Energie oder angezeigter Steigwinkel, wenn das Pendelschlagwerk auf übliche Weise ohne eingelegte Probe betrieben wurde
K_2 oder β_2	J oder °	Angezeigte verbrauchte Energie oder angezeigter Steigwinkel, wenn das Pendelschlagwerk auf übliche Weise ohne eingelegte Probe und ohne Rückstellung der Anzeigeeinrichtung betrieben wurde
K_3 oder β_3	J oder °	Nach 11 Halbschwingungen angezeigte verbrauchte Energie oder angezeigter Steigwinkel, wenn das Pendelschlagwerk auf übliche Weise ohne eingelegte Probe und ohne Rückstellung der Anzeigeeinrichtung betrieben wurde
l	m	Abstand von der Probenmitte (Auftreffpunkt) zur Drehachse (Pendellänge)
l_1	m	Abstand vom Schwingungsmittelpunkt zur Drehachse
l_2	m	Abstand vom Angriffspunkt der Kraft *F* zur Drehachse
M	N·m	Moment, gleich dem Produkt $F \cdot l_2$
n_V	—	Anzahl der bei der indirekten Überprüfung eines Pendelschlagwerks untersuchten Referenzproben
p	J	Durch Reibung des Zeigers verursachter Verlust der verbrauchten Schlagenergie
p'	J	Durch Lagerreibung und Luftwiderstand verursachter Verlust der verbrauchten Schlagenergie
p_β	J	Korrekturwert für die Verluste der verbrauchten Schlagenergie bei einem Steigwinkel β

Symbole/ Abkürzungen[a]	Einheit	Bezeichnung
r	J	Auflösung der Anzeige des Pendelschlagwerks
RM	—	Referenz-Material
s_V	J	Standardabweichung der KV-Werte, ermittelt an n_V Referenzproben
S	J	Systematische Abweichung des Anzeige-Mechanismus
t	s	Schwingungsdauer (Periode) des Pendels
T	s	Gesamtdauer für 100 Schwingungen des Pendels
T_{max}	s	Größter Wert von T
T_{min}	s	Kleinster Wert von T
u	—	Standardmessunsicherheit
$u(\overline{KV}_V)$	J	Standardmessunsicherheit von $\overline{KV}_V$
$u(B_V)$	J	Beitrag der systematischen Abweichung zur Standardmessunsicherheit
$u(F)$	J	Standardmessunsicherheit der gemessenen Kraft, F
$u(F_{ftd})$	J	Standardmessunsicherheit des Kraftmesssystems
$u(r)$	J	Beitrag der Auflösung zur Standardmessunsicherheit
u_{RM}	J	Standardmessunsicherheit des bei der indirekten Überprüfung verwendeten zertifizierten Wertes für das Referenzmaterial
u_V	J	Standardmessunsicherheit des Ergebnisses der indirekten Überprüfung
α	°	Fallwinkel des Pendels
β	°	Steigwinkel des Pendels
υ_B	—	Freiheitsgrade übereinstimmend mit $u(B_V)$
υ_V	—	Freiheitsgrade übereinstimmend mit u_V
υ_{RM}	—	Freiheitsgrade übereinstimmend mit u_{RM}

[a] Siehe Bild 4.

5 Pendelschlagwerk

Ein Pendelschlagwerk besteht aus folgenden Teilen (siehe Bild 1 bis Bild 3):

a) Fundament/Aufstellung;

b) Maschinengestell; trägt mit Ausnahme des Fundaments das gesamte Pendel;

c) Pendel mit Hammer;

d) Widerlager und Auflager (siehe Bild 2 und Bild 3);

e) Einrichtung zur Anzeige der verbrauchten Energie (z. B. Skala und Schleppzeiger oder elektronische Anzeigeeinrichtung).

6 Direkte Überprüfung

6.1 Allgemeines

Die direkte Überprüfung des Pendelschlagwerks umfasst die Überprüfung der in Abschnitt 5 aufgeführten Teile a) bis e).

Messunsicherheits-Schätzwerte sind für direkte Mess-Überprüfungen zur Harmonisierung der Genauigkeit der angewandten Prüfverfahren unter Abschnitt 6 gefordert. Die unter Abschnitt 6 geforderten Messunsicherheits-Schätzwerte stehen in keinem Bezug zu Produktnormen oder Datenbanken für Werkstoffeigenschaften.

Die Messunsicherheiten von Messuhren, Mikrometern, Messschiebern oder anderen kommerziellen Geräten für direkte Überprüfungen müssen einmalig durch den Hersteller eingeschätzt werden.

Die Messunsicherheit eines Verfahrens zur Messung eines direkten Überprüfungsparameters wird als Teil der Verfahrensvalidierung bewertet. Ist die Verfahrensvalidierung erst einmal abgeschlossen, kann die Messunsicherheit routinemäßig verwendet werden (vorausgesetzt, dass dasselbe Verfahren genutzt wird, dieselben Geräte genutzt werden und die Anwender ausgebildet sind).

6.2 Fundament/Aufstellung

6.2.1 Das Fundament für das Pendelschlagwerk und das/die Verfahren zu seiner Befestigung am Fundament sind von größter Bedeutung.

6.2.2 Das Fundament des Pendelschlagwerks kann üblicherweise nicht überprüft werden, wenn das Pendelschlagwerk bereits aufgestellt ist; deshalb muss eine Dokumentation, die bei Aufstellung der Maschine erstellt wurde, nachweisen, dass die Masse des Fundaments mindestens der 40-fachen Pendelmasse entspricht.

6.2.3 Die Überprüfung des aufgestellten Pendelschlagwerks muss Folgendes enthalten.

a) Es ist sicherzustellen, dass das Drehmoment für das Anziehen der Befestigungsschrauben dem Wert entspricht, der vom Hersteller des Pendelschlagwerks festgelegt wurde. Der Wert für das Drehmoment muss in dem vom Hersteller des Pendelschlagwerks mitgelieferten Dokument angegeben sein (siehe 6.2.1). Falls von einem Endanwender andere Montageanordnungen angewendet oder ausgewählt werden, muss nachgewiesen werden, dass sie den festgelegten Anforderungen entsprechen;

b) Es ist sicherzustellen, dass das Pendelschlagwerk während des Schlagversuchs keinen durch das Fundament übertragenen äußeren Erschütterungen ausgesetzt ist.

ANMERKUNG Dies kann z. B. durchgeführt werden, indem ein kleiner, mit Wasser gefüllter Behälter an einer geeigneten Stelle auf das Maschinengestell gestellt wird. Wenn auf der Wasseroberfläche keine Kräuselung entsteht, ist das ein Hinweis darauf, dass die Anforderung erfüllt wurde.

6.3 Maschinengestell

6.3.1 Eine Überprüfung des Maschinengestells (siehe Bild 1) muss folgende Bestimmungen beinhalten:

a) freie Position des Pendels;

b) Lage des Pendels in Bezug zu den Auflagern;

c) axiales und radiales Spiel der Pendellager;

d) Freiraum zwischen Hammer und Maschinengestell.

Pendelschlagwerke, die nach 1998 hergestellt wurden, müssen eine Referenzfläche besitzen, auf die alle Messungen bezogen werden können.

Anhang C enthält Informationen.

6.3.2 Die Drehachse des Pendels muss zur Referenzfläche bis auf höchstens 2/1 000 parallel sein. Die Einhaltung dieser Anforderung muss vom Hersteller zertifiziert werden.

6.3.3 Das Pendelschlagwerk muss so aufgestellt werden, dass die Referenzfläche bis auf höchstens 2/1 000 waagerecht ist.

Für Pendelschlagwerke ohne Referenzfläche, muss die Drehachse bis auf höchstens 4/1 000 waagerecht sein; das muss durch eine direkte Messung nachgewiesen werden, wenn nicht nachträglich eine Referenzfläche für die Maschine festgelegt wird, von der aus die waagerechte Lage der Drehachse nach der oben angegebenen Beschreibung überprüft werden kann.

6.3.4 In seiner Ruhelage muss das Pendel so hängen, dass die Finnenschneide höchstens 2,5 mm von der Stelle entfernt ist, an der sie die Probe gerade berühren würde.

ANMERKUNG Diese Anforderung kann mit Hilfe eines Vergleichsstabes überprüft werden, der eine Länge von etwa 55 mm und einen rechteckigen Querschnitt von 7,5 mm mal 12,5 mm hat (siehe Bild 3).

6.3.5 Die Schwingebene des Pendels muss 90,0° ± 0,1° zur Drehachse ($u < 0,05°$) betragen.

6.3.6 Die Finnenschneide des Hammers muss die Probe über ihre gesamte Dicke berühren.

Ein Verfahren um zu überprüfen, ob diese Anforderung erfüllt ist, besteht darin, eine Probe mit den Maßen 55 mm × 10 mm × 10 mm zu verwenden, die fest (z. B. mit Klebeband) in dünnes Papier eingewickelt wird, sowie eine Finnenschneide, die fest mit Kohlepapier umwickelt wird, so dass die Kohleschicht nach außen zeigt (d. h. nicht zur Finnenschneide). Das Pendel wird um wenige Winkelgrade aus seiner Ruhelage angehoben und gegen die Probe fallen gelassen, wobei zu verhindern ist, dass die Probe ein zweites Mal berührt wird. Der Abdruck des Kohlepapiers auf dem Einwickelpapier der Probe sollte über das gesamte Papier reichen. Diese Überprüfung kann gleichzeitig mit der Kontrolle des Winkels beim Kontakt zwischen Finnenschneide und Probe durchgeführt werden (siehe 6.4.8).

6.3.7 Das Pendel muss so angeordnet sein, dass sein Auftreffpunkt und die Mitte des Freiraums zwischen den Widerlagern höchstens eine Abweichung von 0,5 mm aufweisen ($u < 0,1$ mm).

6.3.8 Das axiale Spiel der Pendellager, gemessen an der Hammerfinne, darf 0,25 mm ($u < 0,05$ mm) nicht überschreiten, wenn eine axiale Kraft am Auftreffpunkt aufgebracht wird, die etwa 4 % der Gewichtskraft F_g des Pendels entspricht (siehe Bild 4b)).

6.3.9 Das radiale Spiel des Achswellenendes der Pendellager darf 0,08 mm ($u < 0,02$ mm) nicht überschreiten, wenn eine Kraft von 150 ± 10 N im Abstand l senkrecht zur Schwingebene des Pendels aufgebracht wird.

ANMERKUNG Das radiale Spiel kann zum Beispiel gemessen werden, indem eine Messuhr am Gehäuse des Pendellagers auf dem Maschinengestell angebracht wird, um die Bewegung des Achswellenendes (in den Lagern) anzuzeigen, wenn eine Kraft von etwa 150 N senkrecht zur Schwingebene des Pendels aufgebracht wird.

6.3.10 Es wird empfohlen, dass die Sockelmasse des Maschinengestells mindestens das 12-fache der Pendelmasse beträgt.

6.4 Pendel

6.4.1 Die Überprüfung des Pendels (einschließlich der Hammerfinne) muss die Bestimmung folgender Größen beinhalten:

a) potentielle Energie, K_P;

b) Fehler der angezeigten verbrauchten Schlagenergie, K_S;

c) Auftreffgeschwindigkeit des Pendels;

d) durch Reibung verbrauchte Energie;

e) Position des Schwingungsmittelpunkts (d. h. Abstand Schwingungsmittelpunkt zur Drehachse);

f) Radius der Finnenschneide der Hammerfinne;

g) Winkel zwischen der Berührungslinie von Finnenschneide und waagerechter Probenachse.

6.4.2 Die potentielle Energie, K_P, darf vom nominellen Arbeitsvermögen, K_N, um nicht mehr als ±1 % abweichen. Die potentielle Energie, K_P, muss folgendermaßen bestimmt werden.

Das Moment des Pendels wird bestimmt, indem das Pendel in einem gewählten Abstand l_2 von der Drehachse mit Hilfe eines Waagebalkens oder eines Kraftmessgeräts so unterstützt wird, dass die Verbindungslinie durch die Drehachse und den Schwerpunkt des Pendels bis auf höchstens 15/1 000 (siehe Bild 4a)) waagerecht ist ($u < 5/1\,000$).

Die Kraft F und die Länge l_2 müssen jeweils mit einer Fehlergrenze von ±0,2 % bestimmt werden. Das Moment M ist das Produkt von $F \cdot l_2$.

ANMERKUNG Die Länge l_2 kann gleich groß sein wie Länge l.

Der Fallwinkel α muss mit einer Fehlergrenze von ±0,2° gemessen werden; dieser Winkel kann 90° überschreiten.

Die potentielle Energie K_P wird dann nach Gleichung (1) berechnet:

$$K_P = M(1 - \cos\alpha) \qquad (1)$$

6.4.3 Es müssen die Teilstriche auf der Skala, die den Werten der verbrauchten Energie von etwa 0 %, 10 %, 20 %, 30 %, 50 % und 80 % des nominellen Arbeitsvermögens entsprechen, überprüft werden.

Für jeden dieser Teilstriche muss das Pendel so unterstützt werden, dass der Teilstrich vom Zeiger angezeigt und dann der Steigwinkel β auf ±0,2° bestimmt wird. Die berechnete Energie wird durch Gleichung (2) angegeben:

$$K_{\text{calc}} = M(\cos\beta - \cos\alpha) \qquad (2)$$

ANMERKUNG 1 Die Messunsicherheit für l_2, F und β ergibt, wie festgelegt, eine mittlere Gesamtmessunsicherheit für K_{calc} von etwa ±0,3 % des vollen Skalenwertes.

Die aus den gemessenen Werten errechnete Differenz zwischen der angezeigten verbrauchten Energie, K_S, und der aus den Messwerten berechneten Energie darf nicht größer sein als ±1 % der abgelesenen Energie oder als ±0,5 % des nominellen Arbeitsvermögens K_N. In jedem Fall ist der größere Wert zulässig, d. h.

$$\left|\frac{K_{\text{calc}} - K_{\text{S}}}{K_{\text{S}}}\right| \cdot 100 \leq 1\ \%\ \text{zwischen 50 \% und 80 \% des Arbeitsvermögens}\ K_{\text{N}} \tag{3}$$

$$\left|\frac{K_{\text{calc}} - K_{\text{S}}}{K_{\text{N}}}\right| \cdot 100 \leq 0{,}5\ \%\ \text{für Nennwerte unter 50 \% des Arbeitsvermögens}\ K_{\text{N}} \tag{4}$$

ANMERKUNG 2 Zu beachten ist, dass die Genauigkeit der für die verbrauchte Energie abgelesenen Werte umgekehrt proportional zu ihrem Wert ist, was wichtig ist, wenn K im Vergleich zu K_{N} klein ist.

ANMERKUNG 3 Für Pendelschlagwerke, deren Skalen und Anzeigeeinrichtungen hinsichtlich der Energieverluste korrigiert sind, sollte eine Korrektur für K_{calc} vorgenommen werden, damit ein Vergleich der Ergebnisse möglich ist.

6.4.4 Die Auftreffgeschwindigkeit kann nach Gleichung (5) bestimmt werden:

$$v = \sqrt{2gl\,(1 - \cos\alpha)} \tag{5}$$

dabei ist

g die lokale Schwerkraftbeschleunigung zu 1 Teil aus 1 000 oder besser, in m/s^2.

Die Auftreffgeschwindigkeit muss 5 m/s bis 5,5 m/s betragen ($u < 0{,}1$ m/s); für Pendelschlagwerke, die jedoch vor 1998 hergestellt wurden, sind alle Werte innerhalb des Bereichs von 4,3 m/s bis 7 m/s zulässig und der Wert muss im Kalibrierschein/Prüfzeugnis angegeben werden.

6.4.5 Die durch Reibung verbrauchte Energie setzt sich zumindest aus den Beiträgen Luftwiderstand, Lagerreibung und Reibung des Schleppzeigers zusammen. Diese Verluste müssen folgendermaßen eingeschätzt werden.

6.4.5.1 Um den durch die Reibung des Schleppzeigers verursachten Verlust zu bestimmen, wird das Pendelschlagwerk auf die übliche Weise betrieben, jedoch ohne dass eine Probe eingelegt ist; der vom Schleppzeiger angezeigte Steigwinkel β_1 oder die angezeigte verbrauchte Energie K_1 ist aufzuzeichnen. Dann wird eine zweite Prüfung ohne Rückstellung des Schleppzeigers durchgeführt, und der neue Steigwinkel β_2 oder die angezeigte verbrauchte Energie K_2 ist aufzuzeichnen. Damit gilt für den Reibungsverlust des Schleppzeigers während der Auslenkung wie in Gleichung (6) angegeben:

$$p = M(\cos\beta_1 - \cos\beta_2) \tag{6}$$

wenn die Skala in Grad unterteilt ist oder wie in Gleichung (7) angegeben:

$$p = K_1 - K_2 \tag{7}$$

wenn die Skala in Energieeinheiten unterteilt ist.

6.4.5.2 Die durch Lagerreibung und Luftwiderstand für eine Halbschwingung verursachten Verluste werden folgendermaßen bestimmt.

Nachdem β_2 oder K_2 nach 6.4.5.1 bestimmt wurde, wird das Pendel in seine Ausgangsstellung gebracht. Ohne Rückstellung des Schleppzeigers (der Anzeigeeinrichtung) wird das Pendel stoß - und schwingungsfrei so freigegeben, dass es 10 Halbschwingungen durchführt. Nachdem das Pendel seine elfte Halbschwingung begonnen hat, wird der Schleppzeiger (die Anzeigeeinrichtung) auf einen Wert gestellt, der etwa 5 % der gesamten Skalenbereichsanzeige entspricht, und der Wert wird als β_3 oder K_3 aufgezeichnet. Die Verluste durch Lagerreibung und Luftwiderstand für eine Halbschwingung sind dann wie in Gleichung (8) zu bestimmen:

$$p' = 1/10\,M(\cos\beta_3 - \cos\beta_2) \tag{8}$$

wenn die Skala in Grad unterteilt ist oder wie in Gleichung (9) angegeben:

$$p' = 1/10\,(K_3 - K_2) \tag{9}$$

wenn die Skala in Energieeinheiten unterteilt ist.

ANMERKUNG Falls es erforderlich ist, diese Verluste bei einer tatsächlichen Prüfung, die einen Steigwinkel β ergibt, zu berücksichtigen , kann nach Gleichung (10) die folgende Größe vom Wert der verbrauchten Energie abgezogen werden.

$$p_\beta = p\frac{\beta}{\beta_1} + p'\frac{\alpha + \beta}{\alpha + \beta_2} \tag{10}$$

Da β_1 und β_2 nahezu gleich α sind, kann die Gleichung (10) vereinfacht werden zu Gleichung (11):

$$p_\beta = p\frac{\beta}{\alpha} + p'\frac{\alpha + \beta}{2\alpha} \tag{11}$$

Für Pendelschlagwerke mit eine Anzeige von Werten in Energieeinheiten kann der Wert für β nach Gleichung (12) errechnet werden:

$$\beta = \arccos\left[\frac{1}{M(K_\mathrm{P} - K_\mathrm{T})}\right] \tag{12}$$

6.4.5.3 Bei den Werten β_1, β_2, und β_3 sowie K_1, K_2, und K_3 muss es sich um die Mittelwerte von mindestens zwei Messungen handeln. Der auf diese Weise gemessene gesamte Reibungsverlust $p + p'$ darf 0,5 % des nominellen Arbeitsvermögens K_N nicht überschreiten. Falls der Reibungsverlust diesen Wert überschreitet und es nicht gelingt, ihn durch Verringerung der Zeigerreibung in den Toleranzbereich zu bringen, müssen die Lager gereinigt oder ausgetauscht werden.

6.4.6 Der Abstand l_1 vom Schwingungsmittelpunkt zur Drehachse wird aus der Schwingungsdauer (Schwingzeit) des Pendels bestimmt und muss $0{,}995\,l \pm 0{,}005\,l$ betragen. Die Messunsicherheit des für l_1 errechneten Wertes muss < 0,5 mm betragen.

Der Abstand kann bestimmt werden, indem das Pendel eine Schwingung um einen 5° nicht überschreitenden Winkel durchführt und die Zeit t für eine vollständige Schwingung in Sekunden gemessen wird.

l_1 ist nach Gleichung (13) zu errechnen:

$$l_1 = \frac{g \cdot t^2}{4\pi^2} \tag{13}$$

dabei ist

g die Schwerkraftbeschleunigung, die 9,81 m/s^2 entspricht;

π^2 gleich 9,87.

Daher ergibt sich, angegeben in Meter, $l_1 = 0{,}2485 \cdot t^2$.

Der Wert für t muss auf 0,1 % bestimmt werden.

Für ein Pendel, das eine Schwingungsdauer von etwa 2 s hat, kann diese Genauigkeit folgendermaßen erreicht werden. Die Zeit T für 100 volle Schwingungen ist dreimal zu bestimmen. Der exakte Wert für t ist der Mittelwert aus drei Messungen von T durch 100 dividiert, vorausgesetzt, die Größe $(T_\mathrm{max} - T_\mathrm{min})$ zur Darstellung der Wiederholpräzision beträgt nicht mehr als 0,2 s.

6.4.7 Die Maße der Hammerfinne müssen überprüft werden. Es dürfen zwei Formen von Pendelhämmern angewendet werden, ein 2-mm-Hammer oder ein 8-mm-Hammer. Die Werte für den Radius der Finnenschneide und den Winkel des Finnenkeils werden für beide Formen in Tabelle 3 angegeben.

Der Teil des Hammers, der durch die Widerlager schwingt, muss eine maximale Breite von mindestens 10 mm, jedoch nicht größer als 18 mm, haben ($u < 0{,}2$ mm).

ANMERKUNG Ein Verfahren zur Überprüfung der Hammergeometrie besteht beispielsweise darin, einen Abguss anzufertigen, an dem die Prüfung durchzuführen ist.

6.4.8 Der Winkel zwischen der Berührungslinie der Hammerfinne und der waagerechten Probenachse muss 90° ± 2° betragen (siehe 6.3.6) ($u < 0{,}2°$).

6.4.9 Der Mechanismus für das Auslösen des Pendels aus seiner Ausgangsstellung für den Versuch muss störungsfrei arbeiten und das Pendel ohne Anfangsimpuls, ohne Verzögerung oder ohne Anregung von Querschwingungen freigeben.

6.4.10 Falls das Pendelschlagwerk eine Bremsvorrichtung besitzt, müssen Vorrichtungen angebracht sein, die das unbeabsichtigte Auslösen der Bremse verhindern. Außerdem muss eine Einrichtung zum Außerkraftsetzen der Bremsvorrichtung vorhanden sein, z. B. während der Messung der Schwingungsdauer und der Reibungsverluste.

6.4.11 Maschinen mit automatischen Hubeinrichtungen müssen so gebaut werden, dass eine direkte Überprüfung durchgeführt werden kann.

6.5 Widerlager und Auflager

6.5.1 Bei der Überprüfung von Widerlagern und Auflagern sollten folgende Punkte bestimmt werden (siehe Bild 2 und Bild 3 sowie Tabelle 3):

a) Anordnung der Auflager;

b) Anordnung der Widerlager;

c) Abstand zwischen den Widerlagern;

d) Winkel des Hinterschnitts der Widerlager;

e) Radius der Widerlager;

f) Freiraum, der das Herausfallen der gebrochenen Probe aus dem Pendelschlagwerk ermöglicht.

6.5.2 Die Auflagerflächen müssen in zueinander parallelen Ebenen mit einem Versatz von höchstens 0,1 mm liegen ($u < 0{,}05$ mm). Die Auflager müssen so angeordnet werden, dass die Achse der Probe zur Drehachse des Pendels bis auf höchstens 3/1 000 parallel ist ($u < 1/1\,000$).

6.5.3 Die zur Probe weisenden Widerlagerflächen müssen in zueinander parallelen Ebenen mit einem Versatz von höchstens 0,1 mm liegen ($u < 0{,}05$ mm). Die zwei Ebenen, welche die Auflager und Widerlager enthalten, müssen 90° ± 0,1° relativ zueinander stehen ($u < 0{,}05°$). Weitere Anforderungen an die Anordnung der Widerlager werden in Tabelle 3 angegeben.

6.5.4 Es muss ein ausreichender Zwischenraum vorgesehen werden, um sicherzustellen, dass die Bruchstücke der Probe frei sind und unter einem Minimum an störenden Beeinflussungen aus der Maschine herausfallen, ohne auf den Hammer zurückzuprallen, bevor das Pendel seine Schwingung beendet hat. Kein Teil des Pendels, das die Widerlager passiert, darf breiter als 18 mm sein ($u < 0{,}2$ mm).

Hämmer haben meist eine der beiden grundlegenden Formen (siehe Bild 1). Bei Anwendung von C-Form-Hämmern prallen die Probenbruchstücke nicht auf den Hammer, wenn der Freiraum an beiden Enden der Probe mehr als 13 mm beträgt. Falls zur Positionierung der Proben Endanschläge angewendet werden, müssen sie vor dem Aufprall zurückgezogen werden. Bei Anwendung von U-Form-Hämmern müssen Vorrichtungen vorgesehen werden, die das Zurückprallen der Probenbruchstücke auf den Hammer verhindern. In den meisten mit U-Hämmern ausgestatteten Maschinen sollten entsprechende Abdeckbleche (siehe Bild 3) vorgesehen und eingebaut werden, mit folgenden Anforderungen:

a) eine Dicke von etwa 1,5 mm;

b) eine Mindesthärte von 45 HRC;

c) ein Kantenradius von mindestens 1,5 mm;

d) eine Position in der der Freiraum zwischen Abdeckblech und Hammer 1,5 mm nicht überschreitet.

Für Maschinen, bei denen die Hammeröffnung einen Freiraum zwischen den Probenenden (eingelegt bereit zur Prüfung) und den Abdeckblechen von mindestens 13 mm zulässt, brauchen die Anforderungen a) und d) nicht angewendet zu werden.

6.6 Anzeigeeinrichtung

6.6.1 Die Überprüfung einer analogen Anzeigeeinrichtung muss die folgenden Untersuchungen umfassen:

a) Untersuchung der Skalenteilungen;

b) Untersuchung des Zeigers.

Die Skala muss mit einer Gradeinteilung für Winkel oder mit einer Einteilung in Energieeinheiten versehen sein.

Die Breite der Teilstriche auf der Skala muss gleich sein und die Breite des Zeigers muss etwa der Breite eines Teilstrichs entsprechen. Der Zeiger muss eine parallaxenfreie Ablesung ermöglichen.

Die Auflösung r der Anzeigeeinrichtung ergibt sich aus dem Verhältnis der Zeigerbreite und dem Mittenabstand zwischen zwei benachbarten Teilstrichen (Skalenintervall). Empfohlen werden die Verhältnisse 1:4, 1:5 oder 1:10; ein Abstand von mindestens 2,5 mm ist erforderlich, um ein Zehntel eines Skalenteilungswertes zu schätzen.

Ein Skalenintervall darf höchstens 1 % des nominellen Arbeitsvermögens entsprechen und muss das Schätzen der Energie in Schritten in kleiner als oder gleich 0,25 % des nominellen Arbeitsvermögens gestatten.

6.6.2 Die Überprüfung einer digitalen Anzeigeeinrichtung muss sicherstellen, dass die folgenden Anforderungen erfüllt sind.

— Die Skala muss mit einer Gradeinteilung für Winkel oder mit einer Einteilung in Energieeinheiten versehen sein.

— Als Auflösung der Skala wird ein Ziffernschritt der Ziffernanzeigeeinrichtung angesehen, vorausgesetzt, dass die Anzeige um nicht mehr als einen Ziffernschritt schwankt. Wenn die Anzeige um mehr als einen Ziffernschritt schwankt, ist die Auflösung mit der halben Spannweite der Schwankung anzusetzen.

— Die Auflösung muss kleiner als oder gleich 0,25 % des nominellen Arbeitsvermögens betragen.

7 Indirekte Überprüfung durch Anwendung von Referenzproben

7.1 Verwendete Referenzproben

Bei der indirekten Überprüfung wird die Anzeigeeinrichtung an verschiedenen Punkten unter Anwendung von Referenzproben überprüft. Die folgenden Referenzproben werden verwendet:

a) für den Vergleich zwischen Versuchsergebnissen, die auf dem zu prüfenden Pendelschlagwerk und auf einem oder mehreren Referenz-Pendelschlagwerken ermittelt wurden oder mit einem auf eine SI-Einheit rückführbaren, in voller Übereinstimmung mit ISO 148-1 ermittelten K_R-Wert;

b) zur Überwachung der Leistungsfähigkeit eines Pendelschlagwerks über eine Zeitspanne ohne Vergleich mit einem anderen Pendelschlagwerk.

7.2 Stufen der verbrauchten Energie

Die indirekte Überprüfung muss für mindestens zwei Stufen der verbrauchten Energie durchgeführt werden, die innerhalb des Anwendungsbereichs des Pendelschlagwerks liegen. Ein Satz für jede Energiestufe muss aus mindestens fünf Referenzproben bestehen. Die Energiestufen der Referenzproben müssen so dicht wie möglich an der oberen und an der unteren Grenze des Bereichs, für den Referenzproben verfügbar sind, liegen.

Falls mehr als zwei Energiestufen von Referenzproben verwendet werden, sollte(n) die zusätzliche(n) Stufe(n) unter Berücksichtigung der zur Verfügung stehenden Referenzproben möglichst gleichmäßig zwischen der oberen und unteren Grenze verteilt sein.

7.3 Anforderungen an Referenzproben

Referenzproben müssen von einem Referenzproben-Hersteller bezogen werden, der die Proben nach ISO 148-3 hergestellt hat. Die Entscheidung, ob nicht brechende Proben bei der Berechnung von systematischer Pendelabweichung und Wiederholpräzision berücksichtigt werden müssen oder nicht, obliegt dem Referenzmaterial-Hersteller.

7.4 Eingeschränkte direkte Überprüfung

Vor jeder indirekten Überprüfung muss eine eingeschränkte direkte Überprüfung durchgeführt werden. Diese eingeschränkte direkte Überprüfung beinhaltet Folgendes:

a) eine Untersuchung der Maschine nach 6.2.3 a) und des Maschinengestells nach 6.3.4 und 6.3.6;

b) eine (mindestens visuell durchzuführende) Untersuchung des Hammers und der Widerlager auf übermäßigen Verschleiß (siehe Tabelle 3);

c) Messung des Abstands zwischen den Widerlagern (siehe Tabelle 3);

d) bei Veränderung des Hammers oder der Auflager oder der Widerlager: Messung der Teile 6.3.4, 6.3.6, 6.3.7, 6.4.7, 6.4.8, 6.5.2, 6.5.3 und 6.5.4;

e) Messung der Verluste durch Lagerreibung und Luftwiderstand;

f) Messung des Verlusts durch die Reibung des Schleppzeigers.

7.5 Systematische Abweichung und Wiederholpräzision

7.5.1 Wiederholpräzision

KV_1, KV_2, ..., KV_{n_V} sind die verbrauchte Energie der n_V Referenzproben, die für die indirekte Überprüfung bei einer bestimmten Stufe der Energie verwendet werden. Die Wiederholpräzision des Pendelschlagwerks unter den vorgeschriebenen kontrollierten Bedingungen wird durch Wert b beschrieben, die Differenz zwischen dem höchsten und dem niedrigsten der n_V KV-Werte, wie in Gleichung (14) angegeben:

$$b = KV_{max} - KV_{min} \tag{14}$$

Die Werte für die höchstzulässige Wiederholpräzision werden in Tabelle 2 angegeben.

7.5.2 Systematische Abweichung

Die systematische Abweichung des Pendelschlagwerks unter den vorgeschriebenen kontrollierten Bedingungen wird durch den folgenden Wert, wie in Gleichung (15) angegeben, beschrieben:

$$B_V = \overline{KV}_V - KV_R \tag{15}$$

dabei ist

$$\overline{KV}_V = \frac{\sum KV_1 + \cdots + KV_{n_V}}{n_V} \tag{16}$$

Die Werte für die höchstzulässige systematische Abweichung werden in Tabelle 2 angegeben.

Tabelle 2 — Höchstzulässige Wiederholpräzision und systematische Abweichung

Maße in Joule

Stufe der verbrauchten Energie	Wiederholpräzision b	Systematische Abweichung $\lvert B_V \rvert$
< 40	≤ 6	≤ 4
≥ 40	$\leq 15\ \%\ KV_R$	$\leq 10\ \%\ KV_R$

8 Prüfhäufigkeit

8.1 Eine vollständige direkte Überprüfung, gefolgt von einer indirekten Überprüfung, muss bei der Aufstellung und nach dem Umsetzen eines Pendelschlagwerks durchgeführt werden.

8.2 Indirekte Überprüfungen, einschließlich einer eingeschränkten direkten Überprüfung, müssen mindestens alle 12 Monate durchgeführt werden. Häufigere indirekte Prüfungen können je nach beobachtetem Verschleiß erforderlich sein.

8.3 Wenn Widerlager und/oder die Hammerfinne ersetzt werden, muss eine direkte Überprüfung nach dem Ablauf durchgeführt werden, der in den Abschnitten zu dem/den betroffene(n) Teil(en) beschrieben wird. Eine indirekte Überprüfung muss ebenfalls durchgeführt werden.

8.4 Wenn die Ergebnisse der ersten indirekten Prüfung nicht zufriedenstellend sind, und wenn begrenzte, korrigierende Interventionen des Messgeräts auch bei einer wiederholten indirekten Prüfung nicht zu einem zufriedenstellenden Ergebnis führen, dann muss eine komplette direkte Überprüfung durchgeführt werden.

9 Prüfbericht

9.1 Allgemeines

Der Kalibrierschein/das Prüfzeugnis muss mindestens die folgenden Angaben enthalten:

a) Verweis auf diesen Teil von ISO 148, d. h. ISO 148-2;

b) Kennzeichnung des Pendelschlagwerks: Name des Herstellers, Modell und Seriennummer;

c) Radius der Finnenschneide;

d) Namen des Eigentümers und Anschrift des Aufstellungsortes;

e) den Namen oder das Zeichen der Prüfstelle;

f) Datum der Überprüfung.

9.2 Direkte Überprüfung

Folgende Angaben zur direkten Überprüfung des Pendelschlagwerks müssen enthalten sein:

a) nominelles Arbeitsvermögen des Pendels;

b) Auftreffgeschwindigkeit des Pendels;

c) Energieverlust durch Luftwiderstand und Reibung.

9.3 Indirekte Überprüfung

Folgende Angaben zur indirekten Überprüfung des Pendelschlagwerks müssen enthalten sein:

a) Kennzeichnung der für die indirekte Überprüfung verwendeten Referenzproben unter Angabe der Referenzwerte und der tatsächlich für diese Proben ermittelten Werte der verbrauchten Energie;

b) Ergebnisse der indirekten Überprüfung;

   1) Wiederholpräzision;

   2) systematische Abweichung;

   3) Bestätigung, dass die Maschine den Anforderungen dieses Teils von ISO 148 entspricht oder nicht entspricht.

10 Messunsicherheit

Ein Verfahren zur Bestimmung der Messunsicherheit der Ergebnisse der indirekten Überprüfung wird in Anhang A angegeben. In Anhang B werden Verfahren zur Berechnung der Messunsicherheit, wie sie für einige Messungen bei der direkten Überprüfung zum Einsatz kommen, angegeben.

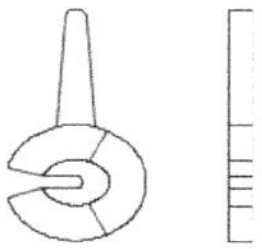

a) C-Form-Hammer

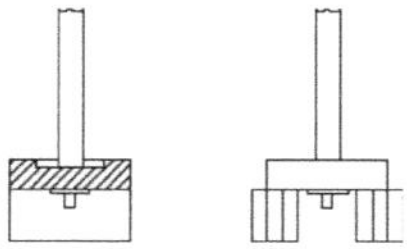

b) U-Form-Hammer

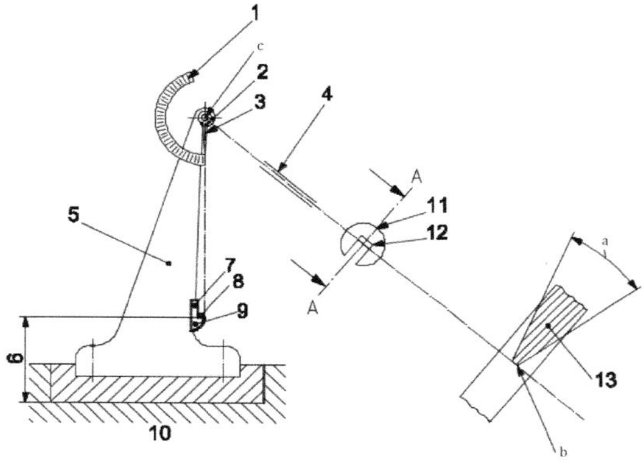

c) Pendelschlagwerk

Legende

1 Skala
2 Pendellager
3 Schleppzeiger
4 Pendelstange
5 Maschinengestell
6 Maschinensockel
7 Widerlager
8 Probe
9 Auflager für die Probe
10 Fundament
11 C-Form-Hammer
12 Finnenschneide
13 Hammerfinne

a Winkel des Finnenkeils
b Radius der Finnenschneide
c Drehachse

Bild 1 — Teile des Pendelschlagwerks

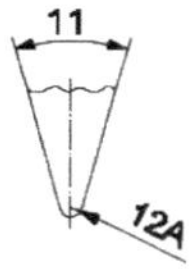

a) 2-mm-Hammerfinne

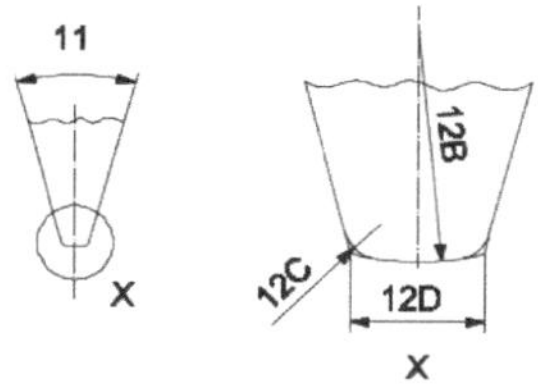

b) 8-mm-Hammerfinne

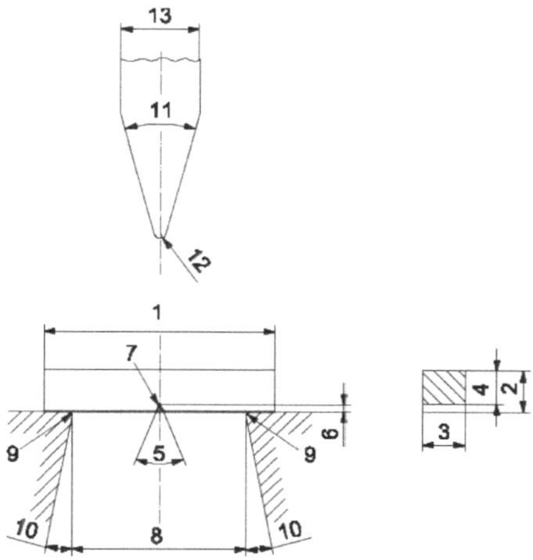

c) Überblickdarstellung

ANMERKUNG Geometrische Merkmale siehe Tabelle 3.

Bild 2 — Hämmer, Auflager für die Probe und Widerlager für Pendelschlagwerke

Tabelle 3 — Geometrische Merkmale

Anzahl[a]	Bezeichnung	Maß
1	Länge der Probe	siehe ISO 148-1
2	Breite der Probe	siehe ISO 148-1
3	Dicke der Probe	siehe ISO 148-1
4	Breite der Probe abzüglich der Kerbtiefe (Ligament)	siehe ISO 148-1
5	Winkel der Kerbe	siehe ISO 148-1
6	Tiefe der Kerbe	siehe ISO 148-1
7	Kerbgrund-Radius	siehe ISO 148-1
8	Abstand zwischen den Widerlagern	$\left(40{,}00^{+0{,}20}_{\ \ 0{,}00}\right)$ mm
9	Radius der Widerlager	$\left(1{,}00^{+0{,}50}_{\ \ 0{,}00}\right)$ mm
10	Winkel des Hinterschnitts der Widerlager	$11° \pm 1°$
11	Winkel des Finnenkeils	$30° \pm 1°$
12	Radius der Finnenschneide	
12A	2-mm-Hammerfinne	$\left(2{,}00^{+0{,}50}_{\ \ 0{,}00}\right)$ mm
12B	8-mm-Hammerfinne	8,00 mm ± 0,05 mm
12C	Übergangsradius am Ansatz der Finnenschneide des 8-mm-Hammers	$\left(0{,}25^{+0{,}50}_{-0{,}05}\right)$ mm
12D	Breite am Ansatz des 8-mm-Hammers	4,00 mm ± 0,05 mm
13	Breite des Hammers	10 mm bis 18 mm

[a] Siehe Bild 2.

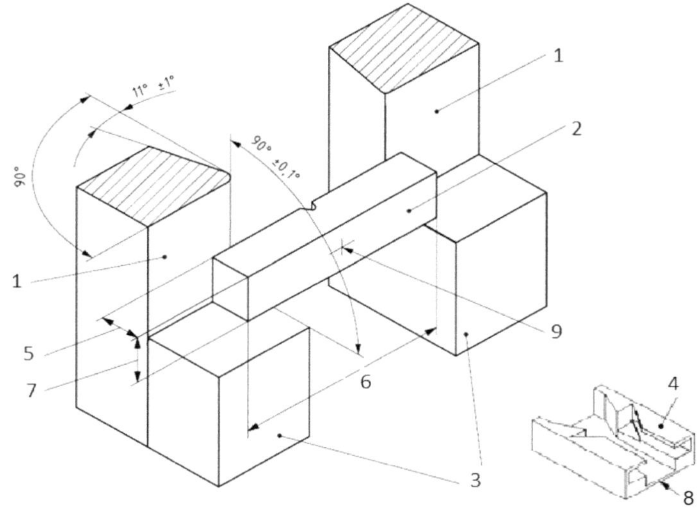

Legende

1 Widerlager

2 Standardgröße der Probe

3 Auflager für die Probe

4 Schutzumhüllung

5 Breite der Probe *W*

6 Länge der Probe *L*

7 Dicke der Probe *B*

8 Richtung der Pendelschwingung

9 Auftreffpunkt

Bild 3 — Anordnung der Auflager für die Probe und Widerlager für ein Betriebs-Pendelschlagwerk

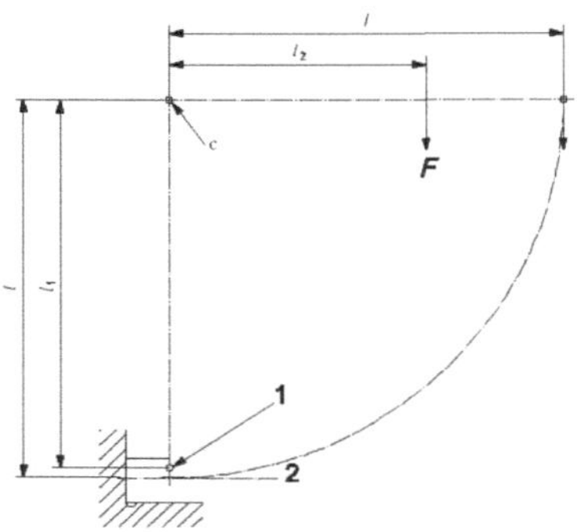

a) Bestimmung des Moments, ***M***

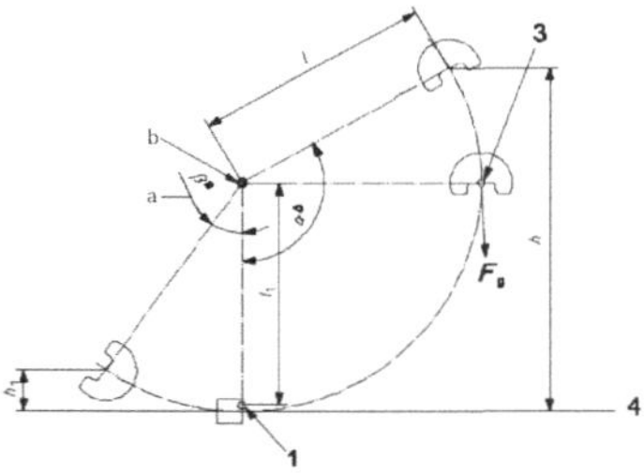

b) Begriffe für die Energiebestimmung

Legende

1 Schwingungsmittelpunkt

2 Probenmitte

3 Auftreffpunkt des Pendels

4 Mitte der Probe in Standardgröße

a Steigwinkel, β.

b Fallwinkel, α.

c Drehachse.

Bild 4 — Bestimmung der potentiellen Anfangsenergie

Anhang A
(informativ)

Messunsicherheit für das Ergebnis der indirekten Überprüfung eines Charpy-Pendelschlagwerks

A.1 Überblick und allgemeine Anforderungen

A.1.1 Allgemeines

In diesem Anhang ist ein Verfahren für die Bestimmung der Messunsicherheit enthalten, das auf den Ergebnissen der indirekten Überprüfung eines Charpy-Pendelschlagwerks basiert. Es können andere Verfahren zur Abschätzung der Messunsicherheit der Prüfungen entwickelt werden, die zulässig sind, sofern sie den Anforderungen von GUM (siehe Literaturhinweis [1]) entsprechen.

In diesem Anhang wird eine systematische Vorgehensweise vorgeschlagen, die eine Abschätzung für B_V (die systematische Abweichung des Pendelschlagwerks) und u_V (die Unsicherheit des Gesamtergebnisses der indirekten Überprüfung) ermöglicht. Die Werte dieser Parameter werden benötigt, um die Messunsicherheit der Prüfergebnisse mit einem Pendelschlagwerk nach dessen Überprüfung, wie in ISO 148-1 beschrieben, zu berechnen.

ANMERKUNG In ISO 148-1:2016, Anhang E ist auch ein allgemeines System für die metrologische Kette enthalten, das angewandt wird, um die Skalen für die verbrauchte Energie bei der indirekten Überprüfung unter Anwendung von Referenzproben darzustellen.

A.1.2 Unsicherheits-Verzichtserklärung

Eine Messunsicherheitsbetrachtung ist hilfreich, um die Hauptquellen für Inkonsistenzen der gemessenen Ergebnisse aufzudecken.

Produktnormen und Datenbanken für Werkstoffeigenschaften, die auf dem vorliegenden Teil von ISO 148 und seinen früheren Ausgaben basieren, enthalten einen aus der Messunsicherheit resultierenden eigenen Beitrag. Eine weitere Anpassung der Messunsicherheit ist deshalb nicht angebracht, weil auf diese Weise riskiert wird, dass die Übereinstimmung des Produkts nicht mehr gegeben ist. Sofern vom Kunden nicht ausdrücklich anders gefordert, ist aus diesem Grund die nach diesem Verfahren abgeschätzte Messunsicherheit nur zur Information.

Die in diesem Teil von ISO 148 festgelegten Prüfbedingungen und -grenzen sollten nicht zur Berücksichtigung der Messunsicherheit angepasst werden, sondern nur auf ausdrückliche Anforderung des Kunden. Sofern vom Kunden nicht ausdrücklich anders gefordert, sollten die abgeschätzten Messunsicherheiten nicht mit den gemessenen Ergebnissen kombiniert werden, um die Übereinstimmung mit den Produkt-Spezifikationen zu bewerten. Stattdessen sind die angegebenen Toleranzen als Zulässigkeitsintervalle [2] zu interpretieren. Dieser Ansatz setzt voraus, dass die Messungen mit der akzeptierten größten Messunsicherheit vorgenommen wurden. Soweit möglich, wurde diese größte Messunsicherheit in der aktuellen Ausgabe der Normenreihe ISO 148 festgelegt. Die Messunsicherheiten der gemessenen Werte sollten geringer sein als die angegebenen Werte.

A.2 Beiträge zur Messunsicherheit der Ergebnisse der indirekten Überprüfung

A.2.1 Systematische Abweichung

Das Erstergebnis einer indirekten Überprüfung ist die Abschätzung der systematischen Abweichung B_V des Pendelschlagwerks, wie in Gleichung (A.1) angegeben:

$$B_V = \overline{KV}_V - KV_R \tag{A.1}$$

dabei ist

$\overline{KV}_V$ der Mittelwert für die Referenzproben, die bei der indirekten Überprüfung gebrochen sind;

KV_R der zertifizierte KV-Wert der Referenzproben.

Der absolute Wert für B_V sollte die in Abschnitt 7 festgelegten Kriterien erfüllen.

A.2.2 Unsicherheit des Wertes der systematischen Abweichung

Die Standardmessunsicherheit des Abweichungswertes entspricht den kombinierten Standardmessunsicherheiten der beiden Ausdrücke in Gleichung (A.1).

Die Standardmessunsicherheit u_{RM} des zertifizierten Referenzwertes KV_R wird aus der erweiterten, auf dem Zertifikat für die Referenzproben angegebenen Unsicherheit U_{RM} berechnet, indem U_{RM} durch den geeigneten (ebenfalls auf dem Zertifikat angegebenen) Erweiterungsfaktor dividiert wird.

Die mit $\overline{KV}_V$ verknüpfte Unsicherheit wird nach Gleichung (A.2) berechnet:

$$u(\overline{KV}_V) = \frac{s_V}{\sqrt{n_V}} \tag{A.2}$$

dabei ist

s_V die Standardabweichung der Ergebnisse an n_V Referenzproben.

In 7.2 wird die Verwendung von mindestens fünf Referenzproben für die indirekte Überprüfung festgelegt.

ANMERKUNG Gleichung (A.2) zeigt, dass die Auswahl einer größeren Anzahl n_V verwendet werden kann, um die Messunsicherheit zu verringern.

Folglich ist $u(B_V)$, die Standardabweichung von B_V, wie in Gleichung (A.3) angegeben, zu berechnen als:

$$u(B_V) = \sqrt{\left(\frac{s_V}{\sqrt{n_V}}\right)^2 + u_{RM}^2} \tag{A.3}$$

A.3 Bestimmung der kombinierten Unsicherheit, u_V, für das Ergebnis der indirekten Überprüfung

Als allgemeine Regel gilt, dass die systematische Abweichung korrigiert werden sollte. Durch den Verschleiß des Widerlagers und der Teile des Hammers ist es jedoch schwierig, einen exakten Abweichungswert zu ermitteln, der für die gesamte Zeit zwischen zwei indirekten Überprüfungen konstant bleibt. Aus diesem Grund ist häufig davon auszugehen, dass der gemessene Abweichungswert einen Beitrag zur Unsicherheit leistet, so dass er mit seiner eigenen Unsicherheit zu kombinieren ist, um die Unsicherheit u_V für das Ergebnis der indirekten Überprüfung zu erhalten, wie in Gleichung (A.4) an gegeben:

$$u_V = \sqrt{u^2(B_V) + {B_V}^2} \qquad \text{(A.4)}$$

Die Werte für die verbrauchte Energie, die mit dem Pendelschlagwerk gemessen wurde sind durch Hinzufügen eines Ausdrucks zu korrigieren, der gleich B_V ist. Dies erfordert, dass der Abweichungswert sicher festgelegt und stabil ist. Eine entsprechende Kenntnis der Leistung eines bestimmten Pendelschlagwerks kann nur durch eine Reihe indirekter Überprüfungen und durch systematische Qualitätsregelkarten erreicht werden, die den geforderten Nachweis der Stabilität der Abweichung des Pendelschlagwerks liefern sollten. Daher ist es in der Praxis wahrscheinlich auf Referenz-Pendelschlagwerke beschränkt.

A.4 Erweiterung der kombinierten Messunsicherheit

Der Wert für u_V wird in ISO 148-1:2016, Anhang E, als einer der Beiträge zur gesamten Messunsicherheit verwendet. Zur Erweiterung auf eine kombinierte Standardmessunsicherheit müssen die Freiheitsgrade der jeweiligen Unsicherheitsbeiträge zu einem effektiv wirksamen Freiheitsgrad zusammengefasst werden. Die Freiheitsgrade von u_V werden unter Anwendung der Näherung nach Welch-Satterthwaite berechnet, wie in Gleichung (A.5) angegeben:

$$\nu_V = \frac{u_V^4}{\frac{u^4(\overline{KV_V})}{\nu_B} + \frac{u_{RM}^4}{\nu_{RM}} + \frac{B_V^4}{\nu_B}} \qquad \text{(A.5)}$$

Der Wert für ν_B ist gleich $n_V - 1$; der Wert für ν_{RM} wird aus dem Zertifikat für das Referenzmaterial entnommen.

Die Anzahl der zur Überprüfung verwendeten Proben beträgt mindestens fünf, aber die Heterogenität der Proben ist nicht unerheblich. Aus diesem Grund ist die Anzahl der effektiven Freiheitsgrade meistens nicht groß genug, um einen Erweiterungsfaktor k gleich 2 zu verwenden. Für k dürfen andere Werte verwendet werden, wenn alle Beteiligten zugestimmt haben.

A.5 Beispiele zur Berechnung und Angabe von B_V und u_V

Dieser Unterabschnitt gibt ein Beispiel für ein Ergebnis einer indirekten Überprüfung sowie dessen Auswertung an. Die indirekte Überprüfung erfolgt nach einer direkten Überprüfung unter Anwendung von Referenzproben mit drei unterschiedlichen Energieniveaus. Die in Tabelle A.1 vorgelegten Ergebnisse wurden an Referenzproben mit einem zertifizierten KV_R-Wert von 123,8 J und einer erweiterten Messunsicherheit von 3,4 J bei 30 Freiheitsgraden (Werte aus dem RM Zertifikat entnommen) erhalten.

Tabelle A.1 — Beispiel — Ergebnisse indirekter Überprüfungen

Prüfergebnisse und Daten aus den Zertifikaten		Berechnung der systematischen Abweichung und Unsicherheitswerte	
Probe 1	123,1 J	$\overline{KV_V}$	119,4 J
Probe 2	116,1 J	s_V	4,7 J
Probe 3	112,8 J	n_V	5
Probe 4	123,6 J	Aus Gleichung (A.2): $u(\overline{KV_V})$	2,1 J
Probe 5	121,3 J		
Laut Zertifikat: Freiheitsgrade ν_{RM}	30	Aus Gleichung (A.1): B_V	−4,4 J
Laut Zertifikat: Erweiterte Unsicherheit bei einem Vertrauensniveau von etwa 95 % U_{RM}	3,4 J	Aus Gleichung (A.3): $u(B_V)$	2,7 J
Wegen $\nu_{RM} > 10$ kann die Standardabweichung u_{RM} als $U_{RM}/2$ berechnet werden	1,7 J	Aus Gleichung (A.4): u_V	5,2 J
Freiheitsgrade für fünf Proben ν_B	4	Aus Gleichung (A.5): ν_V	7

Das Erstergebnis der indirekten Überprüfung ist akzeptabel: Der absolute Wert für die systematische Abweichung ($B_V = -4,4$ J) ist kleiner als der in Abschnitt 7 festgelegte obere Grenzwert. Der Wert B_V muss mit seiner eigenen Unsicherheit kombiniert werden, um u_V zu erhalten, es sei denn, sein Wert wäre exakt bekannt, was in diesem Fall vermutlich nicht zutrifft. Aus Gleichung (A.5) wird die Anzahl der u_V entsprechenden Freiheitsgrade mit 7 berechnet. Die Überprüfungsergebnisse können angegeben werden wie in Tabelle A.2 gezeigt.

Tabelle A.2 — Übersichtstabelle für das Ergebnis mit erweiterter Messunsicherheit, $U(\overline{KV})$

KV_R J	B_V J	$u(BV)$ J	ν_V	u_V J
123,8	-4,4	2,7	7	5,2
	B_V ist nicht sicher festgelegt			
... [a]	...	...	...	...
	...			

[a] Diese Übersichtstabelle enthält eine Zeile für jedes Energieniveau, bei dem eine indirekte Überprüfung für das Pendelschlagwerk erfolgte.

Eine graphische Darstellung des Beispiels wird in Bild A.1 gezeigt, zusammen mit den Ergebnissen, die erhalten wurden, wenn die gemessenen Werte für die verbrauchte Energie bezüglich der gemessenen systematischen Abweichung korrigiert wurden. Die Unsicherheit der indirekten Überprüfung ist relativ groß ($u_V = 5,2$ J), da sie sich aus $u(B_V)$ und B_V zusammensetzt. Wenn der Abweichungswert exakter festgelegt und der gemessene Wert korrigiert worden wäre, hätte eine beträchtlich kleinere Unsicherheit erreicht werden können [$u(B_V) = 2,7$ J].

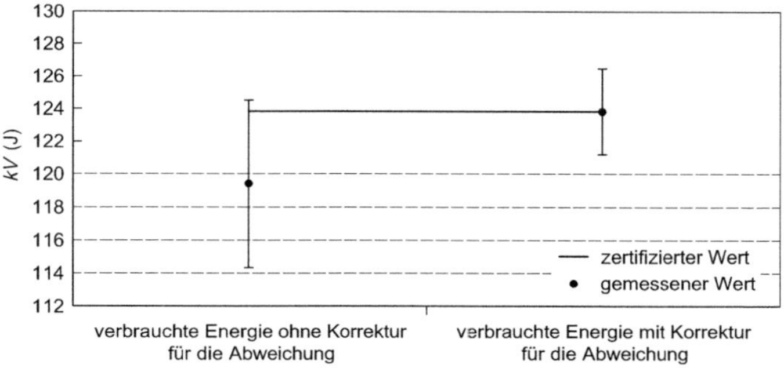

Bild A.1 — Graphische Darstellung für das Standardverfahren (links) ohne Korrektur für die verbrauchte Energie und die zugehörige Unsicherheit, u_V, sowie (rechts) der Fall mit Korrektur des Messwerts bezüglich der systematischen Abweichung, woraus sich eine geringere Unsicherheit $u(B_V)$ ergibt

Anhang B
(informativ)

Messunsicherheit für die Ergebnisse der direkten Überprüfung eines Charpy-Pendelschlagwerks

B.1 Allgemeines

Die direkte Überprüfung besteht aus einer Reihe von Überprüfungen der geometrischen und mechanischen Parameter eines Pendelschlagwerks. Jede Abweichung von den Nennwerten dieser Parameter leistet einen Beitrag zur systematischen Abweichung des Pendelschlagwerks gegenüber dem erwarteten Verhalten eines den Anforderungen in Abschnitt 6 entsprechenden Pendelschlagwerks.

Theoretisch kann eine Gleichung wie Gleichung (B.1) angewendet werden, um die kombinierte Abweichung *z* für das Pendelschlagwerk zu bestimmen:

$$z = R + A + C + E + V + (l - l_1) + H + S \qquad \text{(B.1)}$$

dabei ist

R die systematische Abweichung von K (in Energieeinheiten), bedingt durch die systematische Abweichung des Radius der Finnenschneide;

A die systematische Abweichung von K (in Energieeinheiten), bedingt durch die systematische Abweichung der Geometrie von Widerlager und Auflager;

C die systematische Abweichung von K (in Energieeinheiten), bedingt durch die systematische Abweichung des Auftreffpunktes;

E die systematische Abweichung von K (in Energieeinheiten), bedingt durch die Berechnung der Energie aus den gemessenen Winkeln;

V die systematische Abweichung von K (in Energieeinheiten), bedingt durch die systematische Abweichung der Auftreffgeschwindigkeit;

$(l - l_1)$ die systematische Abweichung von K (in Energieeinheiten), bedingt durch die systematische Abweichung der Differenz zwischen Pendellänge und Schwingungsmittelpunkt;

H die systematische Abweichung von K (in Energieeinheiten), bedingt durch die Korrektur des Reibungsverlusts;

S die systematische Abweichung von K (in Energieeinheiten), bedingt durch die systematische Abweichung der auf einer analogen oder digitalen Skala abgelesenen Energie.

Es wird vorausgesetzt, dass die Einflüsse der Faktoren (R, A, C, E, V, $l - l_1$, H, S) auf die verbrauchte Energie gering sind, wenn sie innerhalb der für die direkte Überprüfung des Pendelschlagwerks geforderten Toleranzen (siehe Abschnitt 6) liegen und wenn der Kerbschlagbiegeversuch nach dem genormten Verfahren (siehe ISO 148-1) durchgeführt wird. Es gibt jedoch Unsicherheiten im Zusammenhang mit der Bewertung der einzelnen Faktoren, die einen Beitrag zu *z* liefern. Unter der Annahme, dass alle Größen unabhängig sind, ist die kombinierte Standardunsicherheit für *z* nach Gleichung (B.2) zu berechnen:

$$u_c(z) = \sqrt{u^2(R) + u^2(A) + u^2(C) + u^2(E) + u^2(V) + u^2(l - l_1) + u^2(H) + u^2(S)} \qquad \text{(B.2)}$$

Nicht alle Elemente aus Gleichung (B.1) und Gleichung (B.2) können zuverlässig und quantitativ bewertet werden. Stattdessen wird eine indirekte Überprüfung des Pendelschlagwerks unter Anwendung von Referenzmaterialien durchgeführt, um die systematische Abweichung des Pendelschlagwerks und die dazugehörige Messunsicherheit zu bestimmen.

Dennoch ist es wichtig, die Zuverlässigkeit der unterschiedlichen Stufen der obligatorischen direkten Überprüfung zu untersuchen. Aus diesem Grund werden in diesem Anhang die dem Stand der Technik entsprechenden Verfahren behandelt, um die Unsicherheiten zu bestimmen, die mit den Ergebnissen einer Anzahl von Messungen verknüpft sind, die während der direkten Überprüfung eines Charpy-Pendelschlagwerks durchgeführt werden.

Im Allgemeinen wird die Unsicherheit für einen zertifizierten Wert auf dem Zertifikat eines zertifizierten Referenzmaterials für ein Vertrauensniveau von etwa 95 % festgelegt. Daher ist die kombinierte Standardunsicherheit u_{RM} unter Anwendung eines geeigneten Erweiterungsfaktors k zu erweitern. Der anzuwendende Erweiterungsfaktor hängt von der Anzahl der Freiheitsgrade ab, die der kombinierten Unsicherheit zugeordnet ist und die unter Anwendung der Näherung nach Welch-Satterthwaite berechnet wird. Bei einem typischen Fall ist die Anzahl der effektiven Freiheitsgrade größer als 20, und es kann ein Erweiterungsfaktor von $k = 2$ angewendet werden.

ANMERKUNG Andere Verfahren zur Bewertung der Messunsicherheiten können entwickelt werden, die zulässig sind, sofern sie die Anforderungen des GUM (siehe Literaturhinweis [1]) erfüllen.

Das grundlegende Ziel besteht darin, eine zuverlässige Abschätzung der Messunsicherheit für die direkt überprüften Parameter zu erreichen, um zu überprüfen, ob die Summe der Abweichungen zwischen Nennwert und gemessenem Wert und der Messunsicherheit dieser Abweichung innerhalb der nach Abschnitt 6 zulässigen Toleranzen liegt.

Anmerkung zur Unsicherheits-Verzichtserklärung: Eine Messunsicherheitsbetrachtung ist hilfreich, um die Hauptquellen für Unvereinbarkeiten der gemessenen Ergebnisse aufzudecken. Produktnormen und Datenbanken für Werkstoffeigenschaften, die auf dem vorliegenden Teil von ISO 148 und seinen früheren Ausgaben basieren, enthalten einen aus der Messunsicherheit resultierenden eigenen Beitrag. Eine weitere Anpassung der Messunsicherheit ist deshalb nicht angebracht, weil auf diese Weise riskiert wird, dass die Übereinstimmung des Produkts nicht mehr gegeben ist. Sofern vom Kunden nicht ausdrücklich anders gefordert, ist aus diesem Grund die nach diesem Verfahren bestimmte Messunsicherheit nur zur Information. Die in diesem Teil von ISO 148 festgelegten Prüfbedingungen und -grenzen sollten zur Berücksichtigung der Messunsicherheit nicht angepasst werden, sondern nur auf ausdrückliche Anforderung des Kunden angepasst werden. Sofern vom Kunden nicht ausdrücklich anders gefordert, sollten die ermittelten Messunsicherheiten nicht mit den gemessenen Ergebnissen kombiniert werden, um die Übereinstimmung mit den Produkt-Spezifikationen zu bewerten. Stattdessen sind die angegebenen Toleranzen als Zulässigkeitsintervalle [2] zu interpretieren. Dieser Ansatz setzt voraus, dass die Messungen mit der akzeptierten größten Messunsicherheit vorgenommen wurden. Soweit möglich, wurde diese größte Messunsicherheit in der aktuellen Ausgabe der Normenreihe ISO 148 festlegt. Die Messunsicherheiten der gemessenen Werte sollten geringer sein als die angegebenen Werte.

B.2 Unsicherheit für bestimmte Parameter des Pendelschlagwerks

B.2.1 Schwingungsmittelpunkt

Das Pendel ist so gebaut, dass die Pendellänge l gleich dem Abstand zwischen dem Schwingungsmittelpunkt und der Drehachse l_1 ist.

Für die Bestimmung von l_1 gilt Gleichung (B.3):

$$l_1 = \frac{gt^2}{4\pi^2} \tag{B.3}$$

dabei ist

l_1 der Abstand zwischen der Position des Schwingungsmittelpunkts und der Drehachse (reduzierte Pendellänge), in Meter;

t die bei 100, 50 oder 25 Schwingungen aus drei Messungen bestimmte mittlere Schwingungsdauer des Pendels.

Die Messung für die Zeit T für z. B. 50 Schwingungen wird manuell oder mit einem kalibrierten Zeitmessgerät durchgeführt. In diesem Beispiel wird eine realistische Messunsicherheit von $u(T) = 0{,}1$ s angewendet. Die Unsicherheit von l_1 kann dann wie in Gleichung (B.4) berechnet werden:

$$u(l_1) = \frac{2gT}{(4\pi^2) \cdot 50^2} \cdot u(T) \qquad \text{(B.4)}$$

Die Pendellänge l wird mit einem Messschieber gemessen. Da die Pendellänge l häufig nicht direkt gemessen werden kann, wird sie aus drei Teilmessungen, L_1, L_2 und L_3 bestimmt:

$$u(l) = \sqrt{u^2(L_1) + u^2(L_2) + u^2(L_3)} \qquad \text{(B.5)}$$

Der Messschieber für geringere Längen (z. B. L_1 und L_3) hat im Allgemeinen eine Messunsicherheit von 0,1 mm. Der Messschieber für größere Längen (hier: L_2) hat im Allgemeinen eine Messunsicherheit von 0,3 mm. In diesem Fall ist die kombinierte Unsicherheit $u(l) = 0{,}3$ mm.

ANMERKUNG Diese Werte sind üblicherweise im Kalibrierschein der verwendeten Messgeräte enthalten.

Die Messunsicherheit für die Abweichung der Position des Schwingungsmittelpunkts von der gemessenen Pendellänge $(l - l_1)$ wird mit den oben genannten Unsicherheiten, wie in Gleichung (B.6) angegeben, berechnet:

$$u(l - l_1) = \sqrt{u^2(l) + u^2(l_1)} \qquad \text{(B.6)}$$

BEISPIEL Siehe auch Tabelle B.1.

Für eine gemessene Pendellänge von $l = 800{,}0$ mm, eine gemessene Schwingungsdauer T (für 50 Schwingungen) = 89,7 s und dem daraus errechneten Wert für $l_1 = 799{,}75$ mm sowie unter Anwendung der oben genannten Unsicherheiten für Längen und Zeitmessungen wird eine Unsicherheit von $u(l - l_1) = 1{,}07$ mm erhalten. Dies zeigt, dass der gemessene Wert $(l - l_1)$ auch unter Berücksichtigung der Messunsicherheit innerhalb der zulässigen Toleranz (0,5 %) liegt.

Tabelle B.1 — Messunsicherheit der Lage des Schwingungsmittelpunktes

Menge	**Schätzwert**	**Unsicherheit**		**Standardunsicherheit**	**Empfindlichkeitskoeffizient**	**Beitrag zur Unsicherheit von $(l - l_1)$**
		Wert	**Art der Verteilung**			
l	800,0 mm	0,3 mm	Normal	0,3 mm	1 mm/mm	0,3 mm
T	89,7 s	0,1 s	rechteckig	0,058 s	17,83 mm/s	1,03 mm
Kombinierte Messunsicherheit $u(\overline{l - l_1})$						1,07 mm
Erweiterte Messunsicherheit unter Anwendung von $k = 2$ für ein Vertrauensniveau von 95 %						2,14 mm

B.2.2 Auftreffgeschwindigkeit

Die Auftreffgeschwindigkeit wird aus der Pendellänge und dem Fallwinkel berechnet; sie ist ein typischer Parameter des Pendelschlagwerks. Die in diesem Teil der ISO 148 festgelegten zulässigen Fehler für die direkte Überprüfung sind relativ groß. Da die relativen Messunsicherheiten, die für die Berechnung der Auftreffgeschwindigkeit benötigt werden, sehr gering sind, ist es nicht erforderlich, die spezifische Unsicherheit für diesen Wert zu berechnen.

B.2.3 Berechnung der verbrauchten Energie

Für die Berechnung der verbrauchten Energie gilt Gleichung (B.7):

$$KV = F \times l_2 \times (\cos\beta - \cos\alpha) \tag{B.7}$$

dabei ist

KV die aus dem gemessenen Fall- und Steigwinkel berechnete verbrauchte Energie, in Joule;

F die vom Pendel im Abstand l_2 in der waagerechten Position auf das Kraftanzeigegerät ausgeübte Kraft, in Newton,

l_2 der Abstand zwischen dem Angriffspunkt der Kraft F und der Drehachse, in Meter;

β der Fallwinkel, in Grad;

α der Steigwinkel, in Grad.

Für die oben genannten Parameter gibt es in dieser Norm keine Angaben für bestimmte Nennwerte oder -bereiche. Folglich gibt es für diese Parameter auch keine systematische Abweichung, sondern nur eine Messunsicherheit. Die Unsicherheit der aus den gemessenen Werten berechneten Energie ist nach Gleichung (B.8) auszudrücken:

$$u_1^2 = \left(\frac{\partial KV}{\partial F}\right)^2 u^2(F) + \left(\frac{\partial KV}{\partial l_2}\right)^2 u^2(l_2) + \left(\frac{\partial KV}{\partial \beta}\right)^2 u^2(\beta) + \left(\frac{\partial KV}{\partial \alpha}\right)^2 u^2(\alpha) \tag{B.8}$$

Aus Gleichung (B.7) können die folgenden Gleichungen abgeleitet werden:

$$\frac{\partial KV}{\partial \alpha} = F \cdot l_2 \cdot \sin\alpha \tag{B.9}$$

$$\frac{\partial KV}{\partial \beta} = -F \cdot l_2 \cdot \sin\beta \tag{B.10}$$

$$\frac{\partial KV}{\partial F} = l_2 \cdot (\cos\beta - \cos\alpha) \tag{B.11}$$

$$\frac{\partial KV}{\partial l_2} = F \cdot (\cos\beta - \cos\alpha) \tag{B.12}$$

Für die einzelnen Beiträge zur Messunsicherheit ergibt sich:

$$u(F) = \sqrt{u^2(F_{\text{ftd}}) + u^2(t) + u^2(S) + u^2(D)} \tag{B.13}$$

dabei ist

$$u(t) = \frac{\delta \cdot a_{\text{temp}}}{\sqrt{3}} \tag{B.14}$$

dabei ist

δ der Temperaturkoeffizient des Kraftmesssystems (vom Hersteller angegeben);

a_{temp} die Abweichung von der Referenztemperatur.

$$u(S) = \frac{a_{stab}}{\sqrt{3}} \quad \text{(B.15)}$$

dabei ist

a_{stab} die Langzeitstabilität des Kraftmesssystems;

$$u(D) = a_{int\text{-}dev} \quad \text{(B.16)}$$

dabei ist

$a_{int\text{-}dev}$ die Interpolationsabweichung des Kraftmesssystems;

$$u(l_2) = \frac{\Delta l_2}{l_2} \quad \text{(B.17)}$$

dabei ist

Δl_2 die Unsicherheit der Abstandsmessung zwischen dem Kraftangriffspunkt und der Drehachse.

ANMERKUNG Eine Mindestabschätzung für Δl_2 kann dem Kalibrierschein des zur Messung von l_2 verwendeten Messgeräts entnommen werden.

BEISPIEL Siehe auch Tabelle B.2.

a) **Kraft**

Messunsicherheit des Kraftmesssystems: $U_{ftd} = 0{,}12\ \%$ ($k = 2$)

Langzeitstabilität des Kraftmesssystems: $a_{stab} = 0{,}05\ \%$

Temperaturkoeffizient des Kraftmesssystems: $\delta = 0{,}01\ \%$

Abweichung von der Referenztemperatur: $a_{temp} = 5{,}0\ °C$

Messunsicherheit wegen der linearen Interpolation für die vom Pendel auf das Kraftmesssystem ausgeübte Kraft: $a_{int\text{-}dev} = 0{,}05\ \%$

Vom Pendel auf das Kraftmesssystem bei einer Pendellänge von 750,1 mm ausgeübte Kraft: $F = 206{,}70$ N

Die kombinierten Beiträge der Messunsicherheit für die Kraft erreichen 0,1 %. Für eine Kraft F von 206,70 N ergibt sich folglich für die kombinierte Standardunsicherheit, $u(F)$, ein Wert von 0,21 N.

b) **Pendellänge**

Unsicherheit der Abstandsmessung: $l_2 = 0{,}3$ mm

Länge des Pendels $l = l_2 = 750{,}1$ mm

Die Unsicherheit des Abstands l_2, über den die Kraftmessung erfolgt, kann bei sorgfältigem Gebrauch durch $\Delta l_2 = \pm 0{,}3$ mm erfasst werden.

c) **Winkel**

Unsicherheit der Winkelmessung: $\Delta\alpha = \Delta\beta = 0{,}2$ °; Steigwinkel: $\beta = 120°$; Fallwinkel: $\alpha = 160°$

Es sollte darauf geachtet werden, dass die Umrechnung von Grad in Radiant und von Millimeter in Meter vor Anwendung der Gleichung durchgeführt wird.

Tabelle B.2 — Messunsicherheitsbudget der verbrauchten Energie

Menge	**Schätz-wert**	**Unsicherheit**		**Standard-unsicherheit**	**Empfindlich-keits-koeffizient**	**Beitrag zur Unsicherheit von *KV***
		Wert	**Art der Verteilung**			
F	206,7 N	0,21 N	Normal	0,21 N	0,33 J/N	0,07 J
L	750,1 mm	0,3 mm	rechteckig	0,17 mm	91 J/m	0,016 J
β	120°	0,2°	rechteckig	0,12°	134 J/rad	0,27 J
α	160°	0,2°	rechteckig	0,12°	53 J/rad	0,11 J
					Kombinierte Messunsicherheit	0,30 J
					Erweiterte Messunsicherheit unter Anwendung von $k = 2$ für ein Vertrauensniveau von 95 %	0,6 J

B.2.4 Ablesungen für die verbrauchte Energie auf einer analogen oder digitalen Skala

S ist die systematische Abweichung des Anzeigemechanismus; sie zeigt die Differenz zwischen der Ablesung für die verbrauchte Energie an der Analogskala des Pendelschlagwerks an oder einen am PC des Pendelschlagwerks angezeigten digitalen Wert und der errechneten Energie. S kann für ein bestimmtes Pendelschlagwerk unter Anwendung der Ergebnisse der direkten Überprüfung, wie in Gleichung (B.18) angegeben, abgeleitet werden:

$$S = K_{\mathrm{S}} - K_{\mathrm{calc}} \tag{B.18}$$

dabei ist

S die Abweichung von der angezeigten Energie;

K_{S} von der berechneten Energie ist, $K_{\mathrm{calc},}$ beide in Joule.[N1)]

Die effektive Unsicherheit $u(S)$ wird nach Gleichung (B.19) und Gleichung (B.20) errechnet:

$$u(S) = \sqrt{u^2(K_{\mathrm{S}}) + u^2(K_{\mathrm{calc}})} \tag{B.19}$$

dabei ist

$$u(K_{\mathrm{S}}) = \frac{a}{2 \times \sqrt{3}} \tag{B.20}$$

N1) Nationale Fußnote: An dieser Stelle wird auf die Bezeichnungen in Tabelle 1 hingewiesen.

dabei ist

a die Auflösung der Skala (d. h. die kleinste unterscheidbare Differenz zwischen zwei gemessenen Werten).

BEISPIEL Siehe auch Tabelle B.3.

An der analogen Skala abgelesener Wert: $K_S = 68{,}0$ J

Auflösung der Anzeigeeinrichtung: $a = 0{,}5$ J

Aus den gemessenen Winkeln berechneter Energiewert: $K_{calc} = 68{,}17$ J

Unsicherheit der aus den gemessenen Winkeln berechneten Energie: $u(K_{calc}) = 0{,}38$ J

Tabelle B.3 — Messunsicherheit für die Abweichung der angezeigten verbrauchten Energie

Menge	Schätzwert	Unsicherheit		Standardunsicherheit	Empfindlichkeitskoeffizient	Beitrag zur Unsicherheit von S
		Wert	Art der Verteilung			
K_S	68,0 J	0,5 J	rechteckig	0,14 J	1	0,14 J
K_{calc}	68,17 J	0,3 J	Normal	0,3 J	1	0,3 J
Kombinierte Messunsicherheit						0,33 J
Erweiterte Messunsicherheit unter Anwendung von $k = 2$ für ein Vertrauensniveau von 95 %						0,7 J

Anhang C
(informativ)

Verfahren zur direkten Überprüfung der geometrischen Eigenschaften der Pendelschlagwerke unter Anwendung einer Lehre

C.1 Anwendungsgebiet

In diesem Anhang wird ein Verfahren für die direkte Überprüfung der geometrischen Eigenschaften der Pendelschlagwerke unter Anwendung einer Lehre beschrieben.

Folgende Eigenschaften können überprüft werden:

— Position der Hammerfinne in der Symmetrieebene der Widerlager;

— waagerechte Lage der Drehachse des Pendels;

— Rechtwinkligkeit zwischen Pendelstange und Drehachse;

— Fluchtung von Hammerfinne und Pendelstange;

— Rechtwinkligkeit zwischen Hammerfinnenebene und Probe.

Dieses Verfahren darf auf alle Pendelschlagwerke angewendet werden und besonders auf Pendelschlagwerke ohne Referenzfläche am Maschinengestell.

C.2 Lehre

Form und Maße der Lehre werden in Bild C.1 festgelegt. Die Lehre hat zwei Enden (A und B), die den beiden Anwendungspositionen (A und B) entsprechen.

C.3 Durchführung

Vor Anwendung der Lehre sollten die folgenden beiden Eigenschaften unter Anwendung eines Nivelliergeräts überprüft werden:

— waagerechte Lage der Auflagerebene;

— Rechtwinkligkeit zwischen den Ebenen der Widerlager und der Auflager.

Die Lehre sollte in zwei Positionen (A und B) angewendet werden. Wie in Bild C.2 gezeigt, entspricht der Weg von Position A zu Position B einem Weg von 30 mm für die Hammerfinne .

In Bild C.3 und Bild C.4 wird die Anwendung der Lehre zur Überprüfung der in C.1 definierten Eigenschaften dargestellt.

Maße in Millimeter

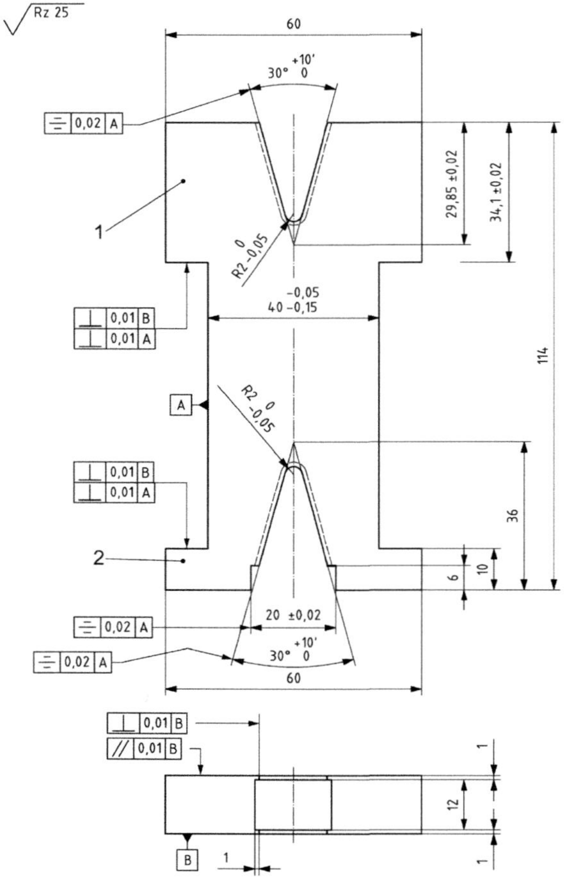

Legende

1 Ende A der Lehre
2 Ende B der Lehre

BEISPIEL X46Cr13 (55 HRC), 100Cr6 (62 HRC)

ANMERKUNG 1 Werkstoff: Nichtrostender Stahl oder Stahl mit erhöhter Korrosionsbeständigkeit und mit geringer Wärmedehnung.

ANMERKUNG 2 Sofern nicht anders festgelegt, sollten alle Maße Toleranzen von ±0,2 mm aufweisen.

Bild C.1 — Lehre

Maße in Millimeter

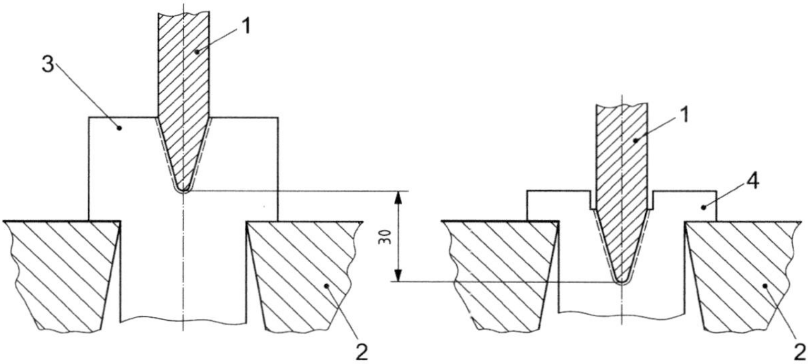

a) Position A **b) Position B**

Legende

1 Hammerfinne

2 Widerlager

3 Ende A der Lehre

4 Ende B der Lehre

Bild C.2 — Wechsel von Position A zu Position B, entsprechend einem Weg von 30 mm für die Hammerfinne

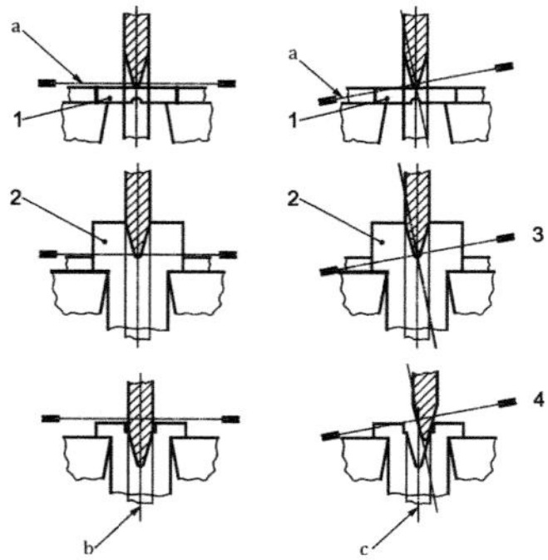

a)

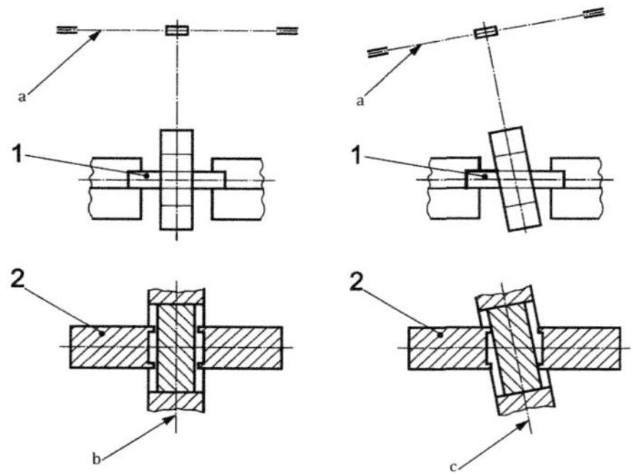

b)

Legende

1 Probe
2 Lehre
3 Ende A
4 Ende B

a Pendelachse.
b Schwingebene des Pendels rechtwinklig zur Längsachse der Probe.
c Schwingebene des Pendels nicht rechtwinklig zur Längsachse der Probe.

Bild C.3 — Anwendungsbeispiel für die in Bild C.1 gezeigte Lehre

In Bild C.3:

a) ist die Schwingebene des Pendels nicht rechtwinklig zur Längsachse der Probe (Bilder auf der rechten Seite);

b) ist der Fehler, dass die Finnenschneide die Seiten der Lehre berührt: Teile des Endes A der Lehre oben links und unten rechts.

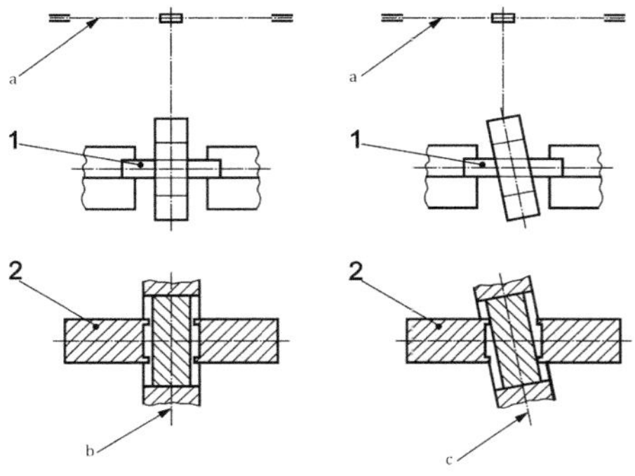

a)

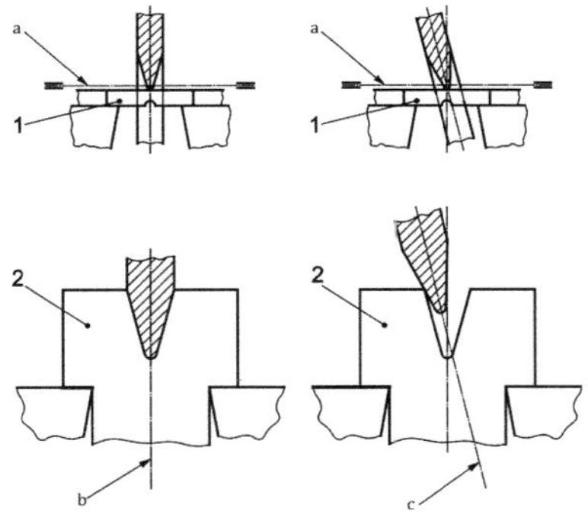

b)

Legende

1 Probe

2 Lehre

a Pendelachse.

b Symmetrieebene des Hammers in der Schwingebene des Pendels.

c Symmetrieebene des Hammers nicht in der Schwingebene des Pendels.

Bild C.4 — Anwendungsbeispiel für die in Bild C.1 gezeigte Lehre

In Bild C.4:

a) ist die Symmetrieebene des Hammers nicht in der Schwingebene des Pendels (Bilder auf der rechten Seite);

b) ist der Fehler, dass die Finnenschneide die Seiten der Lehre berührt: Teile des Endes A der Lehre oben links und unten rechts;

c) ist der Fehler, dass die Finnenschneide nicht den Kerbgrund des V-Kerbs der Lehre berührt.

Literaturhinweise

[1] ISO/IEC 98-3, *Uncertainty of measurement — Part 3: Guide to the expression of uncertainty in measurement (GUM:1995)*

[2] JCGM 106, *Evaluation of measurement uncertainty — The role of measurement uncertainty in conformity assessment*

[3] Wehrstedt A., Patkovszky I. News in the field of standardization about verification and calibration of materials testing machines, May 2001. EMPA Academy, 2001

[4] Yamaguchi Y., Takagi S., Nakano H. Effects of anvil configurations on absorbed energy. In: *Pendulum Impact Testing: A Century of Progress* (eds. Siewert, T.A. and Manahan, M.P.), ASTM International STP 1380, 2000, S. 164-180

[5] Revise G. Influence des paramètres dimensionnels du mouton pendule. *Bulletin BNM*. 1982, 47 S. 29–39

[6] Ishino J., Shin S., Nagai S., Yano H. Error evaluation of Charpy impact test. *Keiryo Kenkyujo Hokoku*. 1992, 41 (2) S. 97–102

[7] Takagi S., Yamaguchi Y. Uncertainty analyses of reference specimens for the verification of Charpy impact test machines, *J. Material Testing Research Association of Japan*. 2003, 48 (4) S. 250–254

[8] Gerber S., Hänsel G. *Determination of Uncertainty of Measurements in Calibration of Impact Testing Machines*. Proceedings of the EUROLAB International Workshop, 17. bis 18. Mai 2001, Dübendorf, Schweiz

[9] Gerber S. *Kalibrierung von Pendelschlagwerken und deren Messunsicherheit*, Werkstoffprüfung 2005, Deutscher Verband für Materialforschung und -prüfung e.V. (DVM), 1.-2. Dezember 2005, Berlin, Deutschland

DIN EN ISO 148-3

DIN

ICS 77.040.10

Ersatz für
DIN EN ISO 148-3:2009-06

Metallische Werkstoffe – Kerbschlagbiegeversuch nach Charpy – Teil 3: Vorbereitung und Charakterisierung von Charpy-V-Referenzproben für die indirekte Überprüfung der Prüfmaschinen (Pendelschlagwerke) (ISO 148-3:2016); Deutsche Fassung EN ISO 148-3:2016

Metallic materials –
Charpy pendulum impact test –
Part 3: Preparation and characterization of Charpy V-notch test pieces for indirect verification of pendulum impact machines (ISO 148-3:2016);
German version EN ISO 148-3:2016

Matériaux métalliques –
Essai de flexion par choc sur éprouvette Charpy –
Partie 3: Préparation et caractérisation des éprouvettes Charpy à entaille en V pour la vérification indirecte des machines d'essai mouton-pendule (ISO 148-3:2016);
Version allemande EN ISO 148-3:2016

Gesamtumfang 27 Seiten

DIN-Normenausschuss Materialprüfung (NMP)

Nationales Vorwort

Dieses Dokument (EN ISO 148-3:2016) wurde vom Technischen Komitee ISO/TC 164 „Mechanical testing of metals“, Unterkomitee SC 4 „Toughness testing — Fracture (F), Pendulum (P), Tear (T)“ in Zusammenarbeit mit dem Technische Komitee ECISS/TC 101 „Prüfverfahren für Stahl (andere als chemische Anlaysen)“ dessen Sekretariat vom AFNOR (Frankreich) gehalten wird, erarbeitet. Das zuständige deutsche Normungsgremium ist der Arbeitsausschuss NA 062-01-44 AA „Schlagzähigkeitsprüfung für Metalle“ im DIN-Normenausschuss Materialprüfung (NMP).

Für die in diesem Dokument verwendeten Internationalen Normen wird im Folgenden auf die entsprechenden Deutschen Normen hingewiesen:

ISO 148-1 siehe DIN EN ISO 148-1

ISO 148-2 siehe DIN EN ISO 148-2

Änderungen

Gegenüber DIN EN ISO 148-3:2009-06 wurden folgende Änderungen vorgenommen:

a) Vereinheitlichung der Terminologie „Dicke“ und „Breite“ mit den Normen aus dem Bereich der Bruchmechanik;

b) Streichung von Abschnitt 5.3 zur Anwendung des Referenz-Pendelschlagwerks;

c) Überarbeitung der Festlegungen zur empfohlenen Prüftemperatur in den Zertifikaten für Referenzproben;

d) redaktionelle Überarbeitung.

Frühere Ausgaben

DIN 51222: 1954-08, 1957-01, 1968-11, 1973-11, 1979-01, 1985-01, 1995-06, 2016-09
DIN 51306: 1983-09
DIN EN 10045-2: 1993-01
DIN EN ISO 148-3: 2009-06

Nationaler Anhang NA
(informativ)

Literaturhinweise

DIN EN ISO 148-1, *Metallische Werkstoffe — Kerbschlagbiegeversuch nach Charpy — Teil 1: Prüfverfahren*

DIN EN ISO 148-2, *Metallische Werkstoffe — Kerbschlagbiegeversuch nach Charpy — Teil 2: Überprüfung der Prüfmaschinen (Pendelschlagwerke)*

EUROPÄISCHE NORM

EUROPEAN STANDARD

NORME EUROPÉENNE

EN ISO 148-3

November 2016

ICS 77.040.10

Ersatz für EN ISO 148-3:2008

Deutsche Fassung

Metallische Werkstoffe — Kerbschlagbiegeversuch nach Charpy — Teil 3: Vorbereitung und Charakterisierung von Charpy-V-Referenzproben für die indirekte Prüfung der Prüfmaschinen (Pendelschlagwerke) (ISO 148-3:2016)

Metallic materials —
Charpy pendulum impact test —
Part 3: Preparation and characterization of Charpy V-notch test pieces for indirect verification of pendulum impact machines
(ISO 148-3:2016)

Matériaux métalliques —
Essai de flexion par choc sur éprouvette Charpy —
Partie 3: Préparation et caractérisation des éprouvettes Charpy à entaille en V pour la vérification indirecte des machines d'essai mouton-pendule
(ISO 148-3:2016)

Diese Europäische Norm wurde vom CEN am 20. August 2016 angenommen.

Die CEN-Mitglieder sind gehalten, die CEN/CENELEC-Geschäftsordnung zu erfüllen, in der die Bedingungen festgelegt sind, unter denen dieser Europäischen Norm ohne jede Änderung der Status einer nationalen Norm zu geben ist. Auf dem letzten Stand befindliche Listen dieser nationalen Normen mit ihren bibliographischen Angaben sind beim Management-Zentrum des CEN-CENELEC oder bei jedem CEN-Mitglied auf Anfrage erhältlich.

Diese Europäische Norm besteht in drei offiziellen Fassungen (Deutsch, Englisch, Französisch). Eine Fassung in einer anderen Sprache, die von einem CEN-Mitglied in eigener Verantwortung durch Übersetzung in seine Landessprache gemacht und dem Management-Zentrum mitgeteilt worden ist, hat den gleichen Status wie die offiziellen Fassungen.

CEN-Mitglieder sind die nationalen Normungsinstitute von Belgien, Bulgarien, Dänemark, Deutschland, der ehemaligen jugoslawischen Republik Mazedonien, Estland, Finnland, Frankreich, Griechenland, Irland, Island, Italien, Kroatien, Lettland, Litauen, Luxemburg, Malta, den Niederlanden, Norwegen, Österreich, Polen, Portugal, Rumänien, Schweden, der Schweiz, der Slowakei, Slowenien, Spanien, der Tschechischen Republik, der Türkei, Ungarn, dem Vereinigten Königreich und Zypern.

EUROPÄISCHES KOMITEE FÜR NORMUNG
EUROPEAN COMMITTEE FOR STANDARDIZATION
COMITÉ EUROPÉEN DE NORMALISATION

CEN-CENELEC Management-Zentrum: Avenue Marnix 17, B-1000 Brüssel

Ref. Nr. EN ISO 148-3:2016 D

Inhalt

Europäisches Vorwort

Dieses Dokument (EN ISO 148-3:2016) wurde vom Technischen Komitee ISO/TC 164 „Mechanical testing of metals" in Zusammenarbeit mit dem Technischen Komitee CEN/TC 101 „Prüfverfahren für Stahl (andere als chemische Analysen)" erarbeitet, dessen Sekretariat vom AFNOR gehalten wird.

Diese Europäische Norm muss den Status einer nationalen Norm erhalten, entweder durch Veröffentlichung eines identischen Textes oder durch Anerkennung bis Mai 2017, und etwaige entgegenstehende nationale Normen müssen bis Mai 2017 zurückgezogen werden.

Es wird auf die Möglichkeit hingewiesen, dass einige Elemente dieses Dokuments Patentrechte berühren können. CEN [und/oder CENELEC] sind nicht dafür verantwortlich, einige oder alle diesbezüglichen Patentrechte zu identifizieren.

Dieses Dokument ersetzt EN ISO 148-3:2008.

Entsprechend der CEN-CENELEC-Geschäftsordnung sind die nationalen Normungsinstitute der folgenden Länder gehalten, diese Europäische Norm zu übernehmen: Belgien, Bulgarien, Dänemark, Deutschland, die ehemalige jugoslawische Republik Mazedonien, Estland, Finnland, Frankreich, Griechenland, Irland, Island, Italien, Kroatien, Lettland, Litauen, Luxemburg, Malta, Niederlande, Norwegen, Österreich, Polen, Portugal, Rumänien, Schweden, Schweiz, Slowakei, Slowenien, Spanien, Tschechische Republik, Türkei, Ungarn, Vereinigtes Königreich und Zypern.

Anerkennungsnotiz

Der Text von ISO 148-3:2016 wurde vom CEN als EN ISO 148-3:2016 ohne irgendeine Abänderung genehmigt.

Vorwort

ISO (die Internationale Organisation für Normung) ist eine weltweite Vereinigung von Nationalen Normungsorganisationen (ISO-Mitgliedsorganisationen). Die Erstellung von Internationalen Normen wird normalerweise von ISO Technischen Komitees durchgeführt. Jede Mitgliedsorganisation, die Interesse an einem Thema hat, für welches ein Technisches Komitee gegründet wurde, hat das Recht, in diesem Komitee vertreten zu sein. Internationale Organisationen, staatlich und nicht-staatlich, in Liaison mit ISO, nehmen ebenfalls an der Arbeit teil. ISO arbeitet eng mit der Internationalen Elektrotechnischen Kommission (IEC) bei allen elektrotechnischen Themen zusammen.

Die Verfahren, die bei der Entwicklung dieses Dokuments angewendet wurden und die für die weitere Pflege vorgesehen sind, werden in den ISO/IEC-Direktiven, Teil 1 beschrieben. Im Besonderen sollten die für die verschiedenen ISO-Dokumentenarten notwendigen Annahmekriterien beachtet werden. Dieses Dokument wurde in Übereinstimmung mit den Gestaltungsregeln der ISO/IEC-Direktiven, Teil 2 erarbeitet (siehe www.iso.org/directives).

Es wird auf die Möglichkeit hingewiesen, dass einige Elemente dieses Dokuments Patentrechte berühren können. ISO ist nicht dafür verantwortlich, einige oder alle diesbezüglichen Patentrechte zu identifizieren. Details zu allen während der Entwicklung des Dokuments identifizierten Patentrechten finden sich in der Einleitung und/oder in der ISO-Liste der empfangenen Patenterklärungen (siehe www.iso.org/patents).

Jeder in diesem Dokument verwendete Handelsname wird als Information zum Nutzen der Anwender angegeben und stellt keine Anerkennung dar.

Eine Erläuterung der Bedeutung ISO-spezifischer Benennungen und Ausdrücke, die sich auf Konformitätsbewertung beziehen, sowie Informationen über die Beachtung der Grundsätze der Welthandelsorganisation (WTO) zu technischen Handelshemmnissen (TBT, en: Technical Barriers to Trade) durch ISO enthält der folgende Link: www.iso.org/iso/foreword.html.

Das für dieses Dokument verantwortliche Komitee ist ISO/TC 164, *Mechanical testing of metals*, Unterkomitee SC 4, *Toughness testing — Fracture (F), Pendulum (P), Tear (T)*.

Diese dritte Ausgabe ersetzt die zweite Ausgabe (ISO 148-3:2008), die technisch überarbeitet wurde.

ISO 148 mit dem Haupttitel *Metallic materials — Charpy pendulum impact test* besteht aus folgenden Teilen:

— *Part 1: Test method*

— *Part 2: Verification of testing machines*

— *Part 3: Preparation and characterization of Charpy V-notch test pieces for indirect verification of pendulum impact machines*

Einleitung

Die Eignung von Pendelschlagwerken für die Abnahmeprüfung von metallischen Werkstoffen basierte in der Vergangenheit üblicherweise auf der Kalibrierung von deren Skalen und der Überprüfung der Komplianz mit bestimmten Maßen, so zum Beispiel der Form und dem Abstand zwischen den Widerlagern, welche den Probekörper stützen. Die Skalenkalibrierung wird für gewöhnlich durch die Messung der Masse des Pendels, sowie dessen Erhebung bei verschiedenen Skalenwerten bestätigt. Dieses Verfahren zur Beurteilung von Maschinen hatte den eindeutigen Vorteil, dass nur Messungen von Mengen erforderlich waren, die auf nationale Normen rückführbar waren. Die objektive Natur dieser nachvollziehbaren Messungen reduzierte die Notwendigkeit der Arbitration hinsichtlich der Eignung von Maschinen für Werkstoffprüfungen auf ein Mindestmaß.

Manchmal bestand jedoch das Problem, dass zwei Maschinen zwar durch die oben beschriebenen, direkten Überprüfungsverfahren bewertet und dabei alle Maßanforderungen erfüllt wurden, diese aber dennoch bedeutend unterschiedliche Werte für die Kerbschlagwerte bei Prüfung der selben Probekörper aufwiesen.

Diese Unterschiede waren von kommerzieller Bedeutung, wenn die mit der einen Maschine erzielten Werte die Materialspezifikationen erfüllten, die mit der anderen Maschine erzielten Werte aber nicht. Um solche Unstimmigkeiten zu vermeiden, führten manche Käufer von Werkstoffen die Anforderung ein, dass alle Pendelschlagwerke, die zur Abnahmeprüfung von Werkstoffen, die an sie verkauft würden, indirekt durch Referenzproben zu prüfen sein sollten, welche der Käufer selbst zur Verfügung stellte. Eine Maschine wurde nur als akzeptabel anerkannt, wenn die Werte, die mittels der Maschine erzielt wurden, innerhalb bestimmter Grenzwerte den Werten der Referenzproben entsprachen.

Erfolgreiche Erfahrungen mit der Verwendung von Referenzproben führte zur Einführung der Anforderung in der ISO 148-2, dass eine indirekte Überprüfung mittels Referenzproben zusätzlich zur direkten Überprüfung stattfinden sollte. Andere Normen und Kodizes erfordern ebenfalls eine indirekte Überprüfung mittels Referenzproben; die EN 10045-2 [1] (mittlerweile überholt) und die ASTM E 23 [2] erfordern, beispielsweise, ebenfalls den Einsatz von Referenzproben. Der Zweck dieses Teils der ISO 148 ist die Spezifikation von Anforderungen, Vorbereitungen und Verfahren zum Nachweis der Eignung der Probekörper, die zur indirekten Überprüfung von Pendelschlagwerken verwendet werden.

1 Anwendungsbereich

Dieser Teil von ISO 148 behandelt die Anforderungen, Vorbereitung und Verfahren zum Nachweis der Eignung der Probekörper für die indirekte Überprüfung von Pendelschlagwerken nach ISO 148-2.

Es werden gekerbte Proben mit Nennmaßen festgelegt, die den in ISO 148-1 festgelegten Maßen entsprechen, wobei die Toleranzen jedoch enger sind.

ANMERKUNG 1 Die chemische Zusammensetzung und/oder die Wärmebehandlung wird/werden in Abhängigkeit von der gewünschten Energiestufe variiert.

ANMERKUNG 2 Referenzproben werden auf Referenz-Pendelschlagwerken qualifiziert, die in diesem Teil von ISO 148 ebenfalls beschrieben werden.

2 Normative Verweisungen

Die folgenden Dokumente, die in diesem Dokument teilweise oder als Ganzes zitiert werden, sind für die Anwendung dieses Dokuments erforderlich. Bei datierten Verweisungen gilt nur die in Bezug genommene Ausgabe. Bei undatierten Verweisungen gilt die letzte Ausgabe des in Bezug genommenen Dokuments (einschließlich aller Änderungen).

ISO 148-1, *Metallic materials — Charpy pendulum impact test — Part 1: Test method*

ISO 148-2, *Metallic materials — Charpy pendulum impact test — Part 2: Verification of testing machines*

3 Begriffe

Für die Anwendung dieses Dokuments gelten die folgenden Begriffe.

3.1 Begriffe im Zusammenhang mit dem Pendelschlagwerk

3.1.1
Betriebs-Pendelschlagwerk
Pendelschlagwerk, das zur Durchführung von Kerbschlagbiegeversuchen an metallischen Werkstoffen für betriebliche, für allgemeine oder für Forschungszwecke angewendet wird

Anmerkung 1 zum Begriff: Diese Pendelschlagwerke werden nicht verwendet, um Referenzwerte zu bestimmen.

3.1.2
Referenz-Pendelschlagwerk
Pendelschlagwerk, das für die Festlegung zertifizierter Energiewerte an Referenzprobenlosen verwendet wird

3.2 Begriffe im Zusammenhang mit der Schlagenergie

3.2.1
gesamte verbrauchte Schlagenergie
K_T
gesamte verbrauchte Energie, die für das Brechen der Probe mit einem Pendelschlagwerk benötigt wird, die nicht bezüglich jeglicher Energieverluste korrigiert wurde

Anmerkung 1 zum Begriff: Sie ist gleich der Differenz der potenziellen Energie des Pendels in seiner Ausgangsstellung vor dem Schlag und in seiner Stellung am Ende der ersten Halbschwingung, während der die Probe gebrochen wird.

3.2.2
verbrauchte Schlagenergie
K
die bei der Prüfung mit einem Pendelschlagwerk für das Brechen der Probe erforderliche Energie, die bezüglich der Energieverluste korrigiert ist

Anmerkung 1 zum Begriff: Der Buchstabe V oder U wird zur Beschreibung der Kerbgeometrie verwendet, d. h. *KV* oder *KU*. Die Zahl 2 oder die Zahl 8 wird als Index zur Bezeichnung des Radius der Hammerfinne angegeben, z. B. KV_2.

3.2.3
Energiewert der Referenzproben
K_R
zertifizierter Wert der verbrauchten Energie für Referenzproben, die bei Überprüfung des Arbeitsvermögens von Pendelschlagwerken verwendet werden

3.3 Begriffe mit Bezug zu den Gruppen der Proben

3.3.1
Los
bestimmte Anzahl von Referenzproben, die unter übereinstimmenden Bedingungen hergestellt und gemeinsam bezüglich der verbrauchten Energie zertifiziert werden

3.3.2
Probensatz
Anzahl von Proben, die nach Zufallsprinzipien aus einem Los ausgewählt werden

3.3.2.1
Probensatz zur Charakterisierung von Losen
Anzahl von Proben, die einem Los entnommen und zur Bestimmung der Referenzenergie des Loses verwendet werden

3.3.2.2
Referenzsatz
Anzahl von Proben, die entnommen und zur Überprüfung eines Pendelschlagwerks verwendet werden

3.4 Begriffe im Zusammenhang mit den Proben

3.4.1
Breite
W
Abstand zwischen der gekerbten Fläche und der gegenüberliegenden Fläche

Anmerkung 1 zum Begriff: In vorherigen Versionen der Normenreihe ISO 148 (vor 2016) wurde der Abstand zwischen der gekerbten Fläche und der gegenüberliegenden Fläche als „Höhe" bezeichnet. Die Änderung des Maßes zu „Breite" sorgt dafür, dass ISO 148-1 mit der in anderen ISO-Normen zu Brüchen verwendeten Terminologie übereinstimmt.

3.4.2
Dicke
B
Maß senkrecht zur Breite und parallel zum Kerb

Anmerkung 1 zum Begriff: In vorherigen Versionen der Normenreihe ISO 148 (vor 2016) wurde das Maß senkrecht zur Breite und parallel zum Kerb als „Breite" bezeichnet. Die Änderung des Maßes zu „Dicke" sorgt dafür, dass ISO 148-1 mit der in anderen ISO-Normen zu Brüchen verwendeten Terminologie übereinstimmt.

3.4.3
Länge
L
größtes Maß senkrecht zum Kerb

3.4.4
Referenzprobe
Kerbschlagbiegeprobe, die für die Eignungsprüfung eines Pendelschlagwerks verwendet wurde, indem die von der Maschine gemessene verbrauchte Schlagenergie mit dem für die Probe verbundenen verbrauchten Energiewert der Referenzprobe verglichen wird

3.4.5
zertifizierte Referenzprobe
Kerbschlagbiegeprobe mit einem Zertifikat, in dem der Wert für die zertifizierte verbrauchte Energie K_R und die Messunsicherheit unter Angabe des Vertrauensniveaus

Anmerkung 1 zum Begriff: Der zertifizierte Referenzwert ist der Wert, der von einer nationalen oder internationalen Einrichtung oder einer Organisation, die für die Herstellung zertifizierter Charpy-Referenzproben nach ISO Guide 34 [3], akkreditiert ist, nach den in diesem Teil der ISO 148 beschriebenen Verfahren bestimmt wurde.

4 Symbole und Abkürzungen

Tabelle 1 — Symbole/Abkürzungen sowie die zugehörigen Bedeutungen und Einheiten

Symbol/ Abkürzung	Einheit	Bezeichnung
CRM	—	Zertifiziertes Referenzmaterial
GUM	—	Leitfaden zur Angabe der Messunsicherheit
k	—	Erweiterungssfaktor
K	J	Verbrauchte Energie
K_T	J	Gesamte verbrauchte Schlagenergie
K_R	J	Referenzenergiewert für einen Satz Charpy-Referenzproben
K_V	J	Verbrauchte Energie, gemessen nach ISO 148-1 an Proben mit V-Kerb
KV_{char}	J	KV-Wert aus einer Prüfung zur Loszertifizierung, bestimmt an einem Los Referenzproben mit V-Kerb
KV_{PB}	J	Zertifizierter K_V-Wert für PB-Referenzmaterial
KV_R	J	Zertifizierter K_V -Wert für Charpy-Referenzmaterial
KV_{SB}	J	Zertifizierter K_V-Wert für SB-Referenzmaterial
n_{hom}	—	Anzahl der für die Homogenitätsprüfung untersuchten Referenzproben
n_{PB}	—	Anzahl der zum Vergleich des SB mit dem PB verwendeten PB-Proben
n_{SB}	—	Anzahl der zum Vergleich des SB mit dem PB verwendeten SB-Proben
n_V	—	Anzahl der bei der indirekten Überprüfung eines Pendelschlagwerks untersuchten Referenzproben
p	—	Anzahl der Prüflaboratorien/Pendelschlagwerke, die in einem Qualifizierungsringversuch beteiligt sind
PB	—	Primärlos
REMCO	—	ISO-Komitee für Referenzmaterialien

Symbol/ Abkürzung	Einheit	Bezeichnung
RM	—	Referenzmaterial
SB	—	Sekundärlos
s_p	J	Standardabweichung der mittleren K_V-Werte, die in p Laboratorien ermittelt wurden
s_{PB}	J	Standardabweichung der an n_{PB} PB-Proben für den Vergleich mit n_{SB} SB-Proben ermittelten Ergebnisse
s_{RM}	J	Standardabweichung der an n_{hom} Proben bei der Homogenitätsprüfung des Referenzmaterial-Loses ermittelten K_V-Werte
u_{char}	J	Standardmessunsicherheit von KV_{char}
$u_{char,PB}$	J	Standardmessunsicherheit von KV_{char} für ein PB (Primärlos)
$u_{char,SB}$	J	Standardmessunsicherheit von KV_{char} für ein SB (Sekundärlos)
u_{hom}	J	Standardmessunsicherheit bei der Homogenitätsprüfung des Referenzmaterials
u_{lts}	J	Standardmessunsicherheit bei Bewertung der Langzeitstabilität eines Referenzmaterials
u_{RM}	J	Standardmessunsicherheit des bei der indirekten Überprüfung verwendeten zertifizierten Wertes für das Referenzmaterial
U_{RM}	J	Erweiterte Unsicherheit des zertifizierten Wertes des Referenzmaterials mit einem Vertrauensniveau von etwa 95 %
u_{sts}	J	Standardmessunsicherheit bei der Bewertung der Kurzzeitstabilität eines Referenzmaterials
$u_{\bar{X}PB}$	J	Standardmessunsicherheit von $\bar{X}_{PB}$
$u_{\bar{X}SB}$	J	Standardmessunsicherheit von $\bar{X}_{SB}$
$\bar{X}_{PB}$	J	Mittelwert für n_{PB} Proben, die für den Vergleich des SB mit dem PB verwendet werden
$\bar{X}_{SB}$	J	Mittelwert für n_{SB} Proben, die für den Vergleich des SB mit dem PB verwendet werden
δKV_{hom}	J	Anteil des durch die Heterogenität des Loses bedingten Fehlers des gemessenen KV-Wertes
δKV_{lts}	J	Anteil des durch die Langzeitunstabilität des Loses bedingten Fehlers des gemessenen KV-Wertes
δKV_{sts}	J	Anteil des durch die Kurzzeitunstabilität des Loses bedingten Fehlers des gemessenen KV-Wertes
v_{char}	—	Freiheitsgrad aus u_{char}
v_{hom}	—	Freiheitsgrad aus u_{hom}
v_{RM}	—	Freiheitsgrad aus u_{RM}

5 Referenz-Pendelschlagwerk

5.1 Eigenschaften

5.1.1 Allgemeines

Die Eigenschaften der für die Bestimmung der Referenzenergie an Referenzproben verwendeten Referenz-Pendelschlagwerke müssen unter Beachtung der nachfolgend angegebenen Ausnahmen den Anforderungen von ISO 148-2 entsprechen.

5.1.2 Geometrische Eigenschaften (siehe Tabelle 2, sowie Bild 1 und Bild 2)

Die folgenden geometrischen Eigenschaften sind einzuhalten:

a) der Radius der Widerlager muss $\left(1^{+0,10}_{\ 0,00}\right)$ mm sein;

b) der Abstand zwischen den Widerlagern muss $\left(40^{+0,10}_{\ 0,00}\right)$ mm sein;

c) Die Finnenschneide muss innerhalb ±0,25 mm der Symmetrieebene der Widerlager liegen.

Tabelle 2 — Geometrische Eigenschaften

Referenz-nummer[a]	Bezeichnung	Wert	Toleranz		Einheiten
1	Länge der Probe	55,00	+0,00 −0,30	*	mm
2	Halbe Länge der Probe	27,5	±0,2	*	mm
3	Breite der Probe	10,00	±0,06		mm
4	Dicke der Probe	10,00	±0,07	*	mm
5	Unterhalb des Kerbs verbleibende Höhe	8,00	±0,06		mm
6	Kerbwinkel	45,0	±1,0	*	°
7	Krümmungsradius am Kerbgrund	0,250	±0,025		mm
8	Winkel zwischen benachbarten Flächen	90,00	±0,15	*	°
9	Winkel zwischen der Symmetrieebene des Kerbs und der Probenlängsachse	90	±2		°
10	Radius der Widerlager	1,00	+0,10 −0,00	*	mm
11	Winkel des Hinterschnitts der Widerlager	11	±1,0		°
12	Abstand zwischen den Widerlagerebenen	40,00	+0,10 −0,00	*	mm
13	Lage der Finnenschneide relativ zur Symmetrieebene der Widerlager	—	±0,25	*	mm
14	Winkel des Finnenkeils	30	±1		°
15A	Radius der Finnenschneide am 2-mm-Hammer	2,00	+0,20 −0,00	*	mm
15B	Radius der Finnenschneide am 8-mm-Hammer	8,00	±0,05		mm
15C	Übergangsradius am Ansatz der Finnenschneide des 8-mm-Hammers	0,25	+0,50 −0,05		mm
15D	Breite der Finnenschneide des 8-mm-Hammers	4,00	±0,20		mm

ANMERKUNG 1 Toleranzen mit nachgestelltem Stern (*) sind enger als die in ISO 148-1 oder ISO 148-2 angegebenen Toleranzen.

ANMERKUNG 2 Siehe Bild 1 und Bild 2.

[a] Siehe Bild 1.

5.1.3 Nominelles Arbeitsvermögen

Das Referenz-Pendelschlagwerk muss ein nominelles Arbeitsvermögen (Nennwert der potenziellen Anfangsenergie) aufweisen, das für die Prüfung der Proben angemessen und zertifiziert ist. Zertifizierte Energiewerte dürfen 80 % des nominellen Arbeitsvermögens des Schlagwerks nicht überschreiten.

5.1.4 Härte

Die Teile des Hammers und der Widerlager (siehe Bild 1), die mit der Probe in Berührung kommen und die Schlagkraft aufbringen oder auf die Schlagkraft reagieren, müssen eine Mindesthärte von 56 HRC haben.

5.1.5 Erschütterungen

Es ist sicherzustellen, dass das Referenz-Pendelschlagwerk keinen äußeren Erschütterungen ausgesetzt ist, die durch andere Einrichtungen in der näheren Umgebung hervorgerufen werden, z. B. Schmiedehämmer, Pressen, fahrende Fahrzeuge. Während der Schlagprüfung darf das Schlagwerk ebenfalls keinen starken Erschütterungen ausgesetzt sein.

ANMERKUNG Diese Erschütterungen können nachgewiesen werden, indem ein kleiner, mit Wasser gefüllter Behälter an einer geeigneten Stelle auf das Maschinengestell gestellt wird; wenn auf der Wasseroberfläche während der Schlagprüfung keine Kräuselung entsteht, ist das ein Hinweis darauf, dass die Anforderung erfüllt wurde. Wenn fest am Boden angebrachte Prüfmaschinen starken Erschütterungen ausgesetzt sind, ist es notwendig, ein gesondertes Fundament und/oder eine Isolation gegenüber der Übertragung von Erschütterungen anzuwenden.

5.1.6 Einrichtungen zur Anzeige der Energie

Die Auflösung muss mindestens 1/400 der nominellen Energie betragen.

5.2 Überprüfung des Referenz-Pendelschlagwerks

Die direkte Überprüfung muss nach ISO 148-2 unter Einhaltung der in 5.1 genannten zusätzlichen Anforderungen durchgeführt werden.

Die indirekte Überprüfung muss mittels der zertifizierten Referenzprobe erfolgen. Wiederholpräzision und systematische Abweichung müssen den Festlegungen in Tabelle 3 entsprechen.

Alle für die Untersuchung und Überprüfung eines Referenz-Pendelschlagwerks angewendeten Einrichtungen müssen kalibriert sein und auf das SI-System (das internationale Einheitensystem) rückgeführt werden. Die mit der Durchführung der Überprüfung beauftragte Prüfstelle muss alle Kalibrieraufzeichnungen von allen Untersuchungen, Messungen und für alle Prüfeinrichtungen aufbewahren.

Der Eigentümer des Pendelschlagwerks muss für alle Referenz-Pendelschlagwerke Aufzeichnungen erstellen und aufbewahren, die Daten und Einzelheiten von allen Untersuchungen und Reparaturen enthalten.

Tabelle 3 — Wiederholpräzision und systematische Abweichung für Referenz-Pendelschlagwerke

Verbrauchte Schlagenergie K	Wiederholbarkeit	Zulässige Abweichung
< 40 J	≤ 2 J	±2 J
≥ 40 J	≤ 5 % von K_R	±5 % von K_R
Die Wiederholpräzision ist die Standardabweichung der an mindestens 10 Referenzproben gemessenen K_R-Werte. Die systematische Abweichung ist zu errechnen aus $(\overline{K} - K_R)$ Dabei ist $\overline{K} = \frac{K_1 + K_{2+}K_3 + \ldots + K_n}{n}$ dabei ist $n \geq 10$.		

6 Referenzproben

6.1 Allgemeines

Anleitungen zur Vorbereitung, Zertifizierung und Anwendung der (zertifizierten) Referenzmaterialien wurden von ISO REMCO, dem ISO-Komitee für Referenzmaterialien (siehe Literaturhinweise [3] bis [7]) erstellt. Die nachfolgend beschriebenen Verfahren enthalten weitere Einzelheiten, die spezifisch für Charpy-Referenzproben zutreffen.

6.2 Werkstoff

Alle Proben eines Loses müssen aus einem einzigen Ingot oder einer einzigen Schmelze stammen.

Alle Proben müssen aus Stahl bestehen. Die Zusammensetzung der Proben ist nicht festgelegt. Lose aus unterschiedlichen Energiestufen dürfen unterschiedliche Zusammensetzungen haben.

Alle Proben aus einem Los müssen die gleiche Wärmebehandlung durchlaufen.

Die Stufe der verbrauchten Referenzenergie wird für jedes Los dadurch gekennzeichnet, dass eine Zuordnung in einen der folgenden Bereiche vorgenommen wird:

— Niedrige Energie: < 30 J

— Mittlere Energie: ≥ 30 J bis 110 J

— Hohe Energie: ≥ 110 J bis 200 J

— Sehr hohe Energie: ≥ 200 J

6.3 Maße

Die Referenzprobe muss die in Tabelle 2 angegebenen Maßanforderungen erfüllen.

ANMERKUNG Diese Maße stimmen mit den in ISO 148-1 angegebenen Maßen mit der Ausnahme überein, dass einige Toleranzen enger sind.

Der Radius am Kerbgrund muss tangential zum Kerbwinkel sein.

Die Oberflächenrauheit *Ra* darf auf der gekerbten Fläche 1,6 µm und auf den anderen Flächen 3,2 µm nicht überschreiten.

6.4 Kennzeichnung

Alle Proben müssen dauerhaft so gekennzeichnet werden, dass sie von allen übrigen Proben unterschieden werden können.

Die Probe darf auf allen Flächen gekennzeichnet werden, die nicht mit den Auflagen, den Widerlagern oder der Hammerfinne in Berührung kommen sowie an einer Stelle, in der Einwirkungen durch bleibende Verformung und Oberflächendiskontinuitäten durch die beim Versuch ermittelte verbrauchte Energie vermieden werden.

6.5 Eignungsprüfung für ein Los von Referenzproben

6.5.1 Eine beliebige Gruppe aus Probekörpern, welche die Anforderungen aus 6.2, 6.3 und 6.4 erfüllen, dürfen als das Los verwendet werden, aus welchem die Referenzproben zufällig gewählt werden.

6.5.2 Um den Referenzenergiewert eines Loses zu ermitteln, ziehen Sie einen oder mehrere Sätze von mindestens 25 Probekörpern zufällig aus dem Los und prüfen Sie diese mit einer oder mehreren Referenz-Pendelschlagwerken. Der Referenzenergiewert für das Los ist der Gesamtdurchschnittswert für die an 25 oder mehr Proben erhaltenen Werte oder der Durchschnittswert, der aus den auf unterschiedlichen Referenz-Pendelschlagwerken ermittelten Mittelwerten bestimmt wird.

ANMERKUNG Die zertifizierten Werte können nach anderen Verfahren ermittelt werden, sofern das verwendete Verfahren den ISO Guide 34 und ISO Guide 35 [7] entspricht.

6.5.3 Die Standardabweichung wird ebenfalls errechnet. Sie muss die in Tabelle 4 festgelegten Anforderungen erfüllen.

Tabelle 4 — Für die Charpy-Referenzproben maximal zulässige Standardabweichung

Verbrauchte Schlagenergie K_R	Standardabweichung
< 40 J	≤ 2,0 J
≥ 40 J	≤ 5 % von K_R

6.5.4 Der Prüfbericht für die Kerbschlagbiegeversuche an den Referenzproben muss folgende Angaben enthalten:

a) Geometrie des Hammers;

b) Temperatur, bei der die Versuche durchgeführt wurden;

c) alle zur Kennzeichnung jeder Probe notwendigen Einzelheiten;

d) Energiewert K für jede Probe, korrigiert für Luftwiderstand und Reibung und unter Angabe des Radius der Hammerfinne und des Probentyps (KV_2, KV_8, KU_2, oder KU_8);

e) Referenzwert der verbrauchten Energie und die zugehörige Standardabweichung;

f) Unsicherheit, die dem für die Serie gemessenen Referenzwert für die verbrauchte Energie zuzuordnen ist.

ANMERKUNG Angaben zur Berechnung der Unsicherheit sind in Anhang A enthalten.

6.6 Referenzprobensätze

Nachdem die auf dem/den Referenz-Pendelschlagwerk(en) zu prüfende(n) Charakterisierungsprobensatz/-sätze dem Los entnommen wurden, werden die verbleibenden Proben zu Sätzen von jeweils fünf Proben zusammengestellt. Sie bilden die Probensätze. Jeder Probensatz muss unverändert und ohne Austausch bleiben.

7 Zertifikate für die Referenzproben (Kalibrierscheine)

Für jeden Satz von Referenzproben muss ein Zertifikat mitgeliefert werden, das die folgenden Angaben enthält:

a) eine Verweisung auf diesen Teil von ISO 148, d. h. ISO 148-3;

b) Name, Handelszeichen oder Referenznummer des Referenzprobenherstellers;

c) Referenzwert der für den Satz verbrauchten Energie und die zugehörige Messunsicherheit unter Angabe des Vertrauensniveaus;

d) Geometrie des Hammers;

e) Temperatur, bei der die Referenzproben geprüft werden sollten;

f) erforderliche Einzelheiten zur angemessenen Verwendung der Referenzproben;

g) Bezeichnung und eine allgemeine Beschreibung des Werkstoffs;

h) Code des Referenzprobenherstellers für das Los;

i) vorgesehene Anwendung (unter Verweisung auf ISO 148-2);

j) die Beschreibung des zur Bestimmung des zertifizierten Werts angewendeten (metrologisch gültigen) Verfahrens;

k) eine Angabe zur metrologischen Rückverfolgbarkeit des zertifizierten Wertes;

l) Lagerbedingungen und die Lagerdauer (Gültigkeitsdauer).

8 Anmerkungen zur Verwendung von Referenzprobensätzen

8.1 Die indirekte Überprüfung eines Betriebs-Pendelschlagwerks muss nach ISO 148-2 unter Verwendung der Referenzproben, des Hammers und der Temperatur durchgeführt werden, die vom Referenzprobenhersteller festgelegt werden.

8.2 Alle Referenzproben in allen Sätzen müssen für eine einzige indirekte Überprüfung des Pendelschlagwerks zur Prüfung der Proben in zufälliger Reihenfolge und unter Einbeziehung aller Ergebnisse für die Bestimmung des Mittelwerts verwendet werden. Das Austauschen oder Ersetzen einzelner Proben durch Proben aus anderen Referenzsätzen ist nicht zulässig.

Maße in Millimeter

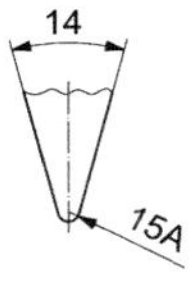

a) 2-mm-Hammer

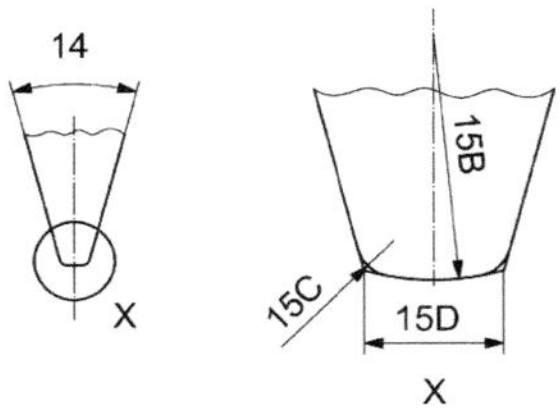

b) 8-mm-Hammer

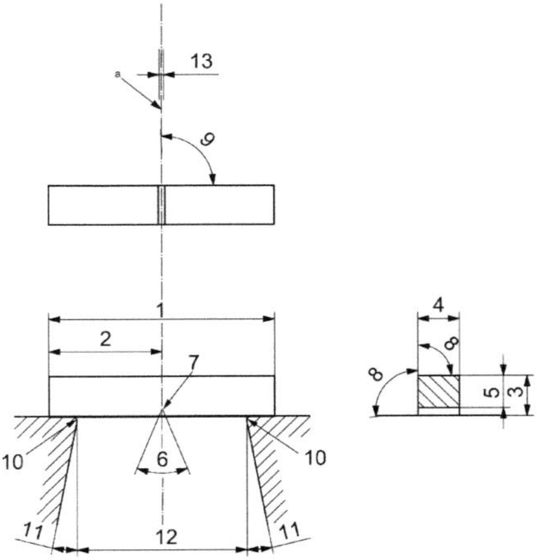

c) Überblicksdarstellung

ANMERKUNG Geometrische Kenngrößen siehe Tabelle 2.

a Schlagrichtung.

Bild 1 — Maße für Proben, Widerlager und Hammerfinnen

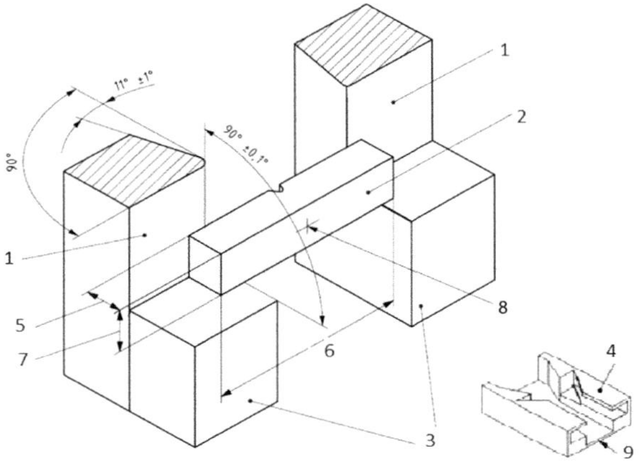

Legende

1 Widerlager
2 Referenzprobe
3 Auflager
4 Abdeckvorrichtung
5 Breite der Probe, W
6 Länge der Probe, L
7 Dicke der Probe, B
8 Auftreffpunkt
9 Richtung der Pendelschwingung

Bild 2 — Anordnung der Auflager und Widerlager bei einem Referenz-Pendelschlagwerk

Anhang A
(informativ)

Messunsicherheit des zertifizierten KV-Werts für Charpy-Referenzmaterialien

A.1 Hintergrund

Bei Durchführung einer indirekten Überprüfung eines Pendelschlagwerks wird der *KV*-Referenzwert der Referenzproben mit den Werten verglichen, die mit dem zu überprüfenden Pendelschlagwerk gemessen werden. Um die Messunsicherheit bei dieser indirekten Überprüfung und später die Messunsicherheit bei Charpy-Messungen am überprüften Pendelschlagwerk zu bestimmen, muss die Unsicherheit des Referenzwerts bekannt sein. Daher sollte dieser Unsicherheitswert vom Hersteller des Referenzmaterials (RM) bewertet und bereitgestellt werden.

Das ISO-Komitee für Referenzmaterialien (REMCO) hat eine Reihe von Dokumenten für die Herstellung und Anwendung von Referenzmaterialien erarbeitet, die als ISO-Guides (siehe Literaturhinweise [3] bis [7]) herausgegeben wurden. Vorgehensweisen für die RM-Herstellung werden in allgemeiner Form im ISO Guide 34 und mit mehr technisch-statistischen Einzelheiten im ISO Guide 35 beschrieben. Dieser Anhang zeigt ein praktisches, ISO-Guides konformes Vorgehen für die Unsicherheitsberechnung der zertifizierten absorbierten Energie des Charpy-RM. Der Text orientiert sich an den Verfahren, die gegenwärtig von den im Bereich von Kerbschlagbiegeversuchen nach Charpy aktiven Nationalen Metrologischen Instituten (NMIs) angewendet werden. Die hier vorgestellten Verfahren können als ein Leitfaden für neue Referenzmaterial-hersteller ebenso angewendet werden wie von den Anwendern von Charpy-RM, für die ein größerer Bedarf an Informationen besteht.

A.2 Abschätzung der Messunsicherheit nach GUM

ISO Guide 35 bietet ein grundlegendes, mit GUM [8] übereinstimmendes Modell für die Zertifizierung von Losen zertifizierter Referenzmaterialien (en: Certified Reference Materials, CRM). Im Kontext von Charpy-Versuchen kann dieses Modell auf folgende Weise dargestellt werden:

$$KV_R = KV_{\text{char}} + \delta KV_{\text{hom}} + \delta KV_{lts} + \delta KV_{\text{sts}} \quad \text{(A.1)}$$

Dabei ist

KV_{char} der bei der Charakterisierung des Loses ermittelte *KV*-Wert (Vergleich der an unterschiedlichen Pendelschlagwerken ermittelten Ergebnisse);

KV_{hom} ein Ausdruck zur Angabe des durch die Schwankung zwischen den Proben bedingten Fehlers (Vergleich der an einem einzigen Pendelschlagwerk unter Wiederholbedingungen ermittelten Ergebnisse);

KV_{lts},KV_{sts} sind Ausdrücke zur Angabe des durch die Lang- und Kurzzeitunstabilität des RM bedingten Fehlers (Vergleich der Ergebnisse für Proben, die unterschiedlichen Alterungszeiten ausgesetzt wurden).

Homogenitäts- und Stabilitätsuntersuchungen werden meist so ausgeführt, dass die entsprechenden Fehler-Ausdrücke einen Wert von Null annehmen. Die Unsicherheiten der Fehler-Ausdrücke sind jedoch nicht (immer) gleich Null. Unter der Voraussetzung der Unabhängigkeit der Variablen kann die Unsicherheit des zertifizierten Werts für das Charpy-RM deshalb nach der folgenden Gleichung errechnet werden:

$$u_{\mathrm{RM}} = \sqrt{u_{\mathrm{char}}^2 + u_{\mathrm{hom}}^2 + u_{\mathrm{lts}}^2 + u_{\mathrm{sts}}^2} \qquad \text{(A.2)}$$

Je besser die Wiederholpräzision für ein einziges Pendelschlagwerk und die Vergleichpräzision für Vergleiche zwischen mehreren Pendelschlagwerken sind, umso kleiner wird u_{char}. Je besser die Homogenität der Proben beim Vergleich zwischen den Proben ist, umso kleiner wird u_{hom}. Mitunter ist die Homogenität des Materials sehr gut, und u_{hom} wird durch die Wiederholpräzision für ein einziges Pendelschlagwerk bestimmt. Für die typischen Charpy-Referenzmaterialien ist das allerdings nicht der Fall. Je besser die Beständigkeit der RM-Mikrostruktur unter den jeweiligen Transport- und Lagerbedingungen ist, umso kleiner werden u_{sts} und u_{lts}.

A.3 KV_{R}, der zertifizierte *KV*-Wert für ein Los von Charpy-Referenzmaterialien

Charpy-Referenzmaterialien werden losweise hergestellt. Die *KV* -Werte der Proben aus einem einzigen Los schwanken von Probe zu Probe. Trotzdem wird dem gesamten Los ein einziger zertifizierter *KV*-Wert zugeordnet. Es ist offensichtlich, dass die beste Abschätzung durch die Prüfung aller Proben erreicht werden könnte. Da der Kerbschlagversuch jedoch ein zerstörendes Prüfverfahren ist, würde keine Probe übrig bleiben, die als Referenzmaterial angewendet werden könnte. Stattdessen wird dem Los eine repräsentative Auswahl von Proben entnommen, die untersucht werden. Als zertifizierter KV_{R}-Wert wird ein Mittelwert verwendet. Bei diesem Wert kann es sich um das Mittel aus allen untersuchten Proben handeln oder um die Mittelwerte für eine Anzahl von untersuchten Untergruppen der Proben.

A.4 u_{char}, die Unsicherheit des mittleren *KV*-Werts für ein Los von Charpy-Referenzmaterialien

A.4.1 Unterschiede zwischen Pendelschlagwerken

Selbst wenn zur Bestimmung des mittleren *KV*-Werts alle Proben eines Loses gebrochen würden, bleibt die Frage offen, ob der unter den jeweiligen Prüfbedingungen bestimmte Mittelwert durch Ungenauigkeiten bei der Durchführung der Versuche beeinflusst ist. Um diese Unsicherheit zu verringern, bemühen sich die RM-Hersteller im Allgemeinen, die zu zertifizierende Eigenschaft auf unterschiedliche und voneinander unabhängige Weise zu messen. Für Eigenschaften wie z. B. die chemische Zusammensetzung eines RM können häufig unterschiedliche Verfahren angewendet werden. Bei Kerbschlagbiegeversuchen unter Anwendung von Pendelschlagwerken ist jedoch die einzige Möglichkeit zum Messen des „methodenspezifischen“ *KV*-Werts die Durchführung von Charpy-Versuchen nach dem zutreffenden genormten Verfahren (siehe ISO 148-1), auf das die zertifizierten Werte metrologisch rückführbar sind.

Um den Einfluss maschinenspezifischer systematischer Abweichungen vom genormten Verfahren auf die zertifizierten Referenzwerte zu verringern, werden oftmals Kerbschlagbiegeversuche auf mehreren Pendelschlagwerken durchgeführt. Je größer die Anzahl der zur Bewertung des Mittels für ein einziges Los von Proben verwendeten Pendelschlagwerke ist, umso wahrscheinlicher ist es, dass das für die ermittelten Werte bestimmte Mittel der richtige Wert ohne systematische Abweichung ist. Dies trifft natürlich nur unter der Bedingung zu, dass die einzelnen am Versuch beteiligten Pendelschlagwerke Geräte mit guter Qualität sind. Auf diese Weise wird sowohl für Vergleiche innerhalb eines Laboratoriums als auch für Ringversuche vorgegangen, die gegenwärtig zur Zertifizierung von Charpy-Referenzmaterial angewendet werden und in ISO Guide 35 [7] empfohlen werden.

A.4.2 Vergleich zwischen p Pendelschlagwerken ($p \geq 6$)

Wenn eine ausreichende Anzahl von Pendelschlagwerken in den Vergleich einbezogen wird, ist die Standardunsicherheit für den Mittelwert nach der folgenden Gleichung zu errechnen:

$$u_{\text{char}} = \frac{s_p}{\sqrt{p}} \quad \text{(A.3)}$$

Dabei ist

u_{char} die bei der Charakterisierung des Loses auftretende Unsicherheit;

p die Anzahl der Laboratorien oder Pendelschlagwerke, die in den Vergleich einbezogen sind;

s_p die Standardabweichung für die im Laboratorium bestimmten Mittelwerte.

Diese Vorgehensweise setzt voraus, dass die einzelnen im Laboratorium bestimmten Mittelwerte eine Normalverteilung aufweisen und dass die Pendelschlagwerke oder Laboratorien, die für den Vergleich herangezogen werden, eine repräsentative Stichprobe der Gesamtheit der Charpy-Pendelschlagwerke darstellen, die den in ISO 148-2 festgelegten Maßen und Kriterien an das Arbeitsvermögen entsprechen. Die Anzahl der Freiheitsgrade ν_{char}, die mit diesem Verfahren zur Berechnung von u_{char} verbunden sind, beträgt $p - 1$. In ISO Guide 35 wird für dieses Verfahren eine Mindestanzahl von sechs Prüflaboratorien oder Pendelschlagwerken empfohlen (ISO-Guide 35:2006, 9.4.2.3.1).

A.4.3 Vergleich zwischen p Pendelschlagwerken ($p < 6$)

Wenn nur eine begrenzte Anzahl Pendelschlagwerke in den Vergleich einbezogen wird, liefert der Wert s_p keine belastbare Abschätzung für die Standardabweichung des Mittelwertes der beteiligten Geräte. Zur Bestimmung von u_{char} sollten andere Verfahren angewendet werden. Diese Verfahren kombinieren die systematischen Abweichungen, die für die in den Vergleich einbezogenen Pendelschlagwerke beobachtet werden (Unsicherheit zwischen mehreren Pendelschlagwerken) und der für die einzelnen Messgeräte zutreffenden Messunsicherheit (Unsicherheit eines Pendelschlagwerks). Ein Beispiel ist das so genannte „BOB"-Verfahren bzw. der „Type-B-on-Bias-Ansatz" (siehe Literaturhinweis [9]).

Um eine bessere Kontrolle über die Qualität der am Zertifizierungsversuch beteiligten Pendelschlagwerke zu erlangen, bevorzugen einige CRM-Hersteller eine Begrenzung der Anzahl der Pendelschlagwerke auf die im eigenen Prüflaboratorium vorhandenen Geräte (Vergleich innerhalb eines Laboratoriums). Dieses Verfahren bietet den Vorteil, dass Anforderungen an die akzeptierte Maschinenleistungsfähigkeit besser definiert werden können. Es kann jedoch argumentiert werden, dass die Unabhängigkeit der gemittelten Werte beeinflusst ist. Aus diesem Grund wird in ISO Guide 35 im Allgemeinen der Vergleich zwischen verschiedenen Laboratorien bevorzugt.

A.5 Unsicherheit, bedingt durch die Unbeständigkeit des Materials

Die Stabilität des zertifizierten Werts für ein CRM ist im Allgemeinen durch zwei mögliche Einwirkungen gefährdet: die Eigenschaftsveränderung des Materials während des Transports vom Hersteller zum Anwender (Kurzzeitstabilität) und die Eigenschaftsveränderung des Materials während der Lagerung ab dem Zeitpunkt der Herstellung bis zur Verteilung an die CRM-Anwender (Langzeitstabilität). Für Stähle, aus denen gegenwärtig die zertifizierten Charpy-Referenzmaterialien (CRM) hergestellt werden, gab es weder bei der Kurz- noch bei der Langzeitbeständigkeit Probleme (siehe Literaturhinweise [10], [11] und [12]). Die Materialbeständigkeit sollte jedoch ein Thema für weitere Untersuchungen bleiben, besonders in den Fällen, in denen neue Stahlsorten zur Herstellung von zertifizierten Charpy-Referenzmaterialien ausgewählt werden. Bis dahin ist davon auszugehen, dass die Werte für u_{lts} und u_{sts} vernachlässigbar gering sind.

A.6 Unsicherheit, bedingt durch Schwankungen von Probe zu Probe — Homogenität des Loses

Durch die Heterogenität in der Mikrostruktur des Stahls und durch die Besonderheiten des Bruchprozesses beim Kerbschlagbiegeversuch haben Proben aus demselben Los oft messbar unterschiedliche *KV*-Werte. Daraus ergibt sich, dass der Mittelwert für den Satz der vom CRM-Anwender untersuchten Proben nicht exakt dem Mittelwert des RM-Loses entspricht, aus dem den Probensatz entnommen wurde.

Für eine Einzelprobe ist die Standardmessunsicherheit u_{hom} im Zusammenhang mit diesem Homogenitätsproblem gleich der Standardabweichung s_{RM} des Loses. Zur Beurteilung dieser Standardabweichung werden Prüfungen an einer aus dem Los ausgewählten repräsentativen Anzahl Proben, n_{hom}, durchgeführt. Bei Durchführung der Prüfungen werden Wiederholbedingungen angewendet, wobei vom Pendelschlagwerk, vom Prüfer oder durch andere Faktoren verursachte Beiträge zur Standardabweichung zu eliminieren oder zumindest zu minimieren sind.

ANMERKUNG Der Wert für s_{RM} kann auch aus den Ergebnissen eines Vergleichs zwischen mehreren Laboratorien (siehe A.4) ermittelt werden. In diesem Fall müssen die Varianz der Ergebnisse innerhalb eines Laboratoriums und die Varianz der Ergebnisse zwischen verschiedenen Laboratorien durch Anwendung einer ANOVA (Analyse der Varianz) voneinander getrennt werden. Die Varianz innerhalb eines Laboratoriums bezieht sich auf s_{RM}.

Erfahrungsgemäß ist es schwierig, für große Lose von Charpy-Referenzproben eine Standardabweichung von unter 3 % zu erreichen. Dies ist zumindest der Fall für härtbare Stähle, die für die Herstellung von Proben auf unterschiedliche Energieniveaus mit einer bestimmten Mindesthärte benötigt werden, so dass tatsächlich das Pendelschlagwerk während der Überprüfung überprüft wird. Um diesen relativ großen Beitrag zur Gesamtunsicherheit des zertifizierten Werts zu verringern, ist es üblich, dass der CRM-Anwender zur Überprüfung eines Pendelschlagwerks besser einen Probensatz aus einem Los anstelle nur einer einzelnen Probe prüft. (Tatsächlich wird in ISO 148-2 die Anwendung von wenigstens fünf Proben vorgeschrieben). Die Aussichten, dass der Mittelwert eines Probensatzes gleich dem Mittelwert des gesamten Loses ist, erhöhen sich mit n_{V}, der Anzahl der zur indirekten Überprüfung verwendeten Proben, wobei sich gleichzeitig der entsprechende Beitrag zur Unsicherheit nach Gleichung (A.4) verringert:

$$u_{\mathrm{hom}} = \frac{s_{\mathrm{RM}}}{\sqrt{n_{\mathrm{V}}}} \quad \text{(A.4)}$$

Die Anzahl der Freiheitsgrade für diesen Beitrag zur Unsicherheit, ν_{hom}, ist gleich $(n_{\mathrm{hom}} - 1)$.

A.7 Kombinierte und erweiterte Unsicherheit des zertifizierten Werts und Angabe dieser Unsicherheiten

Wenn die durch Unstabilität des Materials eingebrachten Unsicherheitsbeiträge vernachlässigt werden können, wird die kombinierte Standardunsicherheit u_{RM} aus den verbleibenden Unsicherheitsbeiträgen u_{char} und u_{hom} nach der folgenden Gleichung errechnet:

$$u_{\mathrm{RM}} = \sqrt{u_{\mathrm{char}}^2 + u_{\mathrm{hom}}^2} \quad \text{(A.5)}$$

Im Allgemeinen wird die Unsicherheit für einen zertifizierten Wert auf dem Zertifikat für ein Vertrauensniveau von etwa 95 % festgelegt. Daher ist die kombinierte Standardunsicherheit u_{RM} unter Anwendung eines geeigneten Erweiterungsfaktor k zu erweitern. Der anzuwendende Erweiterungsfaktor hängt von der Anzahl der Freiheitsgrade ab, die der kombinierten Unsicherheit zuzuordnen sind und die unter Anwendung der Näherung nach Welch-Satterthwaite (siehe Literaturhinweis [8]) berechnet werden können. Für einen typischen Fall (siehe Beispiel in A.8) ist die Anzahl der effektiven Freiheitsgrade größer als 20, und es kann ein Erweiterungsfaktor von $k = 2$ angewendet werden. Falls die Anzahl der

Freiheitsgrade ν_{RM} kleiner ist, kann der Erweiterungsfaktor nach der folgenden Gleichung errechnet werden:

$$k = t_{95}\,(\nu_{RM}) \tag{A.6}$$

wobei die t-Werte aus der nicht genormten GUM-Tabelle (siehe Literaturhinweis [8]) zu entnehmen sind. Der zertifizierte KV_{RM}-Wert der Referenzproben ist immer zusammen mit der entsprechenden erweiterten Unsicherheit U_{RM} und dem Erweiterungsfaktor und/oder dem Vertrauensniveau anzugeben (siehe Literaturhinweis [5]). Für Charpy-Referenzproben sind die folgenden zusätzlichen Informationen (siehe ISO 148-2, Anhang A) für den Anwender hilfreich:

1) ν_{char}, die Anzahl der Freiheitsgrade für u_{char}, oder die Anzahl p der in den Vergleich einbezogenen Laboratorien/Pendelschlagwerke;

2) Standardabweichung s_{RM} für die Homogenität der Prüfergebnisse als Maß für die Inhomogenität des Referenzmaterials sowie n_{hom}, die Anzahl der zur Bestimmung der Homogenität verwendeten Proben;

3) Wert u_{char}, der für die Übertragung des zertifizierten Werts von einem Los Charpy-Referenzmaterialien auf ein anderes Los gefordert wird (siehe A.9).

A.8 Beispiel

Ein RM-Hersteller hat ein Los Charpy-Proben hergestellt. Zur Beurteilung der Homogenität des Loses wird ein Prüflaboratorium ausgewählt und mit der Prüfung von 25 Proben unter Wiederholbedingungen beauftragt. Die Ergebnisse werden in Tabelle A.1 angegeben.

Zunächst werden die Daten einer Prüfung auf statistische Ausreißer unterzogen (wie z. B. in ISO 5725-2 [13] beschrieben). Der Grubbs-Test zeigt, dass das an Probe 22 gewonnene Ergebnis bei einem Vertrauensniveau von 95 % ein statistischer Ausreißer ist. Eine Untersuchung der Probe zeigt keine anormalen Spuren an Widerlager oder Hammer, woraus zu schließen ist, dass die Probe während des Versuchs vorschriftsmäßig positioniert war. Durch eine Überprüfung des Prüfberichts war auch kein Trivialfehler nachweisbar. Weil es keine technische Erklärung gibt, die darauf hinweist, dass das Ergebnis durch eine außerhalb der Probe liegende Begründung ein Ausreißer ist, kann das Ergebnis nicht aus der Homogenitätsanalyse ausgeschlossen werden. Falls es eine auf die Probe selbst verweisende technische Erklärung gäbe (z. B. ein auf der Bruchfläche erkennbarer signifikanter Fehler im Feinaufbau), könnte das Ergebnis ebenfalls nicht eliminiert werden, da dieser Fehler die Materialhomogenität betrifft, die Gegenstand der Homogenitätsbeurteilung ist.

Beim Vergleich des für s_{RM} ermittelten Werts (3,57 J) mit dem Mittelwert von KV (124,74 J) bestätigt sich, dass das Los das Kriterium erfüllt, das in Tabelle 4 für Lose von Charpy-Referenzmaterialien festgelegt ist ($s_{RM} \leq 5$ % des Mittelwerts). Auf der Grundlage der für die Proben vorgesehenen Verwendung wählt der CRM-Hersteller Proben in Sätzen zu je 5 Proben aus, die für die Verteilung vorgesehen sind und berechnet den entsprechenden Wert für den Unsicherheitsbeitrag nach Gleichung (A.4):

$$u_{hom} = \frac{s_{RM}}{\sqrt{n_V}} = \frac{3,57}{\sqrt{5}} = 1,60 \tag{A.7}$$

Dann werden an 11 akkreditierte Prüflaboratorien jeweils 10 Proben verschickt, die zufällig aus dem gesamten Los ausgewählt werden.

ANMERKUNG Es bleibt dem RM-Hersteller überlassen, die Anzahl der Proben für jedes Prüflaboratorium auszuwählen. Größere Anzahlen verringern die Unsicherheit des zertifizierten Werts.

Die Ergebnisse des Vergleichs zwischen mehreren Laboratorien werden vom RM-Hersteller untersucht. Der Grubbs-Test zeigt keine statistischen Ausreißer unter den Mittelwerten der Laboratorien an. In Tabelle A.2 werden die Ergebnisse und die RM-relevanten Parameter zusammengefasst:

Tabelle A.1 — Berechnung der Verbrennungsparameter

Probe	*KV* J	**Probe**	*KV* J	**Probe**	*KV* J
1	127,7	10	127,9	18	127,3
2	122,2	11	120,7	19	123,8
3	123,5	12	127,5	20	126,0
4	125,6	13	122,1	21	128,7
5	122,5	14	126,3	22	114,5
6	122,9	15	128,9	23	121,3
7	126,7	16	125,4	24	128,1
8	123,2	17	119,1	25	127,0
9	129,5	—	—	—	—
Mittelwert für KV = 124,74 J		s_{RM} = 3,57 J		n_{hom} = 25	

Tabelle A.2 — Berechnung des Vergleichs zwischen mehreren Laboratorien

Laboratorium	*KV* J	**Laboratorium**	*KV* J	
1	122,2	7	126,8	
2	120,9	8	125,1	
3	125,5	9	123,7	
4	122,0	10	124,0	
5	123,8	11	124,9	
6	122,8	—	—	
KV_R = 123,8 J	s_p = 1,73 J	P = 11	u_{char} = 0,52 J	v_{char} = 10

Der zertifizierte Wert (123,8 J) wird als gerundeter Mittelwert aus den Laboratoriums-Mittelwerten erhalten. Eine Standardunsicherheit u_{char} von 0,52 J wird aus der Standardabweichung der Laboratoriums-Mittelwerte nach Gleichung (A.3) errechnet.

Tabelle A.3 gibt die Beiträge u_{char} und u_{hom} zur Standardabweichung, die kombinierte Standardunsicherheit u_{RM} und v_{RM} und die aus der Welch-Satterthwaite errechnete Anzahl Freiheitsgrade an. Weil v_{RM} größer als 20 ist, kann zur Berechnung der erweiterten Unsicherheit U_{RM} für ein Vertrauensniveau von etwa 95 % ein Erweiterungsfaktor k = 2 angewendet werden. Sein Wert wird in Abhängigkeit von der Präzision des zertifizierten Werts auf eine Dezimalstelle gerundet.

Tabelle A.3 — Beiträge zu der mit der Zertifizierung verbundenen Unsicherheit und zugehörige Freiheitsgrade

$u_{char} = 0,52$ J	$v_{char} = 10$	$u_{hom} = 1,60$ J	$v_{hom} = 24$
Standardunsicherheit des aus u_{char} und u_{hom} nach Gleichung (A.5) errechneten zertifizierten Werts			$u_{RM} = 1,68$ J
Nach der Welch-Satterthwaite-Näherung errechnete Freiheitsgrade			$v_{RM} = 28$
Erweiterte Unsicherheit des zertifizierten Werts			$U_{RM} = 3,4$ J

Zur Angabe der Zertifizierungsergebnisse, des zertifizierten Werts und seiner Unsicherheit kann Tabelle A.4 angewendet werden.

Tabelle A.4 — Übersichtstabelle der zertifizierten KV_R und der erweiterten Unsicherheit U_{RM}

p	s_{RM} [a] J	n_{hom}	KV_R J	u_{char} J	U_{RM} [b] J
11	3,57	25	123,8	0,52	3,4

[a] Diese Standardabweichung ist eine konservative Abschätzung der Heterogenität des Prüfmaterials. (Ihr Wert enthält auch einen Beitrag aus der Wiederholpräzision des Messgeräts, der nicht gesondert bewertet werden kann.)

[b] Die erweiterte Unsicherheit, die nach dem in diesem Anhang beschriebenen Verfahren errechnet wird, entspricht einem Vertrauensniveau von etwa 95 %.

A.9 Weitere Beiträge zur Unsicherheit für die Übertragung des zertifizierten Werts von einem Primärlos auf ein Sekundärlos

A.9.1 Ziel

Charpy-Referenzmaterialien eines bestimmten Loses können zur Bestimmung des zertifizierten Werts eines anderen Loses von Charpy-Proben verwendet werden. Die Zuordnung des zertifizierten Werts zu dem neuen, zu zertifizierenden Los basiert auf einem Vergleich der *KV*-Werte von früher zertifizierten Proben und den nun zu zertifizierenden Proben. Nachfolgend wird das ursprünglich zertifizierte Los als „Primärlos (PB)“ bezeichnet, dessen zertifizierter Wert mit KV_{PB} bezeichnet wird. Das zu zertifizierende Los wird als „Sekundärlos (SB)“ bezeichnet. Der Vergleich bringt notwendigerweise einen gegenüber der Unsicherheit des PB zusätzlichen Unsicherheitsbeitrag ein.

A.9.2 Praxis — Anforderungen an Wiederholpräzision, systematische Abweichung und Austauschbarkeit

Der zusätzliche Unsicherheitsbeitrag aus der Übertragung des zertifizierten Werts von einem PB auf ein SB kann verhältnismäßig gering gehalten werden, wenn der Vergleich unter strengen Wiederholbedingungen erfolgt. Im Fall von Kerbschlagbiegeversuchen nach Charpy bedeutet das im Idealfall, dass SB- und PB-Proben in einer einzigen Prüfserie auf einem einzigen Pendelschlagwerk so geprüft werden, dass immer im Wechsel eine SB- und eine PB-Probe untersucht werden. Als Ergebnisse dieser Prüfungen ergeben sich die folgenden Werte:

$\bar{X}_{PB}$ Mittelwert für n_{PB} Proben, die für den Vergleich des SB mit dem PB verwendet werden, Standardabweichung = s_{PB}

$\bar{X}_{SB}$ Mittelwert für n_{SB} Proben, die für den Vergleich des SB mit dem PB verwendet werden, Standardabweichung = s_{SB}

Dieses Verfahren ist nur zuverlässig, wenn das für den Vergleich des SB mit dem PB verwendete Pendelschlagwerk exakt arbeitet. In anderen Worten, das Verhältnis $KV_{\text{PB}}/\bar{X}_{\text{PB}}$ sollte nah an 1 liegen; die zulässige Differenz beträgt 20 % ($KV_{\text{PB}} \geq 40$ J) oder 2 J ($KV_{\text{PB}} < 40$ J), entsprechend der Größe der für die in Tabelle 3 festgelegten Pendelschlagwerke zulässigen systematischen Abweichung.

Außerdem sollten die SB- und PB-Lose auf vergleichbarem Niveau liegen, um sicherzustellen, dass das Pendelschlagwerk sich bei der Prüfung von Proben aus beiden Losen ähnlich verhält. In der Praxis heißt das, dass das gleiche Grundmaterial verwendet werden sollte und die Werte für $\bar{X}_{\text{PB}}$ und $\bar{X}_{\text{SB}}$ sollten dicht beieinander liegen (im Bereich ± 20 %). Hinsichtlich der CRM-Herstellung stellt das eine Austauschbarkeitsanforderung dar, deren Grundlage im ISO Guide 33 erörtert wird.

Der zertifizierte Wert KV_{SB} für das Sekundärlos, KV_{SB}, wird erhalten, indem $\bar{X}_{\text{SB}}$ durch eine Art Ein-Punkt-Kalibrierung des Pendelschlagwerks korrigiert wird, bei der SB und PB unter Anwendung des Verhältnisses $KV_{\text{PB}}/\bar{X}_{\text{PB}}$ verglichen werden:

$$KV_{\text{SB}} = \frac{KV_{\text{PB}}}{\bar{X}_{\text{PB}}} \cdot \bar{X}_{\text{SB}} \tag{A.8}$$

Dabei ist

KV_{PB} der zertifizierte KV-Wert des Primärloses.

A.9.3 Die resultierende Unsicherheit

Zur Berechnung der Unsicherheit von KV_{SB} müssen die Unsicherheiten der Faktoren KV_{PB}, $\bar{X}_{\text{SB}}$ und $\bar{X}_{\text{PB}}$ aus der Gleichung (A.8) kombiniert werden.

a) Der KV_{PB}-Wert verknüpft das SB mit den Ergebnissen des PB. Hinsichtlich der Unsicherheit ist nur $u_{\text{char,PB}}$ relevant und nicht u_{hom}, weil Gleichung (A.7) die Verknüpfung zum gemittelten KV-Wert des Primärloses und nicht zu einem aus fünf Proben des PB bestehenden Satz herstellt.

b) Die Werte $\bar{X}_{\text{SB}}$ und $\bar{X}_{\text{PB}}$ sind Schätzungen für den Mittelwert des SB und des PB für das unter den jeweiligen Wiederholbedingungen für den Vergleich verwendete spezielle Pendelschlagwerk. Die Beiträge zur Standardunsicherheit der beiden Faktoren sind

$$u_{\bar{X}\text{SB}} = \frac{s_{\text{SB}}}{\sqrt{n_{\text{SB}}}} \tag{A.9}$$

$$u_{\bar{X}\text{PB}} = \frac{s_{\text{PB}}}{\sqrt{n_{\text{PB}}}} \tag{A.10}$$

ANMERKUNG Die Auflösung des verwendeten Pendelschlagwerks trägt zu den Unsicherheiten von $\bar{X}_{\text{SB}}$ und $\bar{X}_{\text{PB}}$ bei. Die für diese Art von Vergleich ausgewählten Pendelschlagwerke haben jedoch eine gute Auflösung (0,1 J oder besser), weswegen die Auflösung keinen signifikanten Beitrag zu $u_{\bar{X}\text{SB}}$ und zu $u_{\bar{X}\text{PB}}$ leistet.

Weil die partiellen Ableitungen der Gleichung (A.8) alle gleich 1 oder −1 sind, wird die Unsicherheit für die Charakterisierung des SB durch Kombination der Beiträge $u_{\text{char,PB}}$, $u_{\bar{X}\text{SB}}$ und $u_{\bar{X}\text{PB}}$ ermittelt. Bestimmen Sie $u_{\text{char,SB}}$ wie folgt (siehe H.6.2 der Literaturhinweis [8]):

$$u_{\text{char,SB}} = \sqrt{u_{\text{char,PB}}^2 + u_{\bar{X}_{\text{SB}}}^2 + u_{\bar{X}_{\text{PB}}}^2} \tag{A.11}$$

Dieser Unsicherheitsbeitrag kann mit den Unsicherheitsbeiträgen für die Homogenität und/oder Beständigkeit nach der Beschreibung in A.8 kombiniert werden.

Literaturhinweise

[1] EN 10045-2, *Metallische Werkstoffe — Kerbschlagbiegeversuch nach Charpy — Teil 2: Prüfung der Prüfmaschine (Pendelschlagwerk)*

[2] ASTM E23, *Standard test methods for notched bar impact testing of metallic materials*

[3] ISO Guide 34, *General requirements for the competence of reference material producers*

[4] ISO Guide 30, *Reference materials — Selected terms and definitions*

[5] ISO Guide 31, *Reference materials — Contents of certificates and labels and accompanying documentation*

[6] ISO Guide 33, *Reference materials — Good practice in using reference materials*

[7] ISO Guide 35:2006, *Reference materials — General and statistical principles for certification*

[8] ISO/IEC Guide 98-3, *Uncertainty of measurement — Part 3: Guide to the expression of uncertainty in measurement (GUM:1995)*

[9] Levenson M.S. et al. An approach to combining results from multiple methods motivated by the ISO GUM. J. *Res. Natl. Inst. Stand. Technol.* 2000, **105** (4) S. 571–579

[10] Pauwels J. et al. European certification of Charpy specimens: reasoning and observations. In: *Pendulum Impact testing: A Century of Progress*, (Siewert T.A., Manahan M.P., eds.). ASTM International, 2000, S. 90–9

[11] McCowan C.N. et al. International Comparison of Impact Reference Materials. *J. ASTM Int.* 2006, **3** (2) S. 9

[12] Lamberty, et al. *Study of the stability of Charpy V-notch reference test pieces for tests at 20 °C (ERM®-FA013ab, ERM®-FA015v and ERM®-FA016ax) during long-term storage at 18 °C.* Report EUR 26348, European Union, Luxembourg, 2015

[13] ISO 5725-2, *Accuracy (trueness and precision) of measurement methods and results — Part 2: Basic method for the determination of repeatability and reproducibility of a standard measurement method*

DIN EN ISO 14556

DIN

ICS 77.040.10

Ersatz für
DIN EN ISO 14556:2017-05

Metallische Werkstoffe – Kerbschlagbiegeversuch nach Charpy (V-Kerb) – Instrumentiertes Prüfverfahren (ISO 14556:2023); Deutsche Fassung EN ISO 14556:2023

Metallic materials –
Charpy V-notch pendulum impact test –
Instrumented test method (ISO 14556:2023);
German version EN ISO 14556:2023

Matériaux métalliques –
Essai de flexion par choc sur éprouvette Charpy à entaille en V –
Méthode d'essai instrumenté (ISO 14556:2023);
Version allemande EN ISO 14556:2023

Gesamtumfang 31 Seiten

DIN-Normenausschuss Materialprüfung (NMP)

www.din.de
www.beuth.de

3442811

Nationales Vorwort

Dieses Dokument wurde vom Technischen Komitee ISO/TC 164, „Mechanical testing of metals“, Unterkomitee SC 4, „Fatigue, fracture and toughness testing“, in Zusammenarbeit mit dem Europäischen Komitee für Normung (CEN), Technisches Komitee CEN/TC 459/SC 1, „Prüfverfahren für Stahl (andere als chemische Analysen)“, dessen Sekretariat von AFNOR (Frankreich) gehalten wird, erarbeitet.

Das zuständige deutsche Normungsgremium ist der Arbeitsausschuss NA 062-01-44 AA „Schlagzähigkeitsprüfung für Metalle“ im DIN-Normenausschuss Materialprüfung (NMP).

Für die in diesem Dokument zitierten Dokumente wird im Folgenden auf die entsprechenden deutschen Dokumente hingewiesen:

ISO 148-1	siehe	DIN EN ISO 148-1
ISO 148-2	siehe	DIN EN ISO 148-2
ISO 5725-2:2019	siehe	DIN ISO 5725-2:2022-05
ISO 5725-3:1994	siehe	DIN ISO 5725-3:2003-02

Aktuelle Informationen zu diesem Dokument können über die Internetseiten von DIN (www.din.de) durch eine Suche nach der Dokumentennummer aufgerufen werden.

Änderungen

Gegenüber DIN EN ISO 14556:2017-05 wurden folgende Änderungen vorgenommen:

a) in Abschnitt 1 wurde ein Satz hinzugefügt, der besagt, dass die Ergebnisse nicht direkt in Auslegungsberechnungen verwendet werden dürfen;

b) in Abschnitt 4 wurde das Symbol K_p (potentielle Energie des Pendelhammers) hinzugefügt; das Symbol KV (Schlagenergie) wurde in K_V geändert;

c) in 6.1 und D.2.1 wurde die Anwendung der „dynamischen Kraftanpassung“ hinzugefügt;

d) in 6.2.3 wurde eine allgemeine Aussage über die Steifigkeit des Gegenstückes gestrichen;

e) in 6.2.5 wurde die Möglichkeit, Kennwerte direkt aus gedruckten Kurvendarstellungen zu bestimmen, gestrichen;

f) in Abschnitt 7 und Abschnitt 8 wurden Hinweise auf Anhang D für die Prüfung von Kleinproben hinzugefügt;

g) in 9.2 wurden die Kennwerte der Kraft, die aus Kurven der Art A und der Art B ermittelt werden können, geändert;

h) in 9.3 ist nun festgelegt, dass F_m ab Beginn der Vollplastizierung bestimmt wird;

i) in Bild 2 wurden die Kraft-Durchbiegungs-Kurven in Spalte 3 (Beispiel für eine Aufzeichnung) durch qualitativ bessere Kurven ersetzt;

j) in Abschnitt 10 wurde eine Anforderung zur Angabe der Art der Probe (Normal-, Untermaß- oder Kleinprobe) hinzugefügt;

k) in Anhang A wurde präzisiert, dass es sich bei den gezeigten Beispielen um instrumentierte Hammerfinnen handelt;

l) in Anhang D wurden alternative Kleinproben gestrichen;

m) in D.2.1 wurde der Bereich der Abweichung zwischen W_t und K_V von ±0,5 J auf ±10 % von K_V geändert;

n) in D.3.1 wurden die Maße für die genormte Kleinprobe hinzugefügt; die Anforderungen an die Prüftemperatur wurden gestrichen; der Abschnitt über den Prüfbericht wurde gestrichen;

o) in den Literaturhinweisen wurde ein neuer Literaturhinweis [8] hinzugefügt.

Frühere Ausgaben

DIN EN ISO 14556: 2000-09, 2006-10, 2016-02, 2017-05

Nationaler Anhang NA
(informativ)

Literaturhinweise

DIN EN ISO 148-1, *Metallische Werkstoffe — Kerbschlagbiegeversuch nach Charpy — Teil 1: Prüfverfahren*

DIN EN ISO 148-2, *Metallische Werkstoffe — Kerbschlagbiegeversuch nach Charpy — Teil 2: Überprüfung der Prüfmaschinen (Pendelschlagwerke)*

DIN ISO 5725-2:2022-05, *Genauigkeit (Richtigkeit und Präzision) von Messverfahren und Messergebnissen — Teil 2: Grundlegende Methode für die Ermittlung der Wiederhol- und Vergleichpräzision eines vereinheitlichten Messverfahrens (ISO 5725-2:2019)*

DIN ISO 5725-3:2003-02, *Genauigkeit (Richtigkeit und Präzision) von Messverfahren und Messergebnissen — Teil 3: Präzisionsmaße eines vereinheitlichten Messverfahrens unter Zwischenbedingungen (ISO 5725-3:1994 einschließlich Technisches Korrigendum 1:2001)*

EUROPÄISCHE NORM

EUROPEAN STANDARD

NORME EUROPÉENNE

EN ISO 14556

Mai 2023

ICS 77.040.10

Ersetzt EN ISO 14556:2015

Deutsche Fassung

Metallische Werkstoffe — Kerbschlagbiegeversuch nach Charpy (V-Kerb) — Instrumentiertes Prüfverfahren (ISO 14556:2023)

Metallic materials — Charpy V-notch pendulum impact test — Instrumented test method (ISO 14556:2023)

Matériaux métalliques — Essai de flexion par choc sur éprouvette Charpy à entaille en V — Méthode d'essai instrumenté (ISO 14556:2023)

Diese Europäische Norm wurde vom CEN am 16. April 2023 angenommen.

Die CEN-Mitglieder sind gehalten, die CEN/CENELEC-Geschäftsordnung zu erfüllen, in der die Bedingungen festgelegt sind, unter denen dieser Europäischen Norm ohne jede Änderung der Status einer nationalen Norm zu geben ist. Auf dem letzten Stand befindliche Listen dieser nationalen Normen mit ihren bibliographischen Angaben sind beim CEN-CENELEC-Management-Zentrum oder bei jedem CEN-Mitglied auf Anfrage erhältlich.

Diese Europäische Norm besteht in drei offiziellen Fassungen (Deutsch, Englisch, Französisch). Eine Fassung in einer anderen Sprache, die von einem CEN-Mitglied in eigener Verantwortung durch Übersetzung in seine Landessprache gemacht und dem Management-Zentrum mitgeteilt worden ist, hat den gleichen Status wie die offiziellen Fassungen.

CEN-Mitglieder sind die nationalen Normungsinstitute von Belgien, Bulgarien, Dänemark, Deutschland, Estland, Finnland, Frankreich, Griechenland, Irland, Island, Italien, Kroatien, Lettland, Litauen, Luxemburg, Malta, den Niederlanden, Norwegen, Österreich, Polen, Portugal, der Republik Nordmazedonien, Rumänien, Schweden, der Schweiz, Serbien, der Slowakei, Slowenien, Spanien, der Tschechischen Republik, der Türkei, Ungarn, dem Vereinigten Königreich und Zypern.

EUROPÄISCHES KOMITEE FÜR NORMUNG
EUROPEAN COMMITTEE FOR STANDARDIZATION
COMITÉ EUROPÉEN DE NORMALISATION

CEN-CENELEC Management-Zentrum: Rue de la Science 23, B-1040 Brüssel

Ref. Nr. EN ISO 14556:2023 D

Inhalt

Bilder

Tabellen

Europäisches Vorwort

Dieses Dokument (EN ISO 14556:2023) wurde vom Technischen Komitee ISO/TC 164 „Mechanical testing of metals"[N1] in Zusammenarbeit mit dem Technischen Komitee CEN/TC 459/SC 1 „Prüfverfahren für Stahl (andere als chemische Analysen)" erarbeitet, dessen Sekretariat von AFNOR gehalten wird.

Diese Europäische Norm muss den Status einer nationalen Norm erhalten, entweder durch Veröffentlichung eines identischen Textes oder durch Anerkennung bis November 2023, und etwaige entgegenstehende nationale Normen müssen bis November 2023 zurückgezogen werden.

Es wird auf die Möglichkeit hingewiesen, dass einige Elemente dieses Dokuments Patentrechte berühren können. CEN ist nicht dafür verantwortlich, einige oder alle diesbezüglichen Patentrechte zu identifizieren.

Dieses Dokument ersetzt EN ISO 14556:2015.

Rückmeldungen oder Fragen zu diesem Dokument sollten an das jeweilige nationale Normungsinstitut des Anwenders gerichtet werden. Eine vollständige Liste dieser Institute ist auf den Internetseiten von CEN abrufbar.

Entsprechend der CEN-CENELEC-Geschäftsordnung sind die nationalen Normungsinstitute der folgenden Länder gehalten, diese Europäische Norm zu übernehmen: Belgien, Bulgarien, Dänemark, Deutschland, die Republik Nordmazedonien, Estland, Finnland, Frankreich, Griechenland, Irland, Island, Italien, Kroatien, Lettland, Litauen, Luxemburg, Malta, Niederlande, Norwegen, Österreich, Polen, Portugal, Rumänien, Schweden, Schweiz, Serbien, Slowakei, Slowenien, Spanien, Tschechische Republik, Türkei, Ungarn, Vereinigtes Königreich und Zypern.

Anerkennungsnotiz

Der Text von ISO 14556:2023 wurde von CEN als EN ISO 14556:2023 ohne irgendeine Abänderung genehmigt.

N1 Nationale Fußnote: Das erarbeitende Gremium auf ISO-Ebene ist laut ISO-Vorwort das Technical Committee ISO/TC 164, *Mechanical testing of metals*, Unterkomitee SC 4, *Fatigue, fracture and toughness testing*.

Vorwort

ISO (die Internationale Organisation für Normung) ist eine weltweite Vereinigung nationaler Normungsinstitute (ISO-Mitgliedsorganisationen). Die Erstellung von Internationalen Normen wird üblicherweise von Technischen Komitees von ISO durchgeführt. Jede Mitgliedsorganisation, die Interesse an einem Thema hat, für welches ein Technisches Komitee gegründet wurde, hat das Recht, in diesem Komitee vertreten zu sein. Internationale staatliche und nichtstaatliche Organisationen, die in engem Kontakt mit ISO stehen, nehmen ebenfalls an der Arbeit teil. ISO arbeitet bei allen elektrotechnischen Normungsthemen eng mit der Internationalen Elektrotechnischen Kommission (IEC) zusammen.

Die Verfahren, die bei der Entwicklung dieses Dokuments angewendet wurden und die für die weitere Pflege vorgesehen sind, werden in den ISO/IEC-Direktives, Teil 1 beschrieben. Es sollten insbesondere die unterschiedlichen Annahmekriterien für die verschiedenen ISO-Dokumentenarten beachtet werden. Dieses Dokument wurde in Übereinstimmung mit den Gestaltungsregeln der ISO/IEC-Direktives, Teil 2 erarbeitet (siehe www.iso.org/directives).

Es wird auf die Möglichkeit hingewiesen, dass einige Elemente dieses Dokuments Patentrechte berühren können. ISO ist nicht dafür verantwortlich, einige oder alle diesbezüglichen Patentrechte zu identifizieren. Details zu allen während der Entwicklung des Dokuments identifizierten Patentrechten finden sich in der Einleitung und/oder in der ISO-Liste der erhaltenen Patenterklärungen (siehe www.iso.org/patents).

Jeder in diesem Dokument verwendete Handelsname dient nur zur Unterrichtung der Anwender und bedeutet keine Anerkennung.

Für eine Erläuterung des freiwilligen Charakters von Normen, der Bedeutung ISO-spezifischer Begriffe und Ausdrücke in Bezug auf Konformitätsbewertungen sowie Informationen darüber, wie ISO die Grundsätze der Welthandelsorganisation (WTO, en: World Trade Organization) hinsichtlich technischer Handelshemmnisse (TBT, en: Technical Barriers to Trade) berücksichtigt, siehe www.iso.org/iso/foreword.html.

Dieses Dokument wurde vom Technischen Komitee ISO/TC 164, *Mechanical testing of metals*, Unterkomitee SC 4, *Fatigue, fracture and toughness testing*, in Zusammenarbeit mit dem Europäischen Komitee für Normung (CEN), Technisches Komitee CEN/TC 459/SC 1, *Prüfverfahren für Stahl (andere als chemische Analysen)*, in Übereinstimmung mit der Vereinbarung zur technischen Zusammenarbeit zwischen ISO und CEN (Wiener Vereinbarung) erarbeitet.

Diese dritte Ausgabe ersetzt die zweite Ausgabe (ISO 14556:2015), die technisch überarbeitet wurde.

Die wesentlichen Änderungen sind folgende:

— in Abschnitt 1 wurde ein Satz hinzugefügt, der besagt, dass die Ergebnisse nicht direkt in Auslegungsberechnungen verwendet werden dürfen;

— in Abschnitt 4 wurde das Symbol K_p (potentielle Energie des Pendelhammers) hinzugefügt; das Symbol *KV* (Schlagenergie) wurde in K_V geändert;

— in 6.1 und D.2.1 wurde die Anwendung der „dynamischen Kraftanpassung“ hinzugefügt;

— in 6.2.3 wurde eine allgemeine Aussage über die Steifigkeit des Gegenstückes gestrichen;

— in 6.2.5 wurde die Möglichkeit, Kennwerte direkt aus gedruckten Kurvendarstellungen zu bestimmen, gestrichen;

— in Abschnitt 7 und Abschnitt 8 wurden Hinweise auf Anhang D für die Prüfung von Kleinproben hinzugefügt;

— in 9.2 wurden die Kennwerte der Kraft, die aus Kurven der Art A und der Art B ermittelt werden können, geändert;

— in 9.3 ist nun festgelegt, dass F_m ab Beginn der Vollplastizierung bestimmt wird;

— in Bild 2 wurden die Kraft-Durchbiegungs-Kurven in Spalte 3 (Beispiel für eine Aufzeichnung) durch qualitativ bessere Kurven ersetzt;

— in Abschnitt 10 wurde eine Anforderung zur Angabe der Art der Probe (Normal-, Untermaß- oder Kleinprobe) hinzugefügt;

— in Anhang A wurde präzisiert, dass es sich bei den gezeigten Beispielen um instrumentierte Hammerfinnen handelt;

— in Anhang D wurden alternative Kleinproben gestrichen;

— in D.2.1 wurde der Bereich der Abweichung zwischen W_t und K_V von ±0,5 J auf ±10 % von K_V geändert;

— in D.3.1 wurden die Maße für die genormte Kleinprobe hinzugefügt; die Anforderungen an die Prüftemperatur wurden gestrichen; der Abschnitt über den Prüfbericht wurde gestrichen;

— in den Literaturhinweisen wurde ein neuer Literaturhinweis [8] hinzugefügt.

Rückmeldungen oder Fragen zu diesem Dokument sollten an das jeweilige nationale Normungsinstitut des Anwenders gerichtet werden. Eine vollständige Auflistung dieser Institute ist unter www.iso.org/members.html zu finden.

1 Anwendungsbereich

Dieses Dokument legt den instrumentierten Kerbschlagbiegeversuch nach Charpy (V-Kerb) für metallische Werkstoffe sowie die Anforderungen an die Mess- und Aufzeichnungseinrichtungen fest.

In Bezug auf den in ISO 148-1 beschriebenen Kerbschlagbiegeversuch nach Charpy ermöglicht der hier beschriebene Versuch weitergehende Aussagen über das Bruchverhalten des untersuchten Erzeugnisses unter schlagartigen Beanspruchungsbedingungen.

Die Ergebnisse von instrumentierten Charpy-Prüfungen sind nicht direkt auf Konstruktionen oder Bauteile übertragbar und dürfen nicht direkt in Auslegungsberechnungen oder Sicherheitsbeurteilungen verwendet werden.

ANMERKUNG Allgemeine Angaben zum instrumentierten Kerbschlagbiegeversuch können den Literaturhinweisen [1] bis [5] entnommen werden.

2 Normative Verweisungen

Die folgenden Dokumente werden im Text in solcher Weise in Bezug genommen, dass einige Teile davon oder ihr gesamter Inhalt Anforderungen des vorliegenden Dokuments darstellen. Bei datierten Verweisungen gilt nur die in Bezug genommene Ausgabe. Bei undatierten Verweisungen gilt die letzte Ausgabe des in Bezug genommenen Dokuments (einschließlich aller Änderungen).

ISO 148-1, *Metallic materials — Charpy pendulum impact test — Part 1: Test method*

ISO 148-2, *Metallic materials — Charpy pendulum impact test — Part 2: Verification of testing machines*

3 Begriffe

Für die Anwendung dieses Dokuments gelten die folgenden Begriffe.

ISO und IEC stellen terminologische Datenbanken für die Verwendung in der Normung unter den folgenden Adressen bereit:

— ISO Online Browsing Platform: verfügbar unter https://www.iso.org/obp

— IEC Electropedia: verfügbar unter https://www.electropedia.org/

3.1 Kennwerte der Kraft (siehe Bild 2)

3.1.1
Fließkraft
F_{gy}
Kraft an der Übergangsstelle vom linear ansteigenden Teil, ohne Berücksichtigung von Trägheitspeaks, zum gekrümmt ansteigenden Teil der Kraft-Durchbiegungs-Kurve

Anmerkung 1 zum Begriff: Sie kennzeichnet in Näherung die Kraft bei der Vollplastizierung des Ligaments der Probe (siehe 9.3) eintritt.

3.1.2
Höchstkraft
F_m
Maximalkraft im Verlauf der Kraft-Durchbiegungs-Kurve

3.1.3
Kraft bei instabiler Risseinleitung
F_{iu}
Kraft beim Beginn eines Steilabfalls der Kraft-Durchbiegungs-Kurve (instabile Risseinleitung)

3.1.4
Kraft bei Rissauffang
F_a
Kraft am Ende (Arrest) der instabilen Rissausbreitung

3.2 Kennwerte der Durchbiegung (siehe Bild 2)

3.2.1
Durchbiegung beim Erreichen der Fließkraft
s_{gy}
Durchbiegung, zugeordnet zur Fließkraft F_{gy}

3.2.2
Durchbiegung beim Erreichen der Höchstkraft
s_m
Durchbiegung, zugeordnet zur Höchstkraft F_m

3.2.3
Durchbiegung bei instabiler Risseinleitung
s_{iu}
Durchbiegung, zugeordnet zur Kraft bei instabiler Risseinleitung F_{iu}

3.2.4
Durchbiegung beim Rissauffang
s_a
Durchbiegung, zugeordnet zur Kraft am Ende (Arrest) der instabilen Rissausbreitung F_a

3.2.5
Gesamtdurchbiegung
s_t
Durchbiegung am Ende der Kraft-Durchbiegungs-Kurve

3.3 Kennwerte der Schlagenergie

3.3.1
Schlagenergie bei Höchstkraft
W_m
Teilschlagenergie von $s = 0$ bis $s = s_m$

Anmerkung 1 zum Begriff: Berechnet als die Fläche unter der Kraft-Durchbiegungs-Kurve von $s = 0$ bis $s = s_m$.

3.3.2
Schlagenergie bei instabiler Risseinleitung
W_{iu}
Teilschlagenergie von $s = 0$ bis $s = s_{iu}$

Anmerkung 1 zum Begriff: Berechnet als die Fläche unter der Kraft-Durchbiegungs-Kurve von $s = 0$ bis $s = s_{iu}$.

3.3.3
Schlagenergie bei Rissauffang
W_a
Teilschlagenergie von $s = 0$ bis $s = s_a$

Anmerkung 1 zum Begriff: Berechnet als die Fläche unter der Kraft-Durchbiegungs-Kurve von $s = 0$ bis $s = s_a$.

3.3.4
Gesamtschlagenergie
W_t
von der Probe beim Versuch verbrauchte Schlagenergie

Anmerkung 1 zum Begriff: Berechnet als die Fläche unter der Kraft-Durchbiegungs-Kurve von $s = 0$ bis $s = s_t$.

4 Symbole und Abkürzungen

Symbol	Bezeichnung	Einheit
f_g	Grenzwert der Ausgangsfrequenz	Hz
F	Kraft	N
F_a	Kraft bei Rissauffang	N
F_{gy}	Fließkraft	N
F_{iu}	Kraft bei instabiler Risseinleitung	N
F_m	Höchstkraft	N
g	Lokale Beschleunigung aufgrund der Fallbeschleunigung	m/s^2
h	Fallhöhe des Pendels, bezogen auf den Mittelpunkt der Finnenschneide (siehe ISO 148-2)	m
K_p	Anfängliche potentielle Energie (potentielle Energie), wie in ISO 148-1 festgelegt	J
K_V	Verbrauchte Schlagenergie für eine Kerbschlagbiegeprobe mit V-Kerb, wie in ISO 148-1 festgelegt	J
m	Wirksame Masse des Pendels aufgrund seines effektiven Gewichtes	kg
s	Durchbiegung	m
s_a	Durchbiegung beim Rissauffang	m
s_{gy}	Durchbiegung beim Erreichen der Fließkraft	m
s_{iu}	Durchbiegung bei instabiler Risseinleitung	m
s_m	Durchbiegung bei Höchstkraft	m
s_t	Gesamtdurchbiegung	m
$s(t)$	Durchbiegung der Probe zur Zeit t	m
t	Zeit	s
t_0	Zeit beim Deformationsbeginn der Probe	s
t_r	Signalanstiegszeit	s
v_0	Anfängliche Auftreffgeschwindigkeit der Hammerfinne	m/s
$v(t)$	Geschwindigkeit der Hammerfinne zur Zeit t	m/s
W_a	Schlagenergie bei Rissauffang	J
W_{iu}	Schlagenergie bei instabiler Risseinleitung	J

Symbol	Bezeichnung	Einheit
W_m	Schlagenergie bei Höchstkraft	J
W_t	Gesamtschlagenergie	J

5 Kurzbeschreibung

5.1 Bei diesem Versuch wird die Schlagkraft in Abhängigkeit von der Durchbiegung der Probe während des Kerbschlagbiegeversuchs nach ISO 148-1 gemessen. Die Fläche unter der Kraft-Durchbiegungs-Kurve ist ein Maß für die von der Probe verbrauchte Schlagenergie.

5.2 Kraft-Durchbiegungs-Kurven für unterschiedliche Stahlerzeugnisse und bei verschiedenen Prüftemperaturen können sich beträchtlich unterscheiden, selbst wenn die Flächen unter den Kurven und die verrichteten Schlagenergien gleich sind. Werden die Kraft-Durchbiegungs-Kurven in mehrere Merkmalgruppen unterteilt, können verschiedene Phasen des Versuchs abgeleitet werden, die weitergehende Aussagen über das Verhalten der Probe bei schlagartigen Beanspruchungsbedingungen liefern.

6 Prüfeinrichtung

6.1 Prüfmaschine

Es muss ein Pendelschlagwerk nach ISO 148-2 mit einer Instrumentierung zur Ermittlung von Kraft-Zeit-Kurven oder Kraft-Durchbiegungs-Kurven verwendet werden.

Zwischen der mit Hilfe der Instrumentierung (siehe 9.5) bestimmten verbrauchten Gesamtschlagenergie W_t und der an der Maschine oder am Encoder angezeigten Schlagenergie K_V müssen Vergleiche durchgeführt werden.

ANMERKUNG Die Instrumentierung und die Maschinenanzeige oder der Encoder messen vergleichbare, aber verschiedene Größen. Differenzen sind zu erwarten (siehe Literaturhinweis [6]).

Wenn die Abweichungen zwischen K_V und W_t mehr als 10 % von K_V oder 2 J betragen, wobei der größere Wert gilt, sollten folgende Punkte überprüft werden:

a) Reibung der Maschine;

b) Kalibrierung des Messsystems;

c) eingesetzte Software;

d) die Möglichkeit der Anwendung der so genannten „dynamischen Kraftanpassung", siehe Literaturhinweis [7], bei der die Kräfte so lange angepasst werden, bis W_t und K_V gleich sind.

6.2 Instrumentierung und Kalibrierung

6.2.1 Rückführbarkeit der Messung

Alle für die Kalibrierung verwendeten Messmittel müssen auf nationale oder internationale Normale metrologisch rückführbar sein.

6.2.2 Kraftmessung

Die Kraftmessung erfolgt üblicherweise mit zwei aktiven Dehnungsmessstreifen (DMS), die so an die normgerechte Hammerfinne angebracht sind, dass sie ein Kraftmessgerät bilden. Beispiele für Ausführungen sind in Anhang A dargestellt.

Eine Vollbrücke wird durch zwei gleich beanspruchte (aktive) DMS, jeweils auf den einander gegenüber liegenden Seiten der Hammerfinne, und zwei (passive) Kompensations-DMS oder Ergänzungswiderstände gebildet. Kompensations-DMS dürfen nicht an Teilen des Pendelschlagwerks appliziert werden, die Stoß- oder Schwingungseffekten unterliegen.

ANMERKUNG 1 Alternativ kann jede andere Instrumentierung, die ein Kraftmessgerät bildet, verwendet werden, die die spezifizierten Anforderungen erfüllt.

Das Kraftmesssystem (instrumentierte Hammerfinne, Verstärker, Aufzeichnungssystem) muss eine obere Grenzfrequenz von mindestens 100 kHz aufweisen; dies entspricht einer Anstiegszeit t_r von nicht mehr als 3,5 µs.

Das dynamische Verhalten der Kraftmesskette kann vereinfacht anhand der Messung des Scheitelwerts des anfänglichen Trägheitspeaks (Inertialpeak) durchgeführt werden. Erfahrungsgemäß kann die Dynamik der Messkette als ausreichend angesehen werden, wenn eine Normal-Probe mit V-Kerb aus Stahl bei einer Schlaggeschwindigkeit zwischen 5 m/s und 5,5 m/s einen Beschleunigungsstoß größer als 8 kN als Scheitelwert erreicht. Diese Angabe gilt für einen Mittelpunktabstand der aktiven DMS von der Spitze der Schlagnase von 11 mm bis 15 mm.

Die Instrumentierung der Hammerfinne muss für den erforderlichen Nennkraftbereich ausreichend sein. Die instrumentierte Hammerfinne muss so gestaltet sein, dass ihre Empfindlichkeit bezüglich nicht symmetrischer Krafteinleitung minimiert wird.

ANMERKUNG 2 Die Erfahrung zeigt, dass bei Normalproben mit V-Kerb bei den meisten Stahlsorten nominale Schlagkräfte bis zu 40 kN auftreten können.

6.2.3 Kalibrierung

Die Kalibrierung des Aufzeichnungs- und Messsystems darf statisch mit den nachfolgenden und in 6.2.4 angegebenen Anforderungen an die Genauigkeit durchgeführt werden.

Es wird empfohlen, die Kraftkalibrierung mit der in das Pendelschlagwerk eingebauten Hammerfinne durchzuführen.

Die Krafteinleitung in der Hammerfinne erfolgt über einen speziellen, mit einer kalibrierten Kraftmessdose bestückten Belastungsrahmen und unter Anwendung eines speziellen Gegenstücks, das anstelle der üblichen Kerbschlagbiegeprobe gegen das Widerlager gelegt wird.

Die Kontaktbedingungen müssen weitgehend den Bedingungen beim tatsächlichen Versuch entsprechen und zu wiederholbaren Kalibrierergebnissen führen.

ANMERKUNG Ein Beispiel für ein geeignetes Gegenstück zur Kalibrierung einer Hammerfinne mit 2 mm Radius ist in Anhang B dargestellt.

Der statisch ermittelte Linearitätsfehler der instrumentierten Hammerfinne im eingebauten Zustand einschließlich aller Komponenten der Messkette bis hin zum Aufzeichnungsgerät (Schreiber, Plotter usw.) darf im Bereich zwischen 50 % und 100 % der Nennkraft nicht mehr als ±2 % der aufgezeichneten Kraft und im Bereich zwischen 10 % und 50 % der Nennkraft nicht mehr als ±1 % des Endwertes betragen (siehe Bild 1).

Für die instrumentierte Hammerfinne und das Kraftmesssystem selbst (ohne Pendelschlagwerk) wird die Einhaltung einer Messunsicherheit von nicht größer als ±1 % des Anzeigewerts im Bereich von 10 % bis 100 % der Nennkraft empfohlen.

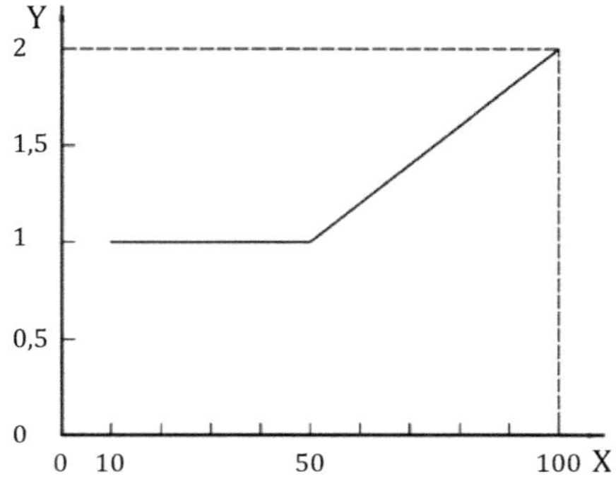

Legende

X Anzeigewert der Kraft, in Prozent vom Nennbereich
Y absolute Abweichung, in Prozent vom Nennbereich

Bild 1 — Maximal zulässige Abweichung der Anzeigewerte bezogen auf den Nennbereich der Kraft

6.2.4 Durchbiegungsmessung

Die Durchbiegung wird üblicherweise aus Kraft-Zeit-Messungen ermittelt. Siehe Abschnitt 9.

Die Durchbiegung kann auch berührungslos als Verschiebung der Hammerfinne relativ zum Auflager mit Hilfe optischer, induktiver oder kapazitiver Verfahren bestimmt werden. Die Charakteristik der Signalübertragung des Durchbiegungsmesssystems muss derjenigen des Kraftmesssystems entsprechen, um zwei Aufzeichnungseinrichtungen zu synchronisieren.

Das System für die Durchbiegungsmessung ist für Nennwerte bis 30 mm auszulegen. Die Linearitätsabweichung im Messsystem darf im Bereich von 1 mm bis 30 mm nicht mehr als ±2 % bezogen auf den jeweiligen Ablesewert betragen. Eine dynamische Kalibrierung des Durchbiegungsmesssystems kann durchgeführt werden, indem das Pendel ohne Verwendung einer Probe ausgelöst und die Geschwindigkeit aus Gleichung (1) bestimmt wird:

$$v_0 = \sqrt{2gh} \quad (1)$$

Der aufgezeichnete Geschwindigkeitswert für den tiefsten Punkt, den das Pendel durchläuft, muss mit der Geschwindigkeit v_0 übereinstimmen.

Es wird empfohlen, Durchbiegungen zwischen 0 mm und 1 mm aus Zeitmessungen und der Auftreffgeschwindigkeit der Hammerfinne zu bestimmen unter Anwendung von doppelter numerischer Integration wie in 9.1 beschrieben.

6.2.5 Aufzeichnungsgeräte

Die Aufzeichnung der dynamischen Signale erfolgt vorzugsweise mit digitalen Speichereinrichtungen. Um die unter 6.2.3 und 6.2.4 angegebenen Fehlergrenzen mit digitalen Mess- und Aufzeichnungseinrichtungen zu erreichen, ist ein Analog-Digital-Wandler mit mindestens 8 bit und einer Abtastrate von 250 kHz (4 µs) erforderlich; empfohlen werden jedoch eine Auflösung von 12 bit und eine Abtastrate von 1 MHz. Für jedes Messsignal ist für eine Aufnahmedauer von 8 ms für eine ausreichende Aufzeichnungsqualität eine Mindestspeicherkapazität von 2 000 Messwerten erforderlich, empfohlen werden jedoch 8 000 Messwerte. Für Messsignale kleiner als 8 ms darf die erforderliche Speicherkapazität proportional verringert werden.

6.2.6 Kalibrierintervall

Es wird empfohlen, die Kalibrierung der Instrumentierung in Intervallen von höchstens 12 Monaten oder nach einer Demontage, einem Transport, einer Reparatur oder Justierung des Pendelschlagwerks oder der Instrumentierung durchzuführen. Beim Austausch der Hammerfinne mit einer zuvor kalibrierten Hammerfinne wird eine Kalibrierung empfohlen, es sei denn, es kann nachgewiesen werden, dass eine Kalibrierung nicht notwendig ist.

7 Probe

Die Probe ist eine Charpy-Kerbschlagbiegeprobe mit V-Kerb nach ISO 148-1. Kleinproben können auch nach Anhang D geprüft werden.

8 Versuchsdurchführung

Der Kerbschlagbiegeversuch nach Charpy (V-Kerb) wird nach ISO 148-1 durchgeführt. Zusätzlich wird eine Kraft-Durchbiegungs-Kurve ermittelt und hinsichtlich verschiedener kennzeichnender Phasen des Verformungs- und Bruchablaufes ausgewertet. Für Kleinproben gelten die zusätzlichen Festlegungen nach Anhang D.

9 Darstellung der Ergebnisse

9.1 Allgemeines

Wenn die Durchbiegung nicht direkt gemessen wird, ist die Kraft-Durchbiegungs-Kurve wie folgt zu berechnen: Der an der Hammerfinne gemessene Kraft-Zeit-Verlauf ist proportional zum Beschleunigungsverlauf. Unter der Annahme eines steifen Hammers mit der wirksamen Masse m, einer Auftreffgeschwindigkeit v_0 und der Zeit t, wobei t_0 der Zeitpunkt zu Beginn der Verformung ist, wird die Durchbiegung der Probe $s(t)$ durch eine doppelte numerische Integration nach Gleichung (2) und Gleichung (3) berechnet:

$$v(t) = v_0 - \frac{1}{m} \int_{t_0}^{t} F(t)\mathrm{d}t \tag{2}$$

$$s(t) = \int_{t_0}^{t} v(t)\mathrm{d}t \tag{3}$$

9.2 Auswertung der Kraft-Durchbiegungs-Kurve

Zur Vereinfachung der Auswertung und der Protokollierung werden verschiedene kennzeichnende Arten von Kraft-Durchbiegungs-Kurven in Bild 2 dargestellt. Diese können in die folgenden Kategorien eingeteilt werden:

— Arten A und B (Tieflage der verbrauchten Schlagenergie);

— Arten C, D und E (spröd-duktiler Übergangsbereich);

— Art F (Hochlage der verbrauchten Schlagenergie).

Bei Kraft-Durchbiegungs-Kurven der Art A tritt nur instabile Rissausbreitung auf. Bei den Kurven der Arten B, C, D und E können stabile und instabile Rissausbreitung mit unterschiedlichen Anteilen auftreten. Bei den Kurven der Art F erfolgt nur eine stabile Rissausbreitung.

Durch Vergleich mit den schematischen Darstellungen in Bild 2 (Spalte 2) wird die Art der Kraft-Durchbiegungs-Kurve ermittelt. Bei Kraft-Durchbiegungs-Kurven der Art A können keine Kennwerte der Kraft ausgewertet werden. Bei Kurven der Art B kann lediglich F_a ausgewertet werden.

In den folgenden Abschnitten wird die Auswertung der Kraft-Durchbiegungs-Kurve erläutert. Dabei sollte beachtet werden, dass das Kraft-Durchbiegungs-Signal von Schwingungen überlagert ist, die durch den Aufschlag der instrumentierten Hammerfinne auf die Probe bedingt sind. Im Allgemeinen liefert eine Ausgleichskurve durch die Schwingungen, wie in Bild 3 dargestellt, zuverlässige Kennwerte.

9.3 Ermittlung der Kennwerte der Kraft

Die Fließkraft F_{gy} wird als Kraft im Schnittpunkt zwischen dem linearen elastischen Teil der Kraft-Durchbiegungs-Kurve ohne Berücksichtigung des (der) anfänglichen Trägheitspeaks und der Ausgleichskurve durch die Schwingungen der Kraft-Durchbiegungs-Kurve ab Beginn der Vollplastizierung des Ligaments (Bild 2, Kraft-Durchbiegungs-Kurven der Arten C bis F) ermittelt.

Die Höchstkraft F_m wird als Höchstwert der Ausgleichskurve durch die Schwingungen ab Beginn der Vollplastizierung ermittelt.

Die Kraft bei instabiler Risseinleitung F_{iu} wird als Kraft im Schnittpunkt zwischen der Ausgleichskurve durch die Schwingungen ab Beginn der Vollplastizierung und dem Steilabfall der Kraft-Durchbiegungs-Kurve ermittelt. Fallen der Steilabfall und die aufgezeichnete Höchstkraft zusammen, so ist $F_{iu} = F_m$ (Kraft-Durchbiegungs-Kurven der Arten C oder D).

Die Kraft bei Rissauffang F_a wird als Kraft im Schnittpunkt zwischen dem Steilabfall der Kraft-Durchbiegungs-Kurve und der Ausgleichskurve durch die Schwingungen des nachfolgenden Teils der Kraft-Durchbiegungs-Kurve (Kraft-Durchbiegungs-Kurven der Art B, Art D oder Art E) ermittelt.

9.4 Ermittlung der Kennwerte der Durchbiegung

Kennwerte der Durchbiegung nach 3.2 sind die Abszissenwerte der nach 9.3 ermittelten Kennwerte der Kraft (siehe Bild 2).

ANMERKUNG 1 Die Durchbiegung beim Erreichen der Fließkraft s_{gy} kann bei Verwendung üblicher Messeinrichtungen nur annähernd ermittelt werden. Infolgedessen wird im Allgemeinen auf die Angabe von s_{gy} verzichtet.

ANMERKUNG 2 Wegen des Steilabfalls in der Kraft-Durchbiegungs-Kurve zwischen F_{iu} und F_a ist im Allgemeinen $s_{iu} \approx s_a$.

Die Gesamtdurchbiegung s_t wird nur ermittelt, wenn die Probe im Versuch vollständig gebrochen wurde und die Kraft-Durchbiegungs-Kurve bis zum Bruch der Probe vorliegt. In diesem Fall nähert sich die Ausgleichskurve durch die Schwingungen der Kraft-Durchbiegungs-Kurve asymptotisch der Kraft $F = 0$. Die Gesamtdurchbiegung s_t ist gegeben als Abszissenwert der Ausgleichskurve durch die Schwingungen bei $F = 0$.

ANMERKUNG 3 Wenn die Kraft innerhalb der ausgewählten Versuchsdauer nicht bis zur Nulllinie abfällt (d. h. $F = 0$), sondern sich asymptotisch einem Wert $F > 0$ annähert, kann die Gesamtdurchbiegung s_t als Abszissenwert der Ausgleichskurve durch die Schwingungen bei $F = 0{,}02\ F_m$ identifiziert werden.

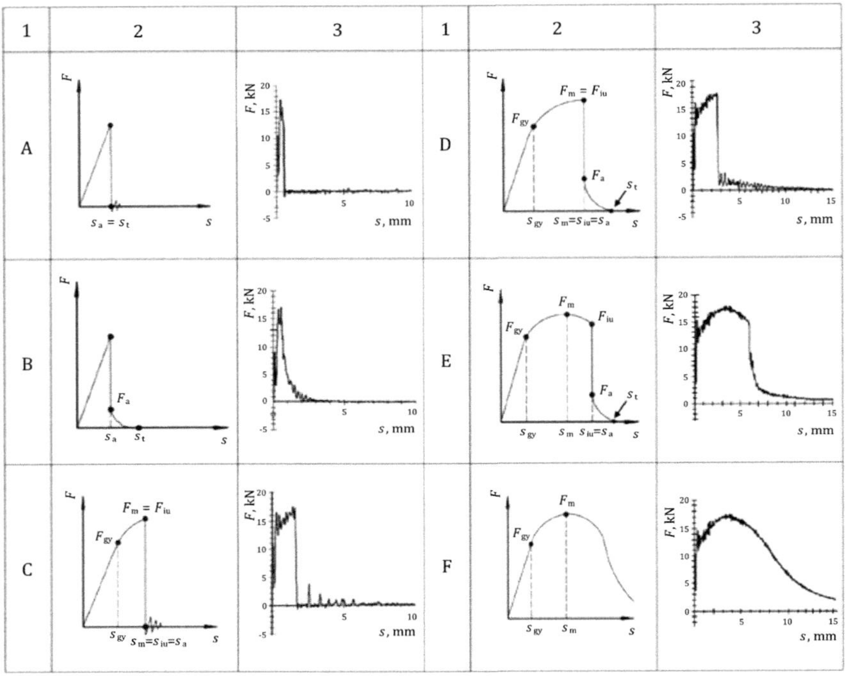

Legende

1 Art der Kraft-Durchbiegungs-Kurve (siehe 9.2)

2 schematische Darstellung

3 Beispiel für eine Aufzeichnung

Bild 2 — Charakteristische Kraft-Durchbiegungs-Kurven und Definitionen von Kraft- und Durchbiegungswerten

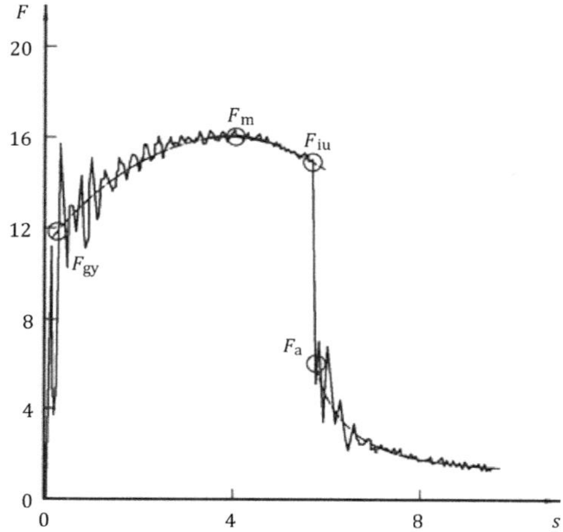

Bild 3 — Ermittlung der Kennwerte der Kraft

9.5 Ermittlung der Kennwerte der Schlagenergie

Die Schlagenergie bei Höchstkraft W_m wird durch Integration der Kraft-Durchbiegungs-Kurve von $s = 0$ bis $s = s_m$ ermittelt.

Die Schlagenergie bei instabiler Risseinleitung W_{iu} wird durch Integration der Kraft-Durchbiegungs-Kurve von $s = 0$ bis $s = s_{iu}$ ermittelt.

Die Schlagenergie bei Rissauffang W_a wird durch Integration der Kraft-Durchbiegungs-Kurve von $s = 0$ bis $s = s_a$ ermittelt.

ANMERKUNG Wegen des Steilabfalls in der Kraft-Durchbiegungs-Kurve zwischen F_{iu} und F_a ist im Allgemeinen $W_{iu} \approx W_a$.

Die Gesamtschlagenergie W_t wird durch Integration der Kraft-Durchbiegungs-Kurve von $s = 0$ bis $s = s_t$ ermittelt.

10 Prüfbericht

Der Prüfbericht muss folgende Angaben enthalten:

a) Verweisung auf dieses Dokument, d. h. ISO 14556 (einschließlich Jahr der Veröffentlichung) und etwaige Abweichungen von dessen Verfahren;

b) Art der Probe (Normal-, Untermaß- oder Kleinprobe). Wenn Untermaßproben verwendet wurden, muss die Dicke der Probe angegeben werden. Wurden Kleinproben verwendet, so müssen die Querschnittsmaße (Breite und Dicke) der Probe angegeben werden;

c) Kennzeichnung der Probe (Werkstoffsorte, Nr. der Schmelze);

d) Probenrichtung und -lage;

e) Geometrie der Hammerfinne (Radius 2 mm oder 8 mm, siehe ISO 148-1);

f) Bezeichnung und Arbeitsvermögen der Prüfmaschine;

g) Prüftemperatur, in °C;

h) verbrauchte Schlagenergie K_{V2} oder K_{V8} nach ISO 148-1, in J. Bei einer Probe, die durch die Widerlager gezogen wurde, ohne zu brechen, muss das Prüfergebnis in Klammern angegeben werden, und die Probe sollte als „nicht durchgebrochen" beschrieben werden;

i) Art der Kraft-Durchbiegungs-Kurve (A bis F) nach 9.2 sowie Darstellungen der Kraft-Zeit- und/oder der Kraft-Durchbiegungs-Kurve;

j) die nach 9.3, 9.4 und 9.5 ermittelten Kennwerte der Kraft, der Durchbiegung und der Schlagenergie;

k) wenn gefordert, den Schätzwert des Verformungsbruchanteils der Verformungsbruchfläche unter Angabe der verwendeten Gleichung (siehe Anhang C);

l) alle beobachteten ungewöhnlichen Merkmale;

m) das Datum der Prüfung(en).

Anhang A
(informativ)

Beispiele für instrumentierte Hammerfinnen

Siehe Bild A.1 für Beispiele für Ausführungen von instrumentierten Hammerfinnen.

Maße in Millimeter

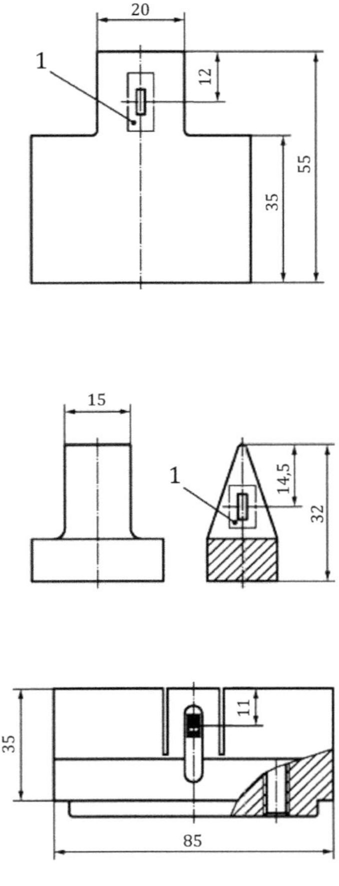

Legende

1 Dehnungsmessstreifen (DMS)

Bild A.1 — Beispiele für Ausführungen von instrumentierten Hammerfinnen

Anhang B
(informativ)

Beispiel für ein Gegenstück zur Kalibrierung einer Hammerfinne mit 2 mm Radius

Siehe Bild B.1 für ein Beispiel für ein Gegenstück zur Kalibrierung einer Hammerfinne mit 2 mm Radius.

Maße in Millimeter, Oberflächenrauheit in Mikrometer

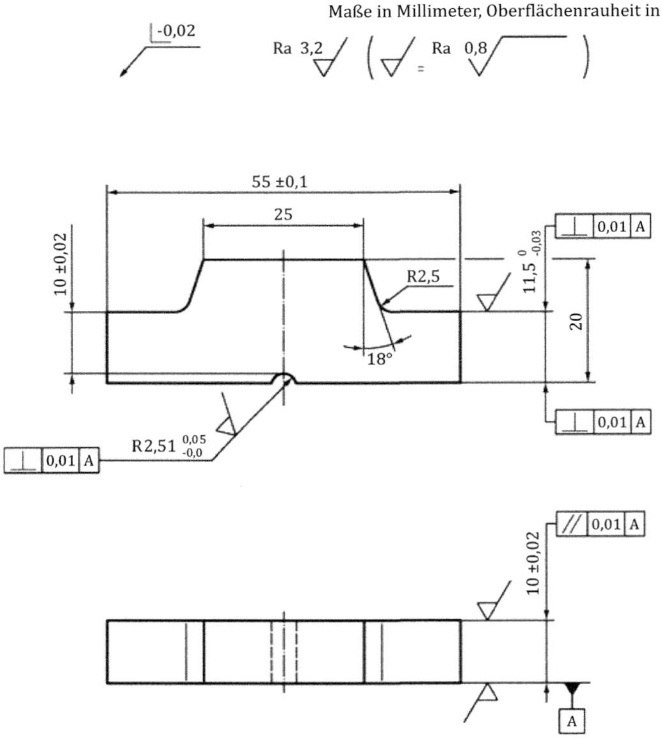

ANMERKUNG Mindesthärte = 56 HRC.

Bild B.1 — Beispiel für ein Gegenstück zur Kalibrierung einer Hammerfinne mit 2 mm Radius

Anhang C
(informativ)

Gleichungen zum Abschätzen des Anteils an Verformungsbruchfläche

Wenn im Verlauf der Kraft-Durchbiegungs-Kurve oder der Kraft-Zeit-Kurve kein Steilabfall der Kraft auftritt (Kurven der Art F in Bild 2), kann das darauf hinweisen, dass der Anteil der Verformungsbruchfläche bis zu 100 % der Gesamtbruchfläche beträgt. Tritt ein Steilabfall der Kraft auf, ist aus der Größe des Abfalls in Bezug auf andere Kraftkennwerte ein Näherungswert für den Anteil der Verformungsbruchfläche innerhalb einer Messunsicherheit von ±20 % bestimmbar, indem eine der folgenden Gleichungen verwendet wird:

$$\text{Anteil an Verformungsbruchfläche} = \left[1 - \frac{F_{\text{iu}} - F_{\text{a}}}{F_{\text{m}}}\right] \times 100\% \qquad \text{(C.1)}$$

$$\text{Anteil an Verformungsbruchfläche} = \left[1 - \frac{F_{\text{iu}} - F_{\text{a}}}{F_{\text{m}} + \left(F_{\text{m}} - F_{\text{gy}}\right)}\right] \times 100\% \qquad \text{(C.2)}$$

$$\text{Anteil an Verformungsbruchfläche} = \left[1 - \frac{F_{\text{iu}} - F_{\text{a}}}{F_{\text{m}} + 0{,}5\left(F_{\text{m}} - F_{\text{gy}}\right)}\right] \times 100\% \qquad \text{(C.3)}$$

$$\text{Anteil an Verformungsbruchfläche} = \left[1 - \sqrt{\frac{\frac{F_{\text{gy}}}{F_{\text{m}}} + 2}{3}} \times \left(\frac{\sqrt{F_{\text{iu}}}}{\sqrt{F_{\text{m}}}} - \frac{\sqrt{F_{\text{a}}}}{\sqrt{F_{\text{m}}}}\right)\right] \times 100\% \qquad \text{(C.4)}$$

Gleichung (C.1) bis Gleichung (C.4) wurden von verschiedenen Laboratorien und für verschiedene Stähle (siehe Literaturhinweis [5]) entwickelt. Die Auswahl der anzuwendenden Gleichung sollte sich auf vorhandene Erfahrungen stützen. Gleichung (C.3) ist beispielsweise für Druckbehälterstähle geeignet.

Anhang D
(normativ)

Prüfung von Kleinproben im instrumentierten Kerbschlagbiegeversuch nach Charpy (V-Kerb)

D.1 Allgemeines

Dieser Anhang beschreibt die spezifischen Aspekte für den instrumentierten Kerbschlagbiegeversuch von Kleinproben aus Stahlerzeugnissen sowie die Anforderungen an die Mess- und Aufzeichnungseinrichtungen.

Nach Vereinbarung können die Festlegungen dieses Anhangs auf andere metallische Werkstoffe und auf andere Schlagversuchseinrichtungen, wie Fallwerke oder servohydraulische Hochgeschwindigkeitsprüfmaschinen, angewendet werden.

Dieser instrumentierte Versuch ermöglicht weitergehende Aussagen über das Bruchverhalten des zu prüfenden Erzeugnisses unter schlagartigen Beanspruchungsbedingungen.

Der Anwender sollte beachten, dass die Ergebnisse von Kleinproben möglicherweise nicht direkt mit den Ergebnissen von Normal-Proben mit V-Kerb vergleichbar sind und geeignete Korrelationen angewendet werden müssen.

D.2 Prüfeinrichtung

D.2.1 Prüfmaschine

Bei Pendelschlagwerken mit einem Arbeitsvermögen bis 50 J kann die Qualität der Instrumentierung durch Vergleich der auf der Basis der Instrumentierung berechneten Gesamtschlagenergie W_t mit der an der Maschine angezeigten Schlagenergie K_V bewertet werden. Wenn die Werte um mehr als ±10 % von K_V voneinander abweichen, sollten folgende Punkte überprüft werden:

a) Reibung der Maschine;

b) Kalibrierung des Messsystems;

c) eingesetzte Software;

d) die Möglichkeit der Anwendung der so genannten „dynamischen Kraftanpassung", siehe Literaturhinweis [7], bei der die Kräfte so lange angepasst werden, bis W_t und K_V gleich sind.

D.2.2 Kraftmesssystem

Infolge der größeren Dynamik im Verhalten von Kleinproben gegenüber Normalproben muss das Kraftmesssystem (Kraftaufnehmer, Verstärker, Aufzeichnungssystem) eine obere Grenzfrequenz von mindestens 250 kHz aufweisen. Wenn nur die Schlagenergie aus der Kurve zu bestimmen ist, reicht eine obere Grenzfrequenz von 100 kHz aus.

ANMERKUNG 1 Das dynamische Verhalten der Kraftmesskette kann vereinfacht anhand der Messung des Höchstkraftwertes des anfänglichen Peaks bewertet werden. Erfahrungsgemäß kann die Dynamik der Messkette als ausreichend angesehen werden, wenn eine V-Kerb-Kleinprobe aus Stahl einen anfänglichen Peak größer als $(0{,}23 \times v_0)$ kN aufweist.

ANMERKUNG 2 Die Erfahrung zeigt, dass für die in Bild D.1 dargestellte Kleinprobe bei den meisten Stahlsorten nominale Schlagkräfte bis zu 4 kN auftreten können.

D.2.3 Kalibrierung

Bild D.1 zeigt ein Beispiel für ein Gegenstück zur statischen Kalibrierung einer instrumentierten Hammerfinne mit 2 mm Radius für die Prüfung von Kleinproben.

Maße in Millimeter, Oberflächenrauheit in Mikrometer

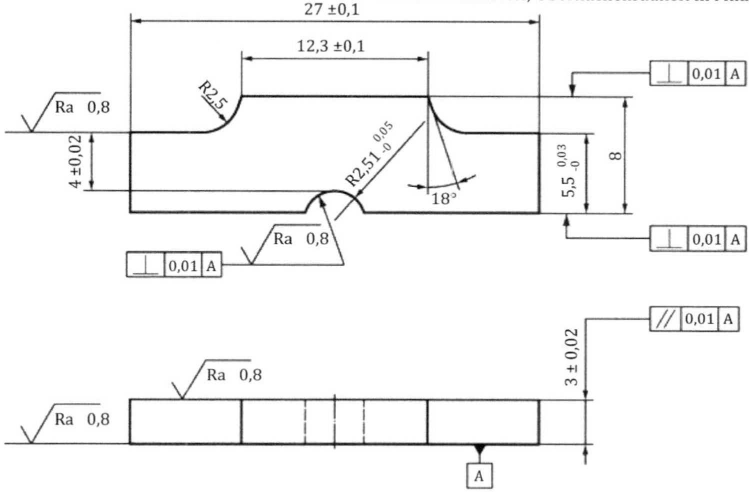

Bild D.1 — Beispiel für ein Gegenstück zur Kalibrierung einer Hammerfinne mit 2 mm Radius bei der Prüfung von Kleinproben

D.2.4 Aufzeichnungsgeräte

Um die für die Prüfung an Kleinproben geforderten Genauigkeiten zu erreichen, ist ein Analog-Digital-Wandler mit einer Auflösung von 12 bit und einer Abtastrate von 1 MHz (1 µs) erforderlich. Für jedes Signal ist bei einer Aufnahmedauer von 8 ms eine Mindestspeicherkapazität von 8 000 Messwerten erforderlich.

D.3 Probe

D.3.1 Allgemeines

Die genormte Kleinprobe muss 27 mm lang, 4 mm breit und 3 mm dick sein. In der Mitte der Länge muss eine V-Kerbe vorhanden sein.

Es dürfen andere Probengeometrien nach Vereinbarung verwendet werden.

ANMERKUNG Einige Aspekte des hier beschriebenen Prüfverfahrens sind möglicherweise nicht vollständig auf andere Geometrien von Kleinproben anwendbar.

Die Proben dürfen nach Vereinbarung seitlich gekerbt sein.

D.3.2 Kerbgeometrie

Die Kerbe muss einen Öffnungswinkel von 60° und einen Kerbgrundradius von 0,1 mm haben; die Ligamentbreite muss 3 mm betragen (siehe Bild D.2 und Tabelle D.1).

Die Kerbe muss sorgfältig vorbereitet werden, so dass der Kerbgrundradius frei von Bearbeitungsspuren ist, die die verbrauchte Schlagenergie beeinflussen könnten. Als akzeptables Verfahren zur Bearbeitung der Kerbe hat sich die Elektroerosion erwiesen [8].

Die Symmetrieebene der Kerbe muss senkrecht zur Längsachse der Probe verlaufen (siehe Tabelle D.1).

D.3.3 Grenzabweichungen der Probe

Die Grenzabweichungen für die angegebenen Proben- und Kerbmaße sind in Bild D.2 und Tabelle D.1 angegeben.

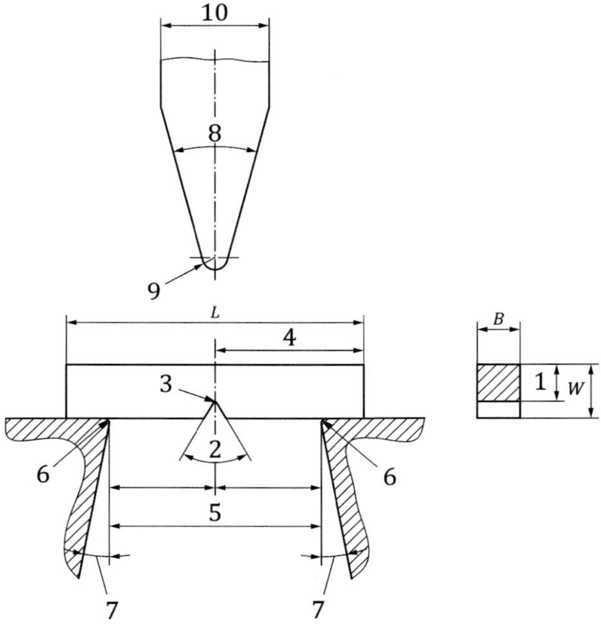

ANMERKUNG Die Symbole L, W, B und die Nummern 1 bis 10 sind der Tabelle D.1 zu entnehmen.

Bild D.2 — Kerbschlagbiegeversuch an einer Charpy-V-Kerb-Kleinprobe

Tabelle D.1 — Maße und Grenzabweichungen der Kleinprobe für den Kerbschlagbiegeversuch nach Charpy

Bezeichnung	Symbol oder Nummer (Bild D.2)	Nennmaß	Bearbeitungs-toleranz
Länge	*L*	27 mm	±0,50 mm
Breite	*W*	4 mm	±0,05 mm
Dicke	*B*	3 mm	±0,05 mm
Ligamentbreite	1	3 mm	±0,05 mm
Winkel der Kerbe	2	60°	±1°
Kerbgrundradius	3	0,1 mm	±0,025 mm
Lage der Kerbe (Zentrierung)	4	13,5 mm	±0,2 mm[b]
Abstand zwischen Auflagern (Stützweite)	5	22 mm	$^{+0,10}_{-0,00}$ mm
Radius der Auflager	6	1 mm	$^{+0,50}_{-0,00}$ mm
Konuswinkel der Auflager	7	11°	±1°
Konuswinkel der Hammerfinne	8	30°	±1°
Radius der Finnenkante	9	2 mm	$^{+0,50}_{-0,00}$ mm
Breite der Hammerfinne	10	6 mm bis 12 mm	—
Winkel zwischen benachbarten Längsseiten der Probe		90°	±1°
Winkel zwischen Symmetrieebene der Kerbe und Längsachse der Probe		90°	±2°
Oberflächenrauheit[a]		< 5 µm	

[a] Die Oberflächenrauheit *Ra* der Proben muss besser als 5 µm sein, außer an den Enden.

[b] Bei Maschinen mit automatischer Positionierung der Probe wird empfohlen, die Grenzabweichung mit ±0,1 mm anstelle von ±0,2 mm anzusetzen.

D.3.4 Probenvorbereitung

Die Vorbereitung muss so erfolgen, dass jede Veränderung der Probe, z. B. durch Erwärmung oder Kaltbearbeitung, auf ein Mindestmaß beschränkt wird.

D.3.5 Kennzeichnung der Probe

Die Probe darf auf den Flächen, die nicht mit Gegenstücken, Auflagern oder Hammerfinnen in Berührung kommen, gekennzeichnet werden und zwar an einer Stelle, an der die durch die Kennzeichnung verursachte plastische Verformung und Oberflächenfehler die Schlagenergie nicht beeinflussen (siehe ISO 148-1:2016, 8.8).

D.4 Durchführung des instrumentierten Versuchs

D.4.1 Prüfgeschwindigkeit

Die Auftreffgeschwindigkeit der Hammerfinne kann in Abhängigkeit von den spezifischen Eigenschaften des zu prüfenden Werkstoffs ausgewählt werden. Bei der Auswahl der Auftreffgeschwindigkeit und damit der für den Versuch verfügbaren potentiellen Energie K_p muss die folgende Bedingung erfüllt werden:

$K_p \geq 3\ W_m$

ANMERKUNG Die Erfahrung zeigt, dass Auftreffgeschwindigkeiten über 4 ms^{-1} für Kleinproben nicht geeignet sind, da sie zu extremen überlagerten Schwingungen im Anfangsbereich des Versuchsdiagramms führen, wodurch Abweichungen bei der Auswertung der Kraft-Durchbiegungskurve auftreten können.

D.5 Auswertung der Kraft-Durchbiegungs-Kurve

D.5.1 Allgemeines

Die Auswertung der Kraft-Durchbiegungs-Kurve mit der Ermittlung der Kennwerte von Kraft und Durchbiegung ist nur zulässig, wenn die obere Grenzfrequenz der Kraftmesskette mindestens 250 kHz beträgt. Anderenfalls ist die Auswertung auf die Ermittlung der Höchstkraft F_m, wie in 3.1.2 dargelegt, und der Gesamtschlagenergie W_t, wie in 3.3.4 definiert, beschränkt.

ANMERKUNG Die Erfahrung zeigt, dass Versuche im Bereich der Zähigkeitshochlage (Kraft-Durchbiegungs-Kurve der Art F in Bild 2) bei den in Bild D.1 dargestellten Kleinproben üblicherweise nicht zum vollständigen Probenbruch führen.

D.5.2 Ermittlung der Fließkraft F_{gy}

Die Fließkraft F_{gy} wird bei Kleinproben ermittelt als Kraft im Schnittpunkt der Ausgleichsgeraden durch die Schwingungen im linearen Anfangsbereich der Kraft-Durchbiegungs-Kurve (Hookesche Gerade) und der Ausgleichskurve durch die Schwingungen der Kraft-Durchbiegungs-Kurve nach der Vollplastizierung des Ligaments (Bild 2, Kraft-Durchbiegungs-Kurven der Arten C bis F).

Zu beachten ist, dass aufgrund des ausgeprägteren dynamischen Verhaltens von Kleinproben die Bestimmung der Fließkraft F_{gy} schwieriger ist als bei Normalproben mit V-Kerb. Insbesondere entspricht bei Kleinproben die Hookesche Gerade nicht dem Anstieg des zweiten Trägheitspeaks, wie es für Normalproben mit V-Kerb oftmals der Fall ist.

ANMERKUNG Analytische Verfahren zur Ermittlung des Wertes der Fließkraft F_{gy}, insbesondere zur Ermittlung der Geraden, die der Hookeschen Geraden entspricht, werden für unterschiedliche Auftreffgeschwindigkeiten v_0 in den Literaturhinweisen [9] bis [11] beschrieben.

D.6 Wiederhol- und Vergleichpräzision des Prüfverfahrens

Im Rahmen eines Ringversuchs wurden V-Kerb-Kleinproben geprüft, um die Ursachen von Streuungen in den aus Kurven der Art F (Zähigkeitshochlage) ermittelten Kennwerte der Kraft, der Durchbiegung und der Arbeit zu analysieren. In die Auswertung wurden Ergebnisse von 13 Laboratorien einbezogen, wobei jedes Labor ein bis fünf Proben bei Raumtemperatur (21 °C bis 25 °C) und bei Auftreffgeschwindigkeiten der Hammerfinne von 2,64 m/s bis 3,85 m/s geprüft hat. Zur Auswertung der Daten wurde ISO 5725-3:1994 [12] herangezogen; Details werden in Literaturhinweis [13] angegeben.

Tabelle D.2 enthält für jede in die Auswertung einbezogene Kenngröße die Werte m (Mittelwert aus allen Ergebnissen), r (Wiederholpräzision) und R (Vergleichpräzision).

Tabelle D.2 — Ergebnisse des Ringversuchs

Kenngröße	m	r %	R %
F_{gy}	0,997 kN	6,1	10,4
F_m	1,298 kN	3,9	10,8

Tabelle D.2 (*fortgesetzt*)

Kenngröße	m	r %	R %
s_{gy}	0,190 mm	34,8	64,8
s_m	1,911 mm	16,5	24,8
W_m	2,233 J	14,9	25,1
W_t	8,144 J	15,7	15,7

Die Benennungen Wiederholpräzision und Vergleichpräzision werden wie in ISO 5725-2 festgelegt verwendet.

Literaturhinweise

[1] SEP 1315, German Steel & Iron Testing Standard [Stahl-Eisen-Prüfblatt] 1315 *Notch Bend Impact Test — Determination of Force and Displacement; Recommendations for Test Method and Evaluation*, Verlag Stahleisen, Sohnstraße 65, 40237 Düsseldorf, Deutschland

[2] DVM-Merkblatt 01 German Association for Materials Testing [DVM], *Instrumentation requirements for instrumented notch bend tests*, Deutscher Verband für Materialforschung und -prüfung e. V., Unter den Eichen 87, 12205 Berlin, Deutschland

[3] LEDWORUSKI, S., BAM Berlin, *Reproducibility of the variations in instrumented impact test data from round-robin tests*, Materialprüfung, 1990, **32**, p. 10

[4] STP 563 – ASTM, *Instrumented Impact Testing*, date of publication 1974, ASTM 100 Barr Harbor Drive, Conshohocken, PA 19428-2959, USA

[5] VAN WALLE, E., ESIS Publication 20, 1996 (European Structural Integrity Society), *Evaluating material properties by dynamic testing*, Mechanical Engineering Publications Limited, Northgate Avenue, Bury St. Edmunds, Suffolk, IP32 6BW UK

[6] MANAHAN, M.P., Sr., STONESIFER, R.B., *The Difference Between Total Absorbed Energy Measured Using An Instrumented Striker and That Obtained Using an Optical Encoder, Pendulum Impact Testing: A Century of Progress*, ASTM STP 1380, SIEWERT, T. A. and MANAHAN, M. P., Sr., Eds., American Society for Testing and Materials, West Conshohocken, PA, 1999

[7] LUCON, E., *On the Effectiveness of the Dynamic Force Adjustment for Reducing the Scatter of Instrumented Charpy Results*, Journal of ASTM International, Vol. **6**, No. 1, January 2009

[8] LUCON, E., *Effect of Electrical Discharge Machining (EDM) on Charpy Test Results from Miniaturized Steel Specimens*, Journal of Testing and Evaluation, Vol. **41**, No. 1, 2013, pp. 1–9

[9] KALTHOFF, J.F., Gregor, M., *Instrumented Impact Testing of Subsize Charpy V-Notch Specimens, Small Specimen Test Techniques*, ASTM STP 1329, CORWIN, W.R., ROSINSKI, S.T. and VAN WALLE E., Eds., American Society for Testing and Materials, 1998, pp. 123–136

[10] TAYLOR, H., *Determination of the Characteristic Yield Force (F_{gy}) and Displacement (s_{gy}) for Instrumented Mini Charpy-V Specimens*, Proceedings of ECF12, Fracture from Defects, Brown, De Los Rios and Miller, Eds., EMAS Sheffield Sep 1998, pp. 1249–1254

[11] ESIS TC5, *Proposed Standard Method for Instrumented Impact Testing of Sub-Size Charpy V-Notch Specimens of Steels,* (Annex C), Draft 10a, 23/5/02

[12] ISO 5725-3:1994, *Accuracy (trueness and precision) of measurement methods and results — Part 3: Intermediate measures of the precision of a standard measurement method*

[13] LUCON E., *Round-Robin On Instrumented Impact Testing Of Sub Size Charpy-V Specimens: Results Of Phase 1*, ESIS TC5 Instrumented Impact Testing, Final Report, 2 April 1998

[14] ISO 5725-2:2019, *Accuracy (trueness and precision) of measurement methods and results — Part 2: Basic method for the determination of repeatability and reproducibility of a standard measurement method*

Sachgebiet 3

Schlagzähigkeitsprüfungen für Kunststoffe

DIN EN ISO 179-1

DIN

ICS 83.080.01

Ersatz für
DIN EN ISO 179-1:2010-11

Kunststoffe – Bestimmung der Charpy-Schlageigenschaften – Teil 1: Nicht instrumentierte Schlagzähigkeitsprüfung (ISO 179-1:2023); Deutsche Fassung EN ISO 179-1:2023

Plastics –
Determination of Charpy impact properties –
Part 1: Non-instrumented impact test (ISO 179-1:2023);
German version EN ISO 179-1:2023

Plastiques –
Détermination des caractéristiques au choc Charpy –
Partie 1: Essai de choc non instrumenté (ISO 179-1:2023);
Version allemande EN ISO 179-1:2023

Gesamtumfang 34 Seiten

DIN-Normenausschuss Kunststoffe (FNK)
DIN-Normenausschuss Materialprüfung (NMP)

Nationales Vorwort

Dieses Dokument (EN ISO 179-1:2023) wurde vom Technischen Komitee ISO/TC 61 „Plastics" in Zusammenarbeit mit dem Technischen Komitee CEN/TC 249 „Kunststoffe" erarbeitet, dessen Sekretariat von SIS (Schweden) gehalten wird.

Das zuständige deutsche Normungsgremium ist der Arbeitsausschuss NA 054-01-02 AA „Mechanische Eigenschaften und Probekörperherstellung" im DIN-Normenausschuss Kunststoffe (FNK).

DIN EN ISO 179 besteht unter dem allgemeinen Titel *Kunststoffe — Bestimmung der Charpy-Schlageigenschaften* aus den folgenden Teilen:

— *Teil 1: Nicht instrumentierte Schlagzähigkeitsprüfung*

— *Teil 2: Instrumentierte Schlagzähigkeitsprüfung*

Für die in diesem Dokument zitierten Dokumente wird im Folgenden auf die entsprechenden deutschen Dokumente hingewiesen:

ISO 180	siehe	DIN EN ISO 180
ISO 291	siehe	DIN EN ISO 291
ISO 293	siehe	DIN EN ISO 293
ISO 294-1	siehe	DIN EN ISO 294-1
ISO 294-3	siehe	DIN EN ISO 294-3
ISO 295	siehe	DIN EN ISO 295
ISO 2818	siehe	DIN EN ISO 2818
ISO 5725-2	siehe	DIN ISO 5725-2
ISO 10724-1	siehe	DIN EN ISO 10724-1
ISO 13802	siehe	DIN EN ISO 13802
ISO 16012	siehe	DIN EN ISO 16012

Aktuelle Informationen zu diesem Dokument können über die Internetseiten von DIN (www.din.de) durch eine Suche nach der Dokumentennummer aufgerufen werden.

Änderungen

Gegenüber DIN EN ISO 179-1:2010-11 wurden folgende Änderungen vorgenommen:

a) die Ergebnisse eines Ringversuchs für ungekerbte Probekörper (siehe Anhang B) wurden hinzugefügt;

b) eine Verweisung auf ISO 16012 (siehe Literaturhinweise und 5.2) wurde hinzugefügt;

c) der Abschnitt über Messschrauben und -uhren (siehe 5.2) wurde verbessert;

d) die in Gleichung (1) und Gleichung (2) verwendeten Symbole wurden überprüft und aktualisiert.

Frühere Ausgaben
DIN 53453: 1943-11, 1952-02, 1954-07, 1958-05, 1965-10, 1975-05
DIN EN ISO 179: 1997-03
DIN EN ISO 179-1: 2001-06, 2006-05, 2010-11

Nationaler Anhang NA
(informativ)

Literaturhinweise

DIN EN ISO 180, *Kunststoffe — Bestimmung der Izod-Schlagzähigkeit*

DIN EN ISO 291, *Kunststoffe — Normalklimate für Konditionierung und Prüfung*

DIN EN ISO 293, *Kunststoffe — Formgepresste Probekörper aus Thermoplasten*

DIN EN ISO 294-1, *Kunststoffe — Spritzgießen von Probekörpern aus Thermoplasten — Teil 1: Allgemeine Grundlagen und Herstellung von Vielzweckprobekörpern und Stäben*

DIN EN ISO 294-3, *Kunststoffe — Spritzgießen von Probekörpern aus Thermoplasten — Teil 3: Kleine Platten*

DIN EN ISO 295, *Kunststoffe — Pressen von Probekörpern aus duroplastischen Werkstoffen*

DIN EN ISO 2818, *Kunststoffe — Herstellung von Probekörpern durch mechanische Bearbeitung*

DIN EN ISO 10724-1, *Kunststoffe — Spritzgießen von Probekörpern aus duroplastischen rieselfähigen Formmassen (PMC) — Teil 1: Allgemeine Grundlagen und Herstellung von Vielzweckprobekörpern*

DIN EN ISO 13802, *Kunststoffe — Verifizierung von Pendelschlagwerken — Charpy-, Izod- und Schlagzugversuch*

DIN EN ISO 16012, *Kunststoffe — Bestimmung der linearen Maße von Probekörpern*

DIN ISO 5725-2, *Genauigkeit (Richtigkeit und Präzision) von Messverfahren und Messergebnissen — Teil 2: Grundlegende Methode für die Ermittlung der Wiederhol- und Vergleichpräzision eines vereinheitlichten Messverfahrens*

– Leerseite –

EUROPÄISCHE NORM

EUROPEAN STANDARD

NORME EUROPÉENNE

EN ISO 179-1

Juni 2023

ICS 83.080.01

Ersetzt EN ISO 179-1:2010

Deutsche Fassung

Kunststoffe — Bestimmung der Charpy-Schlageigenschaften — Teil 1: Nicht instrumentierte Schlagzähigkeitsprüfung (ISO 179-1:2023)

Plastics — Determination of Charpy impact properties — Part 1: Non-instrumented impact test (ISO 179-1:2023)

Plastiques — Détermination des caractéristiques au choc Charpy — Partie 1: Essai de choc non instrumenté (ISO 179-1:2023)

Diese Europäische Norm wurde vom CEN am 18. Mai 2023 angenommen.

Die CEN-Mitglieder sind gehalten, die CEN/CENELEC-Geschäftsordnung zu erfüllen, in der die Bedingungen festgelegt sind, unter denen dieser Europäischen Norm ohne jede Änderung der Status einer nationalen Norm zu geben ist. Auf dem letzten Stand befindliche Listen dieser nationalen Normen mit ihren bibliographischen Angaben sind beim CEN-CENELEC-Management-Zentrum oder bei jedem CEN-Mitglied auf Anfrage erhältlich.

Diese Europäische Norm besteht in drei offiziellen Fassungen (Deutsch, Englisch, Französisch). Eine Fassung in einer anderen Sprache, die von einem CEN-Mitglied in eigener Verantwortung durch Übersetzung in seine Landessprache gemacht und dem Management-Zentrum mitgeteilt worden ist, hat den gleichen Status wie die offiziellen Fassungen.

CEN-Mitglieder sind die nationalen Normungsinstitute von Belgien, Bulgarien, Dänemark, Deutschland, Estland, Finnland, Frankreich, Griechenland, Irland, Island, Italien, Kroatien, Lettland, Litauen, Luxemburg, Malta, den Niederlanden, Norwegen, Österreich, Polen, Portugal, der Republik Nordmazedonien, Rumänien, Schweden, der Schweiz, Serbien, der Slowakei, Slowenien, Spanien, der Tschechischen Republik, der Türkei, Ungarn, dem Vereinigten Königreich und Zypern.

EUROPÄISCHES KOMITEE FÜR NORMUNG
EUROPEAN COMMITTEE FOR STANDARDIZATION
COMITÉ EUROPÉEN DE NORMALISATION

CEN-CENELEC Management-Zentrum: Rue de la Science 23, B-1040 Brüssel

Ref. Nr. EN ISO 179-1:2023 D

Inhalt

Bilder

Tabellen

Europäisches Vorwort

Dieses Dokument (EN ISO 179-1:2023) wurde vom Technischen Komitee ISO/TC 61 „Plastics" in Zusammenarbeit mit dem Technischen Komitee CEN/TC 249 „Kunststoffe" erarbeitet, dessen Sekretariat von SIS gehalten wird.

Diese Europäische Norm muss den Status einer nationalen Norm erhalten, entweder durch Veröffentlichung eines identischen Textes oder durch Anerkennung bis Dezember 2023, und etwaige entgegenstehende nationale Normen müssen bis Dezember 2023 zurückgezogen werden.

Es wird auf die Möglichkeit hingewiesen, dass einige Elemente dieses Dokuments Patentrechte berühren können. CEN ist nicht dafür verantwortlich, einige oder alle diesbezüglichen Patentrechte zu identifizieren.

Dieses Dokument ersetzt EN ISO 179-1:2010.

Rückmeldungen oder Fragen zu diesem Dokument sollten an das jeweilige nationale Normungsinstitut des Anwenders gerichtet werden. Eine vollständige Liste dieser Institute ist auf den Internetseiten von CEN abrufbar.

Entsprechend der CEN CENELEC Geschäftsordnung sind die nationalen Normungsinstitute der folgenden Länder gehalten, diese Europäische Norm zu übernehmen: Belgien, Bulgarien, Dänemark, Deutschland, die Republik Nordmazedonien, Estland, Finnland, Frankreich, Griechenland, Irland, Island, Italien, Kroatien, Lettland, Litauen, Luxemburg, Malta, Niederlande, Norwegen, Österreich, Polen, Portugal, Rumänien, Schweden, Schweiz, Serbien, Slowakei, Slowenien, Spanien, Tschechische Republik, Türkei, Ungarn, Vereinigtes Königreich und Zypern.

Anerkennungsnotiz

Der Text von ISO 179-1:2023 wurde von CEN als EN ISO 179-1:2023 ohne irgendeine Abänderung genehmigt.

Vorwort

ISO (die Internationale Organisation für Normung) ist eine weltweite Vereinigung nationaler Normungsinstitute (ISO-Mitgliedsorganisationen). Die Erstellung von Internationalen Normen wird üblicherweise von Technischen Komitees von ISO durchgeführt. Jede Mitgliedsorganisation, die Interesse an einem Thema hat, für welches ein Technisches Komitee gegründet wurde, hat das Recht, in diesem Komitee vertreten zu sein. Internationale staatliche und nichtstaatliche Organisationen, die in engem Kontakt mit ISO stehen, nehmen ebenfalls an der Arbeit teil. ISO arbeitet bei allen elektrotechnischen Normungsthemen eng mit der Internationalen Elektrotechnischen Kommission (IEC) zusammen.

Die Verfahren, die bei der Entwicklung dieses Dokuments angewendet wurden und die für die weitere Pflege vorgesehen sind, werden in den ISO/IEC-Directives, Teil 1 beschrieben. Es sollten insbesondere die unterschiedlichen Annahmekriterien für die verschiedenen ISO-Dokumentenarten beachtet werden. Dieses Dokument wurde in Übereinstimmung mit den Gestaltungsregeln der ISO/IEC-Directives, Teil 2 erarbeitet (siehe www.iso.org/directives).

ISO weist auf die Möglichkeit hin, dass die Anwendung dieses Dokuments mit der Verwendung eines oder mehrerer Patente verbunden sein kann. ISO bezieht jedoch in dieser Hinsicht keinerlei Stellung bezüglich Nachweis, Gültigkeit oder Anwendbarkeit jeglicher beanspruchten Patentrechte. Zum Zeitpunkt der Veröffentlichung dieses Dokuments lag ISO keine Mitteilung über ein Patent bzw. mehrere Patente vor, welche/s zur Umsetzung dieses Dokuments erforderlich sein könnte/n. Anwender werden jedoch darauf hingewiesen, dass dies möglicherweise nicht der aktuelle Informationsstand ist. Dieser kann jedoch der Patentdatenbank unter www.iso.org/patents entnommen werden. ISO ist nicht dafür verantwortlich, einige oder alle diesbezüglichen Patentrechte zu identifizieren.

Jeder in diesem Dokument verwendete Handelsname dient nur zur Unterrichtung der Anwender und bedeutet keine Anerkennung.

Für eine Erläuterung des freiwilligen Charakters von Normen, der Bedeutung ISO-spezifischer Begriffe und Ausdrücke in Bezug auf Konformitätsbewertungen sowie Informationen darüber, wie ISO die Grundsätze der Welthandelsorganisation (WTO, en: World Trade Organization) hinsichtlich technischer Handelshemmnisse (TBT, en: Technical Barriers to Trade) berücksichtigt, siehe www.iso.org/iso/foreword.html.

Dieses Dokument wurde vom Technischen Komitee ISO/TC 61, *Plastics*, Unterkomitee SC 2, *Mechanical behavior*, in Zusammenarbeit mit dem Europäischen Komitee für Normung (CEN), Technisches Komitee CEN/TC 249, *Kunststoffe*, in Übereinstimmung mit der Vereinbarung zur technischen Zusammenarbeit zwischen ISO und CEN (Wiener Vereinbarung) erarbeitet.

Diese dritte Ausgabe ersetzt die zweite Ausgabe (ISO 179-1:2010), die technisch überarbeitet wurde.

Die wesentlichen Änderungen sind folgende:

— die Ergebnisse eines Ringversuchs für ungekerbte Probekörper (siehe Anhang B) wurden hinzugefügt;

— eine Verweisung auf ISO 16012 (siehe Literaturhinweise und 5.2) wurde hinzugefügt;

— der Abschnitt über Messschrauben und -uhren (siehe 5.2) wurde verbessert;

— die in Gleichung (1) und Gleichung (2) verwendeten Symbole wurden überprüft und aktualisiert.

Eine Auflistung aller Teile der Normenreihe ISO 179 ist auf der ISO-Internetseite abrufbar.

Rückmeldungen oder Fragen zu diesem Dokument sollten an das jeweilige nationale Normungsinstitut des Anwenders gerichtet werden. Eine vollständige Auflistung dieser Institute ist unter www.iso.org/members.html zu finden.

Einleitung

Das in der Normenreihe ISO 179 beschriebene Verfahren zur Bestimmung der Charpy-Schlageigenschaften hat einen breiteren Anwendungsbereich als das in ISO 180 angegebene und ist besser geeignet zur Prüfung von Werkstoffen, die interlaminare Scherbrüche zeigen, oder von Werkstoffen, die Oberflächeneffekte aufgrund von Umgebungseinflüssen aufweisen.

Das Prüfverfahren ist zur Anwendung auf folgende Werkstoffgruppen geeignet:

— steife thermoplastische Spritzguss- und Extrusionsformmassen (einschließlich gefüllter und verstärkter Verbundwerkstoffe zusätzlich zu ungefüllten Typen) sowie Platten aus steifen Thermoplasten;

— steife wärmehärtbare Formmassen (einschließlich gefüllter und verstärkter Verbundwerkstoffe) und Platten aus steifen Duroplasten (einschließlich solcher aus Schichtstoffen);

— faserverstärkte duroplastische und thermoplastische Verbundwerkstoffe mit unidirektionaler oder multidirektionaler Verstärkung (wie Matten, Gewebe, Rovinggewebe, Kurzfasern, verbundene und Hybridverstärkungen, Rovings und gemahlene Fasern) oder Verbundplatten aus vorimprägnierten Werkstoffen (Prepregs), einschließlich gefüllter und verstärkter Verbundwerkstoffe;

— thermotrope flüssigkristalline Polymere.

Gekerbte Probekörper sind üblicherweise nicht zur Verwendung bei harten schaumförmigen Werkstoffen, langfaserverstärkten Verbundwerkstoffen oder thermotropen flüssigkristallinen Polymeren geeignet. In diesen Fällen dürfen ungekerbte Probekörper verwendet werden.

Das Verfahren ist für die Verwendung von Probekörpern geeignet, die aus Formmassen in den gewählten Maßen hergestellt, aus dem mittleren Teil eines Vielzweckprobekörpers (siehe ISO 20753) ausgearbeitet oder aus Fertigteilen oder Halbzeugen entnommen werden, wie zum Beispiel aus Spritzgussteilen, Schichtstoffen, extrudierten oder gegossenen Platten.

1 Anwendungsbereich

Dieses Dokument legt ein Verfahren für die Bestimmung der Charpy-Schlagzähigkeit von Kunststoffen unter festgelegten Bedingungen fest. Eine Anzahl von unterschiedlichen Probekörpertypen und Prüfanordnungen wird festgelegt. Unterschiedliche Prüfbedingungen werden entsprechend dem Werkstofftyp, dem Probekörpertyp und der Kerbart festgelegt.

Das Prüfverfahren kann angewendet werden, um das Verhalten festgelegter Probekörpertypen bei den festgelegten Schlagbedingungen zu untersuchen und die Sprödigkeit oder Zähigkeit von Probekörpern innerhalb der Grenzen der Prüfbedingungen zu beurteilen. Es kann ebenfalls für die Bestimmung von Vergleichsdaten von ähnlichen Werkstofftypen angewendet werden.

2 Normative Verweisungen

Die folgenden Dokumente werden im Text in solcher Weise in Bezug genommen, dass einige Teile davon oder ihr gesamter Inhalt Anforderungen des vorliegenden Dokuments darstellen. Bei datierten Verweisungen gilt nur die in Bezug genommene Ausgabe. Bei undatierten Verweisungen gilt die letzte Ausgabe des in Bezug genommenen Dokuments (einschließlich aller Änderungen).

ISO 291, *Plastics — Standard atmospheres for conditioning and testing*

ISO 293, *Plastics — Compression moulding of test specimens of thermoplastic materials*

ISO 294-1, *Plastics — Injection moulding of test specimens of thermoplastic materials — Part 1: General principles, and moulding of multipurpose and bar test specimens*

ISO 294-3, *Plastics — Injection moulding of test specimens of thermoplastic materials — Part 3: Small plates*

ISO 295, *Plastics — Compression moulding of test specimens of thermosetting materials*

ISO 1268-11, *Fibre-reinforced plastics — Methods of producing test plates — Part 11: Injection moulding of BMC and other long-fibre moulding compounds — Small plates*

ISO 2818, *Plastics — Preparation of test specimens by machining*

ISO 10724-1, *Plastics — Injection moulding of test specimens of thermosetting powder moulding compounds (PMCs) — Part 1: General principles and moulding of multipurpose test specimens*

ISO 13802, *Plastics — Verification of pendulum impact-testing machines — Charpy, Izod and tensile impact-testing*

3 Begriffe

Für die Anwendung dieses Dokuments gelten die folgenden Begriffe.

ISO und IEC stellen terminologische Datenbanken für die Verwendung in der Normung unter den folgenden Adressen bereit:

— ISO Online Browsing Platform: verfügbar unter https://www.iso.org/obp

— IEC Electropedia: verfügbar unter https://www.electropedia.org/

3.1
Charpy-Schlagzähigkeit von ungekerbten Probekörpern
a_{cU}
beim Bruch eines ungekerbten Probekörpers aufgenommene Schlagarbeit, bezogen auf die Anfangsquerschnittsfläche des Probekörpers

Anmerkung 1 zum Begriff: Sie wird in Kilojoule je Quadratmeter (kJ/m^2) angegeben.

3.2
Charpy-Schlagzähigkeit von gekerbten Probekörpern
a_{cN}
beim Bruch eines gekerbten Probekörpers aufgenommene Schlagarbeit, bezogen auf die Anfangsquerschnittsfläche des Probekörpers an der Kerbe, wobei N = A, B oder C ist, abhängig von der Art der Kerbe

Anmerkung 1 zum Begriff: Siehe 6.3.1.1.2.

Anmerkung 2 zum Begriff: Sie wird in Kilojoule je Quadratmeter (kJ/m^2) angegeben.

3.3
schmalseitiger Schlag
e
Schlagrichtung parallel zum Maß *b* mit Schlag auf die schmale Längsseite $h \times l$ des Probekörpers

Anmerkung 1 zum Begriff: Siehe Bild 1 a), Bild 2 und Bild 4.

3.4
breitseitiger Schlag
f
Schlagrichtung parallel zum Maß *h*, mit Schlag auf die breite Längsseite $b \times l$ des Probekörpers

Anmerkung 1 zum Begriff: Siehe Bild 1 b), Bild 3 und Bild 4.

3.5
senkrechte Schlagrichtung
n
<geschichtete, verstärkte Kunststoffe> Schlag mit Schlagrichtung senkrecht zur Verstärkungsebene

Anmerkung 1 zum Begriff: Siehe Bild 4.

3.6
parallele Schlagrichtung
p
<geschichtete, verstärkte Kunststoffe> Schlag mit Schlagrichtung parallel zur Verstärkungsebene

Anmerkung 1 zum Begriff: Siehe Bild 4.

4 Kurzbeschreibung

Der Probekörper, gelagert nahe seiner Enden als waagerechter Balken, wird durch einen einzelnen Schlag eines Hammers beansprucht, wobei die Aufschlaglinie in der Mitte zwischen den beiden Probekörper-Widerlagern liegt und (der Probekörper) mit einer hohen, nominell konstanten Geschwindigkeit gebogen wird.

Bei schmalseitigem Schlag auf gekerbte Probekörper befindet sich die Aufschlaglinie genau gegenüber der Einzelkerbe [siehe Bild 1 a) und Bild 2].

Das Verfahren legt Vorzugsmaße für die Probekörper fest. Prüfungen, die an Probekörpern unterschiedlicher Maße oder unterschiedlicher Kerbarten oder an Probekörpern, die unter unterschiedlichen Bedingungen hergestellt wurden, durchgeführt werden, können Werte ergeben, die nicht vergleichbar sind. Andere Faktoren, wie z. B. das Arbeitsvermögen des Pendelschlagwerks, die Aufschlaggeschwindigkeit und die Konditionierung der Probekörper, können die Ergebnisse ebenfalls beeinflussen. Infolgedessen müssen diese Faktoren sorgfältig überwacht und aufgezeichnet werden, wenn vergleichbare Daten gefordert sind.

Das Verfahren ist nicht dafür vorgesehen, als Datenquelle für Konstruktionsberechnungen zu dienen. Durch Prüfung bei unterschiedlichen Temperaturen, Veränderung von Kerbgrundradius und/oder Probekörperdicke und Prüfung von Probekörpern, die unter unterschiedlichen Bedingungen hergestellt wurden, können jedoch Informationen über das spezifische Materialverhalten gewonnen werden.

5 Prüfeinrichtung

5.1 Prüfmaschine

Die Prinzipien, Kenngrößen und Verifizierung von geeigneten Prüfmaschinen sind ausführlich in ISO 13802 angegeben.

ISO 13802 beschreibt die Teil- und Vollverifizierung. Im Falle der vollständigen Verifizierung sind einige Eigenschaften schwer zu überprüfen, wenn das Gerät zusammengebaut ist. Es wird daher angenommen, dass diese Verifizierungen durch den Hersteller durchzuführen sind.

5.2 Messschrauben und -uhren

Die Messschrauben und -uhren müssen die Bestimmung der wesentlichen Maße der Probekörper mit einer Messunsicherheit von nicht größer als 0,02 mm ermöglichen. Um das Maß b_N gekerbter Probekörper zu bestimmen, müssen Messschrauben verwendet werden, deren Spitzen für die Form der Kerbe geeignet sind. Für allgemeine Informationen zur Bestimmung der Maße der Probekörper siehe ISO 16012.

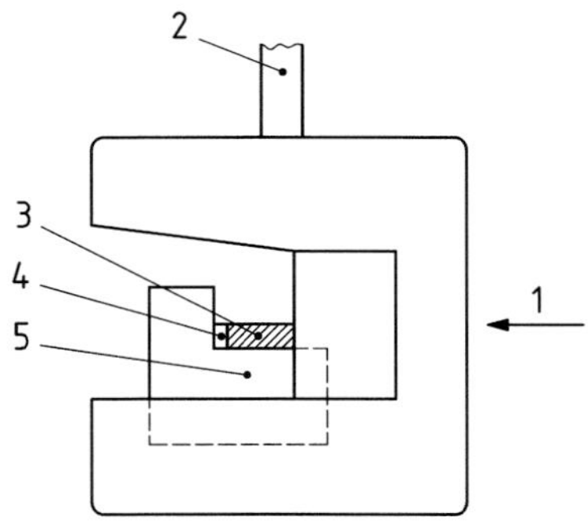

a) schmalseitiger Schlag

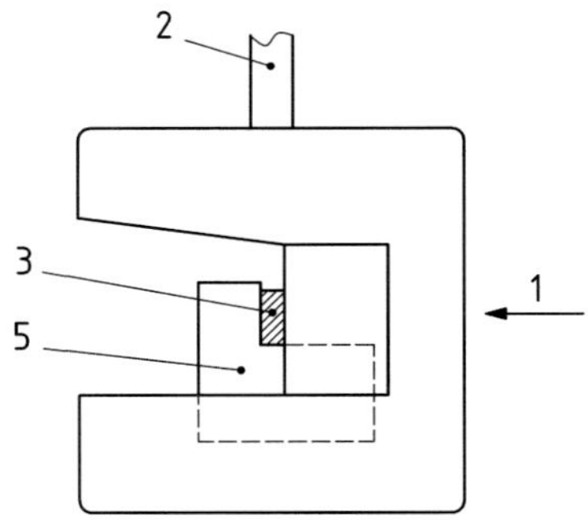

b) breitseitiger Schlag

Legende

1 Schlagrichtung
2 Pendelstange
3 Probekörper
4 Kerbe
5 Widerlager

Bild 1 — Hammerschneide und Widerlager für Probekörper vom Typ 1 im Moment des Aufschlags

6 Probekörper

6.1 Herstellung

6.1.1 Spritzguss- und Extrusionsformmassen

Die Probekörper müssen nach der entsprechenden Werkstoffspezifikation hergestellt werden. Die Probekörper müssen unmittelbar durch Formpressen nach ISO 293 oder ISO 295, oder durch Spritzgießen nach ISO 294-1, ISO 294-3 oder ISO 10724-1, wie jeweils anwendbar, hergestellt oder nach ISO 2818 aus Platten herausgearbeitet werden, die aus der Formmasse gepresst oder spritzgegossen wurden. Probekörper vom Typ 1 dürfen aus Vielzweckprobekörpern nach ISO 20753:—, Typ A1, entnommen werden.

6.1.2 Platten

Die Probekörper müssen nach ISO 2818 aus Platten herausgearbeitet werden.

6.1.3 Langfaserverstärkte Werkstoffe

Eine Platte muss nach ISO 1268-11 oder nach einem anderen festgelegten oder vereinbarten Herstellungsverfahren angefertigt werden. Probekörper müssen nach ISO 2818 herausgearbeitet werden.

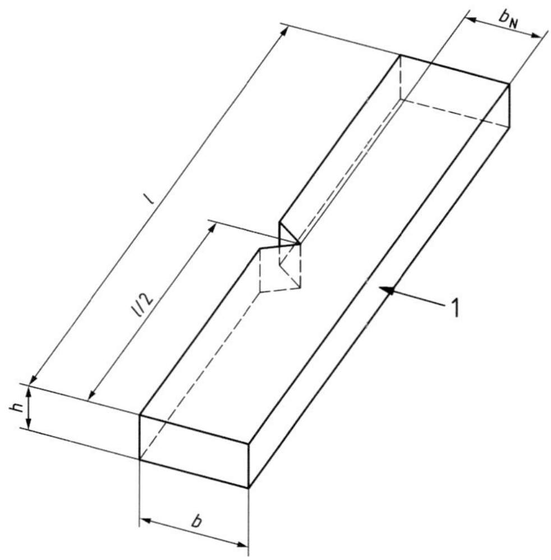

Legende

1 Schlagrichtung

Bild 2 — Charpy, schmalseitiger Schlag (e), mit einfach gekerbtem Probekörper

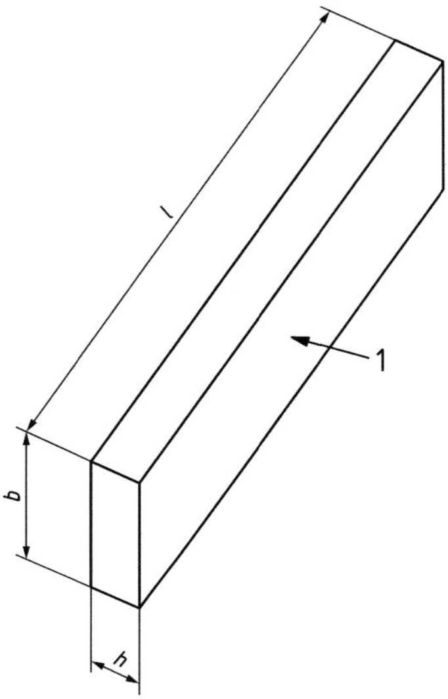

Legende

1 Schlagrichtung

Bild 3 — Charpy, breitseitiger Schlag (f)

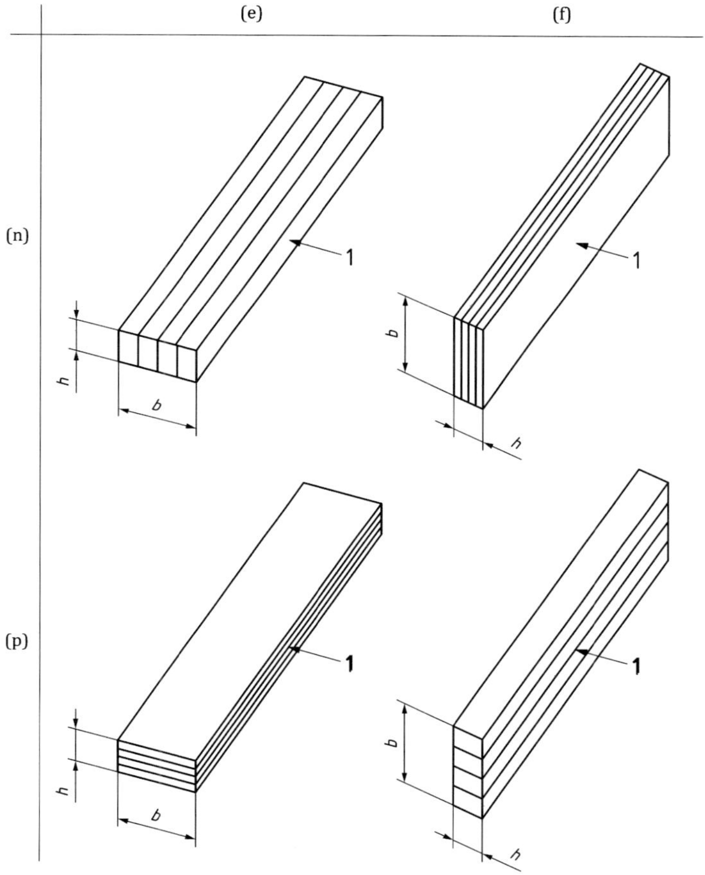

Legende

1 Schlagrichtung
e schmalseitig (en: edgewise)
f breitseitig (en: flatwise)
n senkrecht (en: normal)
p parallel

ANMERKUNG 1 Schmalseitig (e) und breitseitig (f) geben die Schlagrichtung in Bezug auf Probekörperdicke *h* und Probekörperbreite *b* an. Senkrecht (n) und parallel (p) geben die Schlagrichtung in Bezug auf die Schichtebene an.

ANMERKUNG 2 Die Charpy-„fn“- und -„ep“-Prüfungen werden bei Schichtstoffen angewendet, während die Charpy-„en“- und -„ep“-Prüfungen bei anderen Werkstoffen angewendet werden. Die Charpy-„fn“- und -„fp“-Prüfungen werden zur Prüfung von Oberflächeneffekten angewendet.

Bild 4 — Bezeichnungsschema zur Beschreibung der Schlagrichtung

6.1.4 Überprüfung

Die Probekörper dürfen keine Verwindungen aufweisen und müssen gegenüberliegend parallele und senkrecht aufeinander stehende Oberflächen haben. Die Oberflächen und Kanten müssen frei von Kratzern, Kratern, Einfallstellen und Graten sein.

Die Probekörper müssen durch vergleichende Sichtprüfungen mit Linealen, Anschlagwinkeln und ebenen Platten und durch Messung mittels Mikrometermessschrauben auf Übereinstimmung mit diesen Anforderungen überprüft werden.

Probekörper mit mess- oder sichtbarer Abweichung von einer oder mehreren dieser Anforderungen müssen verworfen oder vor der Prüfung zu korrekter Größe und Form nachgearbeitet werden.

6.1.5 Kerbung

6.1.5.1 Mechanisch erzeugte Kerben müssen nach ISO 2818 hergestellt werden. Das Profil des Schneidwerkzeugs muss derart gestaltet sein, dass im rechten Winkel zu den Hauptachsen des Probekörpers eine Kerbe der Form und Tiefe wie in Tabelle 2 festgelegt und in Bild 5 dargestellt erzeugt wird (siehe Anmerkung).

ANMERKUNG Der Radius des Kerbgrundes kann nach dem in Anhang C angegebenen Verfahren gemessen werden.

6.1.5.2 Probekörper mit eingeformten Kerben dürfen verwendet werden, wenn dies für den zu untersuchenden Werkstoff festgelegt ist (siehe Anmerkung).

ANMERKUNG Probekörper mit eingeformten Kerben führen nicht zu Ergebnissen, die vergleichbar sind mit denjenigen von Probekörpern mit spanend erzeugten Kerben.

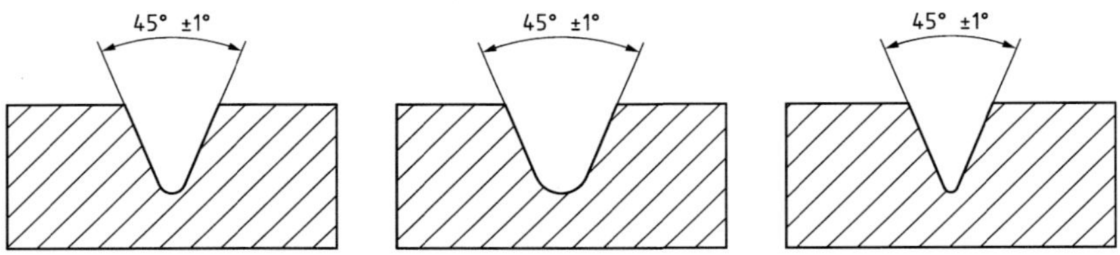

a) Art A

Radius des Kerbgrundes
r_N = (0,25 ± 0,05) mm

b) Art B

Radius des Kerbgrundes
r_N = (1,00 ± 0,05) mm

c) Art C

Radius des Kerbgrundes
r_N = (0,10 ± 0,02) mm

Bild 5 — Kerbarten

6.2 Anisotropie

Bestimmte Arten von Platten- oder Tafelwerkstoffen oder von spritzgegossenen Platten entnommenen Probekörpern können in Abhängigkeit von der Richtung in der Platten- oder Tafelebene unterschiedliche Schlagzähigkeitseigenschaften aufweisen. In solchen Fällen ist es üblich, Gruppen von Probekörpern mit ihrer Hauptachse parallel sowie senkrecht zur Richtung eines bestimmten Merkmals der Platte oder Tafel zu entnehmen, das entweder augenscheinlich oder aus dem Wissen über das Herstellungsverfahren bekannt ist.

6.3 Form und Maße

6.3.1 Werkstoffe, die keine interlaminaren Scherbrüche aufweisen

6.3.1.1 Spritzguss- und Extrusionsformmassen

6.3.1.1.1 Es müssen Probekörper vom Typ 1 verwendet werden, die ungekerbt sind oder eine der drei verschiedenen Kerbarten wie in Tabelle 1 und Tabelle 2 festgelegt und in Bild 2 und Bild 5 dargestellt aufweisen. Die Kerbe muss in der Mitte des Probekörpers angeordnet sein. Probekörper vom Typ 1 (siehe Tabelle 1) dürfen dem mittleren Teil der Vielzweckprobekörper vom Typ A1 nach ISO 20753 entnommen werden.

Tabelle 1 — Probekörpertypen, Probekörpermaße und Stützweiten zwischen den Widerlagern[e]

Maße in Millimeter

Probekörper-Typ	Länge[a] l	Breite[a] b	Dicke[a] h	Stützweite L
1	80 ± 2	10,0 ± 0,2	4,0 ± 0,2	$62^{+0,5}_{-0,0}$
2[b]	25h	10 oder 15[c]	3[d]	20h
3[b]	11h oder 13h	10,0 ± 0,2	4,0 ± 0,2	6h oder 8h

[a] Die Probekörpermaße (Dicke h, Breite b und Länge l) sind wie folgt festgelegt: $h < b < l$.

[b] Die Probekörper vom Typ 2 und Typ 3 dürfen nur für die in 6.3.2 beschriebenen Werkstoffe angewendet werden.

[c] 10 mm für Werkstoffe, die feinstrukturiert verstärkt sind, 15 mm für Werkstoffe, die mit grober Struktur verstärkt sind (siehe 6.3.2.2).

[d] Bevorzugte Dicke. Wenn der Probekörper einer Platte oder einem Formteil entnommen wird, muss h bis 10,2 mm gleich der Dicke der Platte oder des Formteils sein (siehe 6.3.1.2).

[e] Siehe Bild 2 und Bild 6.

Tabelle 2 — Prüfverfahren-Bezeichnungen, Probekörper-Typen, Kerbarten und Kerbmaße — Werkstoffe, die keine interlaminaren Scherbrüche aufweisen

Maße in Millimeter

Prüfverfahren-Bezeichnung[a]	Probekörper-Typ	Schlagrichtung	Kerbart	Kerbgrund-radius r_N (siehe Bild 5)	Restbreite b_N im Kerbgrund (siehe Bild 2)
ISO 179-1/1eA[b]	1	Schmalseitig	A	0,25 ± 0,05	8,0 ± 0,2
ISO 179-1/1eB			B	1,00 ± 0,05	8,0 ± 0,2
ISO 179-1/1eC			C	0,10 ± 0,02	8,0 ± 0,2
ISO 179-1/1eU[b]			Ungekerbt		
ISO 179-1/1fU[c]		Breitseitig	Ungekerbt		

[a] Sind die Probekörper aus Platten oder Fertigteilen entnommen, muss die Dicke der Platte oder des Fertigteils der Bezeichnung hinzugefügt werden. Unverstärkte Probekörper dürfen nicht mit der bearbeiteten Oberfläche unter Zugspannung geprüft werden.

[b] Bevorzugtes Verfahren.

[c] Besonders zum Prüfen von Oberflächeneffekten (siehe 6.3.1.1.3).

6.3.1.1.2 Die bevorzugte Kerbart ist die Art A (siehe Tabelle 2 und Bild 5). Für die meisten Werkstoffe sind ungekerbte Probekörper geeignet oder Probekörper mit einer Kerbe der Art A, die mit schmalseitigem Schlag (siehe 3.3) geprüft werden. Wenn Probekörper mit der Kerbart A während der Prüfung nicht brechen, müssen Probekörper mit der Kerbart C verwendet werden. Wenn Angaben über die Kerbempfindlichkeit des Kunststoffes gewünscht werden, müssen Probekörper mit den Kerbarten A, B und C geprüft werden.

6.3.1.1.3 Ungekerbte oder doppelt gekerbte Probekörper, die mit breitseitigem Schlag (siehe 3.4) geprüft werden, können verwendet werden, um Oberflächeneffekte zu untersuchen (siehe Anhang A).

6.3.1.2 Plattenförmige Werkstoffe

Der empfohlene Wert der Dicke h ist 4 mm. Wenn der Probekörper einer Platte oder einem Formteil entnommen wird, muss seine Dicke bis zu 10,2 mm die gleiche wie die der Platte oder des Formteils sein.

Probekörper aus Teilen mit einer Dicke größer als 10,2 mm müssen von einer Seite bis zur Dicke von (10 ± 0,2) mm abgetragen werden, unter der Voraussetzung, dass die Platte in ihrer Dicke homogen ist und nur eine Verstärkungsart enthält, die gleichmäßig verteilt ist. Werden ungekerbte oder doppelt gekerbte Probekörper mit breitseitigem Schlag geprüft, so muss die ursprüngliche Oberfläche unter Zugspannung geprüft werden.

6.3.2 Stoffe mit interlaminarem Scherbruch (z. B. langfaserverstärkte Werkstoffe)

6.3.2.1 Es werden ungekerbte Probekörper vom Typ 2 oder Typ 3 verwendet. Abgesehen von der Dicke sind keine Probekörpermaße festgelegt. Die wichtigste Größe stellt das Verhältnis aus der Stützweite zwischen den Widerlagern und dem Probekörpermaß in Schlagrichtung dar (siehe Tabelle 1).

Üblicherweise werden die Probekörper bei senkrechter Schlagrichtung geprüft (siehe Bild 4).

6.3.2.2 Prüfung „breitseitig senkrechter Schlag“ (siehe Bild 4): Die Breite des Probekörpers muss bei Werkstoffen, die feinstrukturiert verstärkt sind (Feingewebe- und Parallelfadenverstärkung), 10 mm betragen und bei Werkstoffen, die mit groben Gewebestrukturen verstärkt sind (Roving-Gewebe) oder eine unregelmäßige Struktur aufweisen, 15 mm betragen.

6.3.2.3 Prüfung „schmalseitig paralleler Schlag“ (siehe Bild 4): Wenn Probekörper in der parallelen Richtung geprüft werden, muss das Probekörpermaß senkrecht zur Schlagrichtung die Dicke der Platte sein, aus der der Probekörper entnommen wurde.

6.3.2.4 Die Länge l des Probekörpers muss entsprechend einem Verhältnis L/h aus Stützweite und Dicke von 20 bei Probekörpern vom Typ 2, und von 6 bei Probekörpern vom Typ 3, ausgewählt werden. Wenn jedoch im jeweiligen Prüfgerät das Verhältnis $L/h = 6$ nicht eingehalten werden kann, darf es $L/h = 8$ betragen, insbesondere bei dünnen Platten, wie in Tabelle 1 angegeben.

6.3.2.5 Bei Probekörpern vom Typ 2 tritt Zugversagen auf; bei Probekörpern vom Typ 3 tritt üblicherweise interlaminares Scherversagen der Platte auf. Die verschiedenen Versagensarten, die auftreten können, sind in Tabelle 3 zusammengefasst.

ANMERKUNG In manchen Fällen (Verstärkung mit Feingewebe) tritt kein Scherversagen auf. Bei Probekörpern vom Typ 3 beginnt der Bruch mit einfachem oder mehrfachem Scherversagen und setzt sich mit Zugversagen fort.

6.4 Anzahl der Probekörper

6.4.1 Wenn nichts anderes in der Norm für den zu untersuchenden Werkstoff festgelegt ist, müssen 10 Probekörper geprüft werden. Wenn der Variationskoeffizient (siehe ISO 2602) unter 5 % liegt, reicht eine Mindestanzahl von fünf Probekörpern aus.

6.4.2 Wenn Schichtstoffe in senkrechter und paralleler Richtung geprüft werden, müssen jeweils 10 Probekörper in jeder Richtung geprüft werden.

Tabelle 3 — Prüfverfahren-Bezeichnung und Probekörper-Typen — Werkstoffe mit interlaminarem Scherbruch

Prüfverfahren-Bezeichnung	Probekörper-Typ	*L/h*	Versagensart		Skizze
ISO 179-1/2 n oder p[a]	2	20	Zug	t	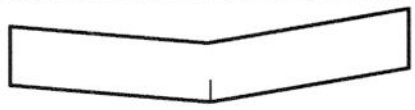
			Druck	c	
			Ausbeulen	b	
ISO 179-1/3 n oder p[a]	3	6 oder 8	Scheren	s	
			Vielfachscheren	ms	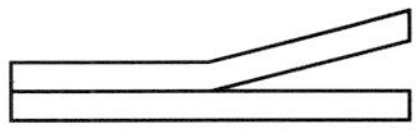
			Scheren gefolgt von Zugversagen	st	

[a] „n" bedeutet senkrechter und „p" paralleler Schlag bezüglich der Plattenebene (siehe Bild 4).

6.5 Stützweite zwischen den Widerlagern *L*

Die Stützweite zwischen den Widerlagern *L* ist als Abstand zwischen den Berührungslinien des Probekörpers mit den Widerlagern festgelegt. In Bild 6 sind die Stützweite *L* und eine geeignete Möglichkeit, wie sie durch Messung des Radius der Widerlager und des Abstandes zwischen ihnen bestimmt werden kann, dargestellt.

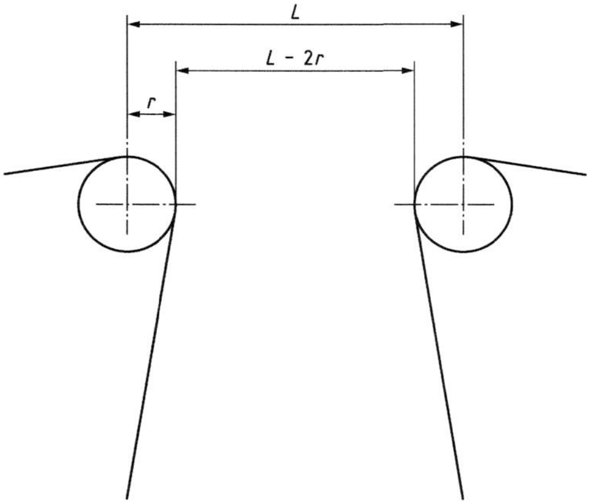

Bild 6 — Stützweite L und geeigneter Messpunkt

6.6 Konditionierung

Soweit nicht anders in der Norm für den zu prüfenden Werkstoff festgelegt, müssen die Probekörper nach der Festlegung in ISO 291, Klasse 2, mindestens 16 h bei (23 ± 2) °C und (50 ± 10) % relativer Luftfeuchte konditioniert werden, falls zwischen den Beteiligten keine anderslautenden Bedingungen vereinbart sind. Im Fall von gekerbten Probekörpern erfolgt das Konditionieren nach dem Kerben.

Bei Werkstoffen mit feuchtigkeitsunempfindlichen Schlageigenschaften braucht die relative Luftfeuchte nicht überwacht zu werden.

7 Durchführung

7.1 Die Prüfung ist im gleichen Klima wie bei der Konditionierung durchzuführen, sofern von den Beteiligten nichts anderes vereinbart wurde, z. B. für Prüfungen bei hohen oder niedrigen Temperaturen.

7.2 Die Dicke h und die Breite b jedes Probekörpers sind in dem Mittelpunkt auf 0,02 mm zu messen. Bei gekerbten Probekörpern ist die Restbreite b_N sorgfältig auf 0,02 mm zu bestimmen.

Bei spritzgegossenen Probekörpern ist es nicht notwendig, von allen Probekörpern die Maße zu bestimmen. Es genügt, einen Probekörper einer Gruppe auszumessen, um sicherzugehen, dass die Maße denen in der Tabelle 1 entsprechen. Bei mit einem Mehrfachwerkzeug hergestellten Spritzgussteilen ist sicherzustellen, dass die Probekörper aus jeder Formhöhlung in ihren Maßen übereinstimmen.

Die Stützweite zwischen den Widerlagern der Probekörper ist zu überprüfen und, wenn erforderlich, nach Tabelle 1 und 6.5 einzustellen.

7.3 Es ist zu überprüfen, ob das Pendelschlagwerk den festgelegten Wert für die Aufschlaggeschwindigkeit und den richtigen Bereich der aufgenommenen Arbeit W aufweist, der zwischen 10 % und 80 % des Arbeitsvermögens E im Moment des Aufschlags liegen muss. Wenn mehr als eines der Pendel diese Anforderungen erfüllt, muss das Pendel mit dem höchsten Arbeitsvermögen verwendet werden.

7.4 Die Reibungsverluste sind zu bestimmen, und die aufgenommene Arbeit ist nach ISO 13802 zu korrigieren.

7.5 Das Pendel ist auf die festgelegte Höhe zu heben und einzuklinken. Der Probekörper ist auf den Widerlagern des Schlagwerks so anzuordnen, dass die Hammerschneide in der Mitte des Probekörpers auftrifft. Gekerbte Probekörper sind sorgfältig so auszurichten, dass die Kerbmitte direkt in der Schlagebene liegt (siehe Bild 1, links).

7.6 Das Pendel ist auszuklinken. Die vom Probekörper aufgenommene Schlagarbeit ist aufzuzeichnen und notwendige Korrekturen für Reibungsverluste usw. sind vorzunehmen (siehe 7.4).

7.7 Bei Spritzguss- und Extrusionsformmassen können vier Versagensarten, die mit den folgenden Kennbuchstaben bezeichnet werden, auftreten:

— C (vollständiger Bruch, en: complete break): ein Bruch, der den Probekörper in zwei oder mehrere Teile trennt;

— H (Scharnierbruch, en: hinge break): ein unvollständiger Bruch, bei dem beide Teile des Probekörpers nur durch eine dünne Randschicht mit geringer Reststeifigkeit in der Form eines Scharniers zusammengehalten werden;

— P (teilweiser Bruch, en: partial break): ein unvollständiger Bruch, auf den der Begriff des Scharnierbruchs nicht zutrifft;

— N (Nicht-Bruch, en: non-break): es gibt keinen Bruch und der Probekörper wird nur verbogen, möglicherweise verbunden mit Weißbruch.

Die Versagensart des betroffenen Probekörpers ist aufzuzeichnen.

7.8 Die Schritte von 7.5 bis 7.7 sind für alle zu prüfenden Probekörper zu wiederholen.

8 Auswertung

8.1 Ungekerbte Probekörper

Die Charpy-Schlagzähigkeit von ungekerbten Probekörpern a_{cU}, angegeben in Kilojoule je Quadratmeter, ist nach Gleichung (1) zu berechnen:

$$a_{cU} = \frac{W_c}{h \times b} \times 10^3 \qquad (1)$$

Dabei ist

W_c die korrigierte Arbeit, die aufgenommen wird, um den Probekörper zu brechen, in Joule;

h die Dicke des Probekörpers, in Millimeter;

b die Breite des Probekörpers, in Millimeter.

8.2 Gekerbte Probekörper

Die Charpy-Kerbschlagzähigkeit von gekerbten Probekörpern a_{cN}, angegeben in Kilojoule je Quadratmeter, mit den Kerbarten A, B oder C, ist nach Gleichung (2) zu berechnen:

$$a_{cN} = \frac{W_c}{h \times b_N} \times 10^3 \qquad (2)$$

Dabei ist

W_c die korrigierte Arbeit, die aufgenommen wird, um den Probekörper zu brechen, in Joule;

h die Dicke des Probekörpers, in Millimeter;

b_N die Restbreite des Probekörpers, in Millimeter.

8.3 Statistische Größen

Das Prüfergebnis ist als arithmetischer Mittelwert der einzelnen Prüfdaten zu errechnen und, falls verlangt, die Standardabweichung des Mittelwertes unter Anwendung der in ISO 2602 angegebenen Vorgehensweise. Für jede Versagensart innerhalb einer Probe müssen die zugehörige Anzahl von Probekörpern angegeben und die Mittelwerte errechnet werden.

8.4 Signifikante Ziffern

Alle errechneten Mittelwerte sind auf drei signifikante Ziffern anzugeben.

9 Präzision

Siehe Anhang B.

10 Prüfbericht

Der Prüfbericht muss folgende Angaben enthalten:

a) eine Verweisung auf dieses Dokument, d. h. ISO 179-1:2023;

b) das angewendete Verfahren, bezeichnet nach Tabelle 2, z. B.:

Kerbschlagbiegeversuch ISO 179-1/ 1 e A

Probekörper-Typ (siehe Tabelle 1) — 1
Schlagrichtung (siehe Bild 4) — e
Kerbart (siehe Bild 5) — A

oder nach Tabelle 3, z. B.:

Kerbschlagbiegeversuch ISO 179-1/ 2 n

Probekörper-Typ (siehe Tabelle 1) — 2
Schlagrichtung (siehe Bild 4) — n

c) alle Informationen, die zur Identifizierung des geprüften Werkstoffes notwendig sind, einschließlich der Art, der Herkunft, der Produktbezeichnung des Herstellers, der Güteklasse und der Geschichte, soweit diese bekannt sind;

d) eine Beschreibung der Beschaffenheit und Form des Werkstoffes, d. h. ob Fertigteil, Halbzeug, Prüfplatte oder Probekörper, einschließlich Hauptmaße, Gestalt, Herstellungsart usw., soweit diese bekannt sind;

e) die Aufschlaggeschwindigkeit;

f) das Nenn-Arbeitsvermögen des Pendels;

g) das Verfahren der Probekörperherstellung;

h) wenn der Werkstoff in der Form eines Fertigteils oder Halbzeugs vorliegt, die Orientierung des Probekörpers in Bezug auf das Fertigteil oder Halbzeug, dem er entnommen wurde;

i) die Anzahl der geprüften Probekörper;

j) das Normalklima bei der Konditionierung und bei der Prüfung und jede spezielle Konditionierung, die von der Norm für den Werkstoff oder das Fertigteil verlangt wird;

k) die Art(en) des beobachteten Versagens;

l) die einzelnen Prüfergebnisse, wie folgt dargestellt (siehe auch Tabelle 4):

   1) die Ergebnisse sind nach den drei grundlegenden Versagensarten zu gruppieren:

      C – vollständiger Bruch, einschließlich Scharnierbruch H;

      P – teilweiser Bruch;

      N – Nicht-Bruch;

   2) die häufigste Art ist auszuwählen und der Mittelwert x der Schlagzähigkeit als Prüfergebnis für diese Versagensart, gefolgt vom Buchstaben C oder P für die entsprechende Versagensart, ist aufzuzeichnen;

   3) ist N die häufigste Versagensart, dann ist nur der Buchstabe N aufzuzeichnen;

   4) (in Klammern) ist der Buchstabe C, P oder N der zweithäufigsten Versagensart hinzuzufügen, aber nur dann, wenn deren Häufigkeit mehr als 1/3 beträgt (falls nicht zutreffend, dann ist ein Sternchen einzufügen);

m) die Standardabweichungen der Mittelwerte, falls gefordert;

n) das Datum (die Daten) der Prüfung.

Tabelle 4 — Darstellung der Ergebnisse

Versagensart			Bezeichnung
C	**P**	**N**	
x	*	*	xC*
x	(P)	*	xC(P)
x	*	(N)	xC(N)
*	x	*	xP*
(C)	x	*	xP(C)
*	x	(N)	xP(N)
*	*	N	N*
(C)	*	N	N(C)
*	(P)	N	N(P)

x Mittelwert der Schlagzähigkeit für die häufigste Versagensart, außer Versagensart N.

C, P oder N Häufigste Versagensart.

(C), (P) oder (N) Zweithäufigste Versagensart, die nur dann aufzuzeichnen ist, wenn die Häufigkeit mehr als 1/3 beträgt.

* Nicht zutreffend.

Anhang A
(informativ)

Zusätzliche Verfahren zur Untersuchung des Einflusses von Oberflächen-Effekten

Die folgenden zusätzlichen Verfahren (siehe Tabelle A.1) mit Doppel-V-Kerben können bei den in 6.3.1 beschriebenen Werkstoffen angewendet werden.

Wenn der Einfluss von Oberflächen-Effekten an Werkstoffen mit mäßiger oder hoher Schlagzähigkeit gemessen werden soll, darf das Verfahren des breitseitigen Schlages mit Doppel-V-Kerben angewendet werden. Zwei Kerben werden senkrecht zur Schlagrichtung angebracht. Die Länge jeder der Doppelkerben ist *h*, wie in Bild A.1 dargestellt.

Tabelle A.1 — Kenngrößen für Prüfungen an doppelt gekerbten Probekörpern

Maße in Millimeter

Prüfverfahren-Bezeichnung[a]	**Probekörper-Typ**	**Schlag-richtung**	**Kerbart**	**Kerbgrund-radius r_N**	**Restbreite b_N im Kerbgrund**
			Doppelkerbe		
ISO 179-1/1fA	1	Breitseitig	A	0,25 ± 0,05	6,0 ± 0,2
ISO 179-1/1fB	1	Breitseitig	B	1,00 ± 0,05	6,0 ± 0,2
ISO 179-1/1fC	1	Breitseitig	C	0,10 ± 0,02	6,0 ± 0,2

[a] Sind die Probekörper aus Platten oder Fertigteilen entnommen, muss die Dicke der Platte oder des Fertigteils der Bezeichnung hinzugefügt werden.

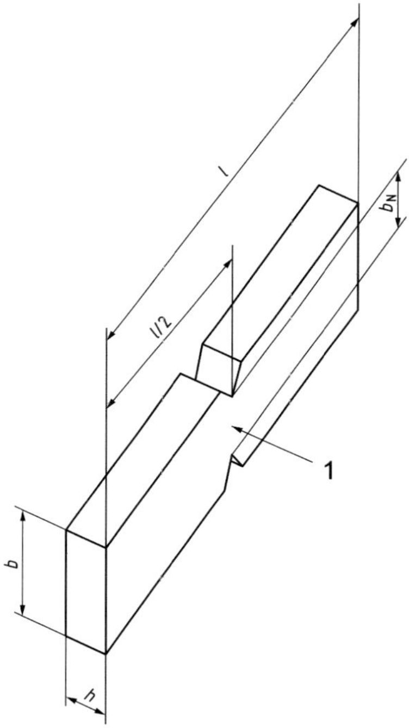

Legende

1 Schlagrichtung

Bild A.1 — Doppelt gekerbter Probekörper

Anhang B
(informativ)

Angaben zur Präzision

B.1 Allgemeines

Tabelle B.1 und Tabelle B.2 beruhen auf Ringversuchen, die nach ASTM E691, mit gekerbten Probekörpern durchgeführt wurden. Für jeden Werkstoff gilt, dass alle Prüfstäbe an einer Stelle hergestellt wurden, abgesehen vom (Ein-)Kerben. Die Kerben wurden von dem Laboratorium überprüft, das für die Probenverteilung verantwortlich ist. Tabelle B.1 und Tabelle B.2 ergaben sich aus den Untersuchungen von Tag 1 und Tag 2. Jede Untersuchung beruht auf der Prüfung von jeweils 10 Probekörpern eines jeden Werkstoffes durch die teilnehmenden Laboratorien. Ein Probekörper (bzw. eine Bestimmung) ist ein Prüfergebnis für die Berechnung der Statistik mit der Statistik-Software ASTM E691.

Tabelle B.3 beruht auf Ringversuchen, die vom deutschen Kunststoffinstitut Lüdenscheid nach ISO/IEC 17043 und ISO 13528 an ungekerbten Probekörpern durchgeführt wurden. Die Prüfergebnisse wurden nach ISO 5725-2 ausgewertet. Alle Probekörper jedes Werkstoffes wurden an einer Stelle hergestellt. An allen Werkstoffen wurden an verschiedenen Tagen 3 Prüfreihen durchgeführt, wobei für jede Prüfreihe 5 Einzelmessungen durchgeführt wurden. Jede Prüfreihe wurde als Prüfergebnis zur Berechnung der Statistik mit Statistik-Software nach ISO 5725-2 verwendet.

Tabelle B.1 beruht auf einem Ringversuch, an dem sich neun Laboratorien mit drei Werkstoffen beteiligt haben, und Tabelle B.2 beruht auf einem Ringversuch, an dem sich sieben Laboratorien mit zwei Werkstoffen beteiligt haben. Aufgrund der Schwierigkeit, Laboratorien zu finden, die über die benötigten Pendel verfügten, um die Prüfung bei beiden Geschwindigkeiten durchzuführen, wurden die Laboratorien und Werkstoffe entsprechend der geforderten Geschwindigkeit (2,9 m/s oder 3,8 m/s) eingruppiert.

ANMERKUNG Die folgenden Erklärungen von r und R (siehe Abschnitt B.2) sind nur dafür vorgesehen, eine aussagekräftige Verfahrensweise aufzuzeigen, die ungefähre Präzision dieses Prüfverfahrens zu berücksichtigen. Die Daten in Tabelle B.1, Tabelle B.2 und Tabelle B.3 sind nicht für die Annahme oder Zurückweisung des Werkstoffes anzuwenden, da diese Daten für den Ringversuch spezifisch und möglicherweise für andere Lose, Bedingungen, Werkstoffe oder Laboratorien nicht repräsentativ sind. Anwendern dieses Prüfverfahrens wird empfohlen, die Grundsätze von ASTM E691 und/oder ISO 5725-2 anzuwenden, um Daten zu erhalten, die für ihre Laboratorien und Werkstoffe oder zwischen bestimmten Laboratorien spezifisch sind. Die Grundsätze von Abschnitt B.2 wären dann für solche Daten gültig.

B.2 Begriff von *r* und *R*

Wenn s_r und s_R aus einem hinreichend großen Datenbestand berechnet worden sind, und für Prüfergebnisse aus einer Bestimmung, gilt:

Für die **Wiederholgrenze** r (Vergleich zweier Prüfergebnisse für den gleichen Werkstoff, die von demselben Bediener mit derselben Ausrüstung am selben Tag erhalten wurden) sollten die beiden Prüfergebnisse als nicht gleichwertig beurteilt werden, wenn sie sich um mehr als den r-Wert für diesen Werkstoff unterscheiden.

Für die **Vergleichgrenze** R (Vergleich zweier Prüfergebnisse für den gleichen Werkstoff, die von unterschiedlichen Bedienern mit unterschiedlicher Ausrüstung an verschiedenen Tagen erhalten wurden) sollten die beiden Prüfergebnisse als nicht gleichwertig beurteilt werden, wenn sie sich um mehr als den R-Wert für diesen Werkstoff unterscheiden.

Jede Beurteilung in Übereinstimmung mit dem Vorgenannten wäre mit einer Wahrscheinlichkeit von annähernd 95 % (0,95) richtig.

Wiederholgrenze, $r = 2{,}83\ s_r$

Vergleichgrenze, $R = 2{,}83\ s_R$

Tabelle B.1 — Angaben zur Präzision für die Charpy-Schlagzähigkeit von gekerbten Probekörpern (a_{cN}) bei 2,9 m/s — ISO 179-1/1eA

Alle Absolutwerte in kJ/m² und alle Relativwerte in % des Mittelwerts

	Werkstoff	Mittelwert	s_r [a]	s_R [b]	rel. s_r	rel. s_R
Tag 1	ABS	13,5	0,47	1,86	3,5 %	13,8 %
	PBT-GF	8,52	0,61	1,27	7,2 %	14,9 %
	Polypropylen	10,5	0,63	1,58	6,0 %	15,1 %
Tag 2	ABS	13,4	0,45	1,90	3,3 %	14,1 %
	PBT-GF	8,54	0,60	1,29	7,0 %	15,1 %
	Polypropylen	10,8	0,65	1,45	6,0 %	13,4 %

[a] s_r ist die Standardabweichung innerhalb des Laboratoriums.

[b] s_R ist die Standardabweichung zwischen den Laboratorien.

Tabelle B.2 — Angaben zur Präzision für die Charpy-Schlagzähigkeit von gekerbten Probekörpern (a_{cN}) bei 3,8 m/s — ISO 179-1/1eA

Alle Absolutwerte in kJ/m² und alle Relativwerte in % des Mittelwerts

	Werkstoff	Mittelwert	s_r [a]	s_R [b]	rel. s_r	rel. s_R
Tag 1	Polycarbonat	91,7	5,30	8,37	5,8 %	9,1 %
	Polyurethan	94,3	5,37	6,21	5,7 %	6,6 %
Tag 2	Polycarbonat	91,7	3,85	6,49	4,2 %	7,1 %
	Polyurethan	92,4	6,32	7,86	6,8 %	8,5 %

[a] s_r ist die Standardabweichung innerhalb des Laboratoriums.

[b] s_R ist die Standardabweichung zwischen den Laboratorien.

Tabelle B.3 — Angaben zur Präzision für die Charpy-Schlagzähigkeit von ungekerbten Probekörpern (a_{cU}) — ISO 179-1/1eU

Alle Absolutwerte in kJ/m² und alle Relativwerte in % des Mittelwerts

Aufschlag-geschwindigkeit	Werkstoff	Anzahl an Laboratorien	Mittelwert	s_r [a]	s_R [b]	rel. s_r	rel. s_R
2,9 m/s	POM-GF	18	7,29	0,18	0,24	2,5 %	3,3 %
	POM	16	5,73	0,26	0,91	4,5 %	15,9 %
	ABS	11	17,0	0,40	0,90	2,4 %	5,3 %
3,8 m/s	PP-T	25	49,6	1,34	1,73	2,7 %	3,5 %
	PP-T20	18	46,8	0,99	1,21	2,1 %	2,6 %
	PP-GF	23	36,2	0,53	0,81	1,5 %	2,2 %
	PP	10	54,6	1,18	2,11	2,2 %	3,9 %
	PC/ABS	15	51,3	0,85	1,31	1,7 %	2,6 %

[a] s_r ist die Standardabweichung innerhalb des Laboratoriums.

[b] s_R ist die Standardabweichung zwischen den Laboratorien.

Anhang C
(informativ)

Bestimmung des Kerbgrundradius mit einem CCD-Mikroskop

C.1 Das Ergebnis der Charpy-Prüfung ist mitunter sehr empfindlich in Bezug auf den Kerbgrundradius. In diesen Fällen ist es erforderlich, dass der Radius genau gemessen wird. Dieser Anhang veranschaulicht den Einfluss des Kerbgrundradius auf die Charpy-Schlagzähigkeit und beschreibt das CCD-Mikroskop-Verfahren als ein mögliches Verfahren für die Messung des Kerbgrundradius.

C.2 Bild C.1 zeigt den Einfluss des Kerbgrundradius auf die Charpy-Schlagzähigkeit von vier Arten von Kunststoffen.

C.3 Tabelle C.1 vergleicht drei Verfahren zur Bestimmung des Kerbgrundradius.

C.4 Bild C.2 zeigt ein CCD-Mikroskop und die Ansicht einer typischen Kerbe. Der Kerbgrundradius kann unter Anwendung von Gleichung (C.1) bis Gleichung (C.3) durch Messung an drei Punkten bestimmt werden:

$$x^2 + y^2 + ax + by + c = 0 \quad \text{(C.1)}$$

$$(x + a/2)^2 + (y + b/2)^2 = a^2/4 + b^2/4 - c \quad \text{(C.2)}$$

$$r_N = (a^2/4 + b^2/4 - c)^{1/2} \quad \text{(C.3)}$$

Dabei sind/ist

x und *y* die *x*- und *y*-Koordinaten eines Punktes;

a, *b* und *c* die Konstanten;

r_N der Kerbgrundradius.

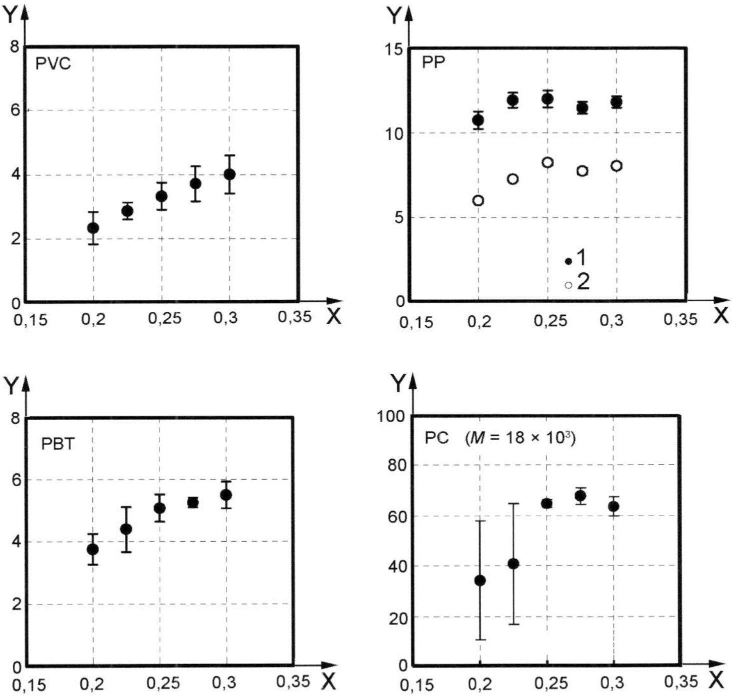

Legende

X Kerbgrundradius (mm)
Y Kerbschlagzähigkeit (kJ/m^2)
1 PP-Blockcopolymer
2 PP-Homopolymer

Schlagrichtung: e, Kerbart: A

Bild C.1 — Einfluss des Kerbgrundradius auf die Charpy-Schlagzähigkeit

Tabelle C.1 — Verfahren zur Bestimmung des Kerbgrundradius

Verfahren	Kurz-beschreibung	Bestimmung	Durchführung	Nachweis-vermögen mm	Bemerkungen
Verfahren mit digitalem Mikroskop	Optisches CCD-Mikroskop Einfach, gute Präzision	Digital	Die Kerbform wird mit einem CCD-Mikroskop (mit einer 100- bis 600-fachen Vergrößerung) gemessen. Der Radius wird durch digitale Datenverarbeitung berechnet (siehe Abschnitt C.4).	1/1 000	Der Betrieb ist schnell und einfach. Eine hervorragende Tiefenschärfe ist günstig für die 3D-Bildmessung.
Komparator-Verfahren (ASTM D6110)	Optischer Vergleich mit Ausgangsplatte Indirektes Verfahren, nicht einfach	Vergleich	Ein vergrößertes Bild wird mit einer (zuvor hergestellten) transparenten Schablone verglichen, um festzustellen, ob ein Probekörper innerhalb eines festgelegten Bereichs liegt.	1/100	Keine Bestimmung der tatsächlichen Größe des Radius mit diesem Verfahren.
Verfahren mit Tastschnitt-gerät	Physisches Verfolgen des Kerbprofils mit einer Nadel Einfach, aber unstabil bei Erschütterung	Digital	Ein Messstift untersucht die Oberfläche eines Probekörpers und erfasst die Kerbform. Der Radius wird durch digitale Datenverarbeitung berechnet.	1/1 000	Der Messstift ist anfällig gegenüber Erschütterungen. Grate in einem Probekörper können zu Fehlern führen.

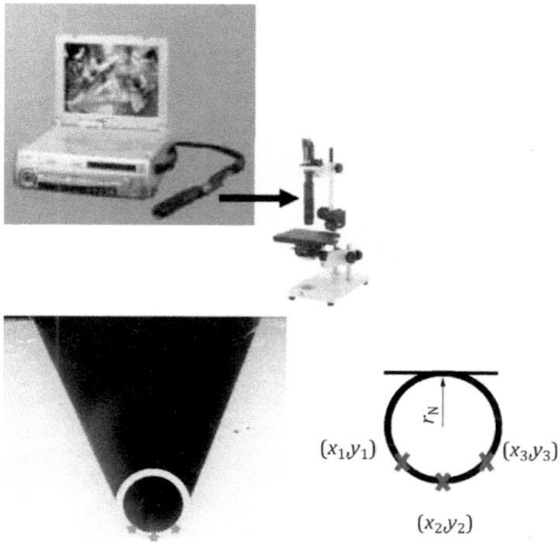

Bild C.2 — Typisches CCD-Mikroskop und typische Kerben-Ansicht

Literaturhinweise

[1] ISO 180, *Plastics — Determination of Izod impact strength*

[2] ISO 2602, *Statistical interpretation of test results — Estimation of the mean — Confidence interval*

[3] ISO 5725-2, *Accuracy (trueness and precision) of measurement methods and results — Part 2: Basic method for the determination of repeatability and reproducibility of a standard measurement method*

[4] ISO 13528, *Statistical methods for use in proficiency testing by interlaboratory comparison*

[5] ISO 16012, *Plastics — Determination of linear dimensions of test specimens*

[6] ISO/IEC 17043, *Conformity assessment — General requirements for proficiency testing*

[7] ISO 20753:—[1], *Plastics — Test specimens*

[8] ASTM D6110, *Standard Test Method for Determining the Charpy Impact Resistance of Notched Specimens of Plastics*

[9] ASTM E691, *Standard Practice for Conducting an Interlaboratory Study to Determine the Precision of a Test Method*

1 In Vorbereitung. Stufe zum Zeitpunkt der Veröffentlichung: ISO/DIS 20753:2023

DIN EN ISO 179-2

ICS 83.080.01

Ersatz für
DIN EN ISO 179-2:2012-06

Kunststoffe – Bestimmung der Charpy-Schlageigenschaften – Teil 2: Instrumentierte Schlagzähigkeitsprüfung (ISO 179-2:2020); Deutsche Fassung EN ISO 179-2:2020

Plastics –
Determination of Charpy impact properties –
Part 2: Instrumented impact test (ISO 179-2:2020);
German version EN ISO 179-2:2020

Plastiques –
Détermination des caractéristiques au choc Charpy –
Partie 2: Essai de choc instrumenté (ISO 179-2:2020);
Version allemande EN ISO 179-2:2020

Gesamtumfang 32 Seiten

DIN-Normenausschuss Kunststoffe (FNK)
DIN-Normenausschuss Materialprüfung (NMP)

Nationales Vorwort

Dieses Dokument (EN ISO 179-2:2020) wurde vom Technischen Komitee ISO/TC 61 „Plastics" in Zusammenarbeit mit dem Technischen Komitee CEN/TC 249 „Kunststoffe" erarbeitet, dessen Sekretariat von NBN (Belgien) gehalten wird.

Für die deutsche Mitarbeit ist der Arbeitsausschuss NA 054-01-02 AA „Mechanische Eigenschaften und Probekörperherstellung" im DIN-Normenausschuss Kunststoffe (FNK) verantwortlich.

Für die in diesem Dokument zitierten internationalen Dokumente wird im Folgenden auf die entsprechenden deutschen Dokumente hingewiesen:

ISO 179-1:2010	siehe	DIN EN ISO 179-1:2010-11
ISO 291	siehe	DIN EN ISO 291
ISO 13802:2015	siehe	DIN EN ISO 13802:2016-07
ISO 16012	siehe	DIN EN ISO 16012
ISO 6603-2	siehe	DIN EN ISO 6603-2

Aktuelle Informationen zu diesem Dokument können über die Internetseiten von DIN (www.din.de) durch eine Suche nach der Dokumentennummer aufgerufen werden.

Änderungen

Gegenüber DIN EN ISO 179-2:2012-06 wurden folgende Änderungen vorgenommen:

a) Verweisung auf ISO 13802:2015 aktualisiert;

b) Klarstellung der Anforderungen an die Kraftkalibrierung;

c) neuer Unterabschnitt zur Bestimmung der Prüfgeschwindigkeit bei der Verwendung von Fallwerken hinzugefügt (5.1.6);

d) redaktionelle Überarbeitung.

Frühere Ausgaben

DIN EN ISO 179-2: 2000-06, 2012-06

Nationaler Anhang NA
(informativ)

Literaturhinweise

DIN EN ISO 179-1:2010-11, *Kunststoffe — Bestimmung der Charpy-Schlageigenschaften — Teil 1: Nicht instrumentierte Schlagzähigkeitsprüfung (ISO 179-1:2010); Deutsche Fassung EN ISO 179-1:2010*

DIN EN ISO 291, *Kunststoffe — Normalklimate für Konditionierung und Prüfung*

DIN EN ISO 6603-2, *Kunststoffe — Bestimmung der Durchstoßverhaltens von festen Kunststoffen — Teil 2: Instrumentierter Schlagversuch*

DIN EN ISO 13802:2016-07, *Kunststoffe — Verifizierung von Pendelschlagwerken — Charpy-, Izod- und Schlagzugversuch (ISO 13802:2015, korrigierte Fassung 2016-04-01); Deutsche Fassung EN ISO 13802:2015*

DIN EN ISO 16012, *Kunststoffe — Bestimmung der linearen Maße von Probekörpern*

— Leerseite —

EUROPÄISCHE NORM
EUROPEAN STANDARD
NORME EUROPÉENNE

EN ISO 179-2

Juni 2020

ICS 83.080.01

Ersetzt EN ISO 179-2:1999

Deutsche Fassung

Kunststoffe — Bestimmung der Charpy-Schlageigenschaften — Teil 2: Instrumentierte Schlagzähigkeitsprüfung (ISO 179-2:2020)

Plastics — Determination of Charpy impact properties — Part 2: Instrumented impact test (ISO 179-2:2020)

Plastiques — Détermination des caractéristiques au choc Charpy — Partie 2: Essai de choc instrumenté (ISO 179-2:2020)

Diese Europäische Norm wurde vom CEN am 10. Mai 2020 angenommen.

Die CEN-Mitglieder sind gehalten, die CEN/CENELEC-Geschäftsordnung zu erfüllen, in der die Bedingungen festgelegt sind, unter denen dieser Europäischen Norm ohne jede Änderung der Status einer nationalen Norm zu geben ist. Auf dem letzten Stand befindliche Listen dieser nationalen Normen mit ihren bibliographischen Angaben sind beim CEN-CENELEC-Management-Zentrum oder bei jedem CEN-Mitglied auf Anfrage erhältlich.

Diese Europäische Norm besteht in drei offiziellen Fassungen (Deutsch, Englisch, Französisch). Eine Fassung in einer anderen Sprache, die von einem CEN-Mitglied in eigener Verantwortung durch Übersetzung in seine Landessprache gemacht und dem Management-Zentrum mitgeteilt worden ist, hat den gleichen Status wie die offiziellen Fassungen.

CEN-Mitglieder sind die nationalen Normungsinstitute von Belgien, Bulgarien, Dänemark, Deutschland, Estland, Finnland, Frankreich, Griechenland, Irland, Island, Italien, Kroatien, Lettland, Litauen, Luxemburg, Malta, den Niederlanden, Norwegen, Österreich, Polen, Portugal, der Republik Nordmazedonien, Rumänien, Schweden, der Schweiz, Serbien, der Slowakei, Slowenien, Spanien, der Tschechischen Republik, der Türkei, Ungarn, dem Vereinigten Königreich und Zypern.

EUROPÄISCHES KOMITEE FÜR NORMUNG
EUROPEAN COMMITTEE FOR STANDARDIZATION
COMITÉ EUROPÉEN DE NORMALISATION

CEN-CENELEC Management-Zentrum: Rue de la Science 23, B-1040 Brüssel

Ref. Nr. EN ISO 179-2:2020 D

Inhalt

Europäisches Vorwort

Dieses Dokument (EN ISO 179-2:2020) wurde vom Technischen Komitee ISO/TC 61 „Plastics" in Zusammenarbeit mit dem Technischen Komitee CEN/TC 249 „Kunststoffe" erarbeitet, dessen Sekretariat von NBN gehalten wird.

Diese Europäische Norm muss den Status einer nationalen Norm erhalten, entweder durch Veröffentlichung eines identischen Textes oder durch Anerkennung bis Dezember 2020, und etwaige entgegenstehende nationale Normen müssen bis Dezember 2020 zurückgezogen werden.

Es wird auf die Möglichkeit hingewiesen, dass einige Elemente dieses Dokuments Patentrechte berühren können. CEN ist nicht dafür verantwortlich, einige oder alle diesbezüglichen Patentrechte zu identifizieren.

Dieses Dokument ersetzt EN ISO 179-2:1999.

Entsprechend der CEN-CENELEC-Geschäftsordnung sind die nationalen Normungsinstitute der folgenden Länder gehalten, diese Europäische Norm zu übernehmen: Belgien, Bulgarien, Dänemark, Deutschland, die Republik Nordmazedonien, Estland, Finnland, Frankreich, Griechenland, Irland, Island, Italien, Kroatien, Lettland, Litauen, Luxemburg, Malta, Niederlande, Norwegen, Österreich, Polen, Portugal, Rumänien, Schweden, Schweiz, Serbien, Slowakei, Slowenien, Spanien, Tschechische Republik, Türkei, Ungarn, Vereinigtes Königreich und Zypern.

Anerkennungsnotiz

Der Text von ISO 179-2:2020 wurde von CEN als EN ISO 179-2:2020 ohne irgendeine Abänderung genehmigt.

Vorwort

ISO (die Internationale Organisation für Normung) ist eine weltweite Vereinigung nationaler Normungsinstitute (ISO-Mitgliedsorganisationen). Die Erstellung von Internationalen Normen wird üblicherweise von Technischen Komitees von ISO durchgeführt. Jede Mitgliedsorganisation, die Interesse an einem Thema hat, für welches ein Technisches Komitee gegründet wurde, hat das Recht, in diesem Komitee vertreten zu sein. Internationale staatliche und nichtstaatliche Organisationen, die in engem Kontakt mit ISO stehen, nehmen ebenfalls an der Arbeit teil. ISO arbeitet bei allen elektrotechnischen Normungsthemen eng mit der Internationalen Elektrotechnischen Kommission (IEC) zusammen.

Die Verfahren, die bei der Entwicklung dieses Dokuments angewendet wurden und die für die weitere Pflege vorgesehen sind, werden in den ISO/IEC-Direktiven, Teil 1 beschrieben. Es sollten insbesondere die unterschiedlichen Annahmekriterien für die verschiedenen ISO-Dokumentenarten beachtet werden. Dieses Dokument wurde in Übereinstimmung mit den Gestaltungsregeln der ISO/IEC-Direktiven, Teil 2 erarbeitet (siehe www.iso.org/directives).

Es wird auf die Möglichkeit hingewiesen, dass einige Elemente dieses Dokuments Patentrechte berühren können. ISO ist nicht dafür verantwortlich, einige oder alle diesbezüglichen Patentrechte zu identifizieren. Details zu allen während der Entwicklung des Dokuments identifizierten Patentrechten finden sich in der Einleitung und/oder in der ISO-Liste der erhaltenen Patenterklärungen (siehe www.iso.org/patents).

Jeder in diesem Dokument verwendete Handelsname dient nur zur Unterrichtung der Anwender und bedeutet keine Anerkennung.

Für eine Erläuterung des freiwilligen Charakters von Normen, der Bedeutung ISO-spezifischer Begriffe und Ausdrücke in Bezug auf Konformitätsbewertungen sowie Informationen darüber, wie ISO die Grundsätze der Welthandelsorganisation (WTO, en: World Trade Organization) hinsichtlich technischer Handelshemmnisse (TBT, en: Technical Barriers to Trade) berücksichtigt, siehe www.iso.org/iso/foreword.html.

Dieses Dokument wurde vom Technischen Komitee ISO/TC 61 *Plastics,* Unterkomitee SC 2, *Mechanical properties*, in Zusammenarbeit mit dem Europäischen Komitee für Normung (CEN) und dessen Technischem Komitee CEN/TC 249, *Kunststoffe*, in Übereinstimmung mit der Vereinbarung zur technischen Zusammenarbeit zwischen ISO und CEN (Wiener Vereinbarung) erarbeitet.

Diese zweite Ausgabe ersetzt die erste Ausgabe (ISO 179-2:1997), die technisch überarbeitet wurde. Sie enthält auch die Technische Berichtigung ISO 179-2:1997/Cor 1:1998 und die Änderung ISO 179-2:1997/Amd 1:2011.

Die wesentlichen Änderungen im Vergleich zur Vorgängerausgabe sind folgende:

- Verweisungen auf ISO 13802:2015 wurden aktualisiert;
- Anforderungen an die Kraftkalibrierung wurden geklärt;
- ein neuer Unterabschnitt zur Bestimmung der Prüfgeschwindigkeit bei der Verwendung von Fallwerken wurde hinzugefügt (siehe 5.1.6).

Eine Auflistung aller Teile der Normenreihe ISO 179 ist auf der ISO-Internetseite abrufbar.

Rückmeldungen oder Fragen zu diesem Dokument sollten an das jeweilige nationale Normungsinstitut des Anwenders gerichtet werden. Eine vollständige Auflistung dieser Institute ist unter www.iso.org/members.html zu finden.

1 Anwendungsbereich

1.1 Dieses Dokument legt ein Verfahren zur Bestimmung der Charpy-Schlageigenschaften von Kunststoffen aus Kraft-Durchbiegungs-Diagrammen fest. In ISO 179-1 werden verschiedene Arten stabförmiger Probekörper und Prüfkonfigurationen sowie Prüfparameter in Abhängigkeit vom Werkstofftyp, Probekörpertyp und von der Kerbart festgelegt.

Dynamische Effekte, wie z. B. Resonanzen des Systems Kraftsensor/Hammerfinne, Resonanzen im Probekörper und des ersten Anschlags werden in diesem Dokument beschrieben (siehe Bild 1, Kurve b und Anhang A).

1.2 ISO 179-1 ist nur für die Charakterisierung des Schlagverhaltens durch die Schlagzähigkeit und für die Verwendung einer Prüfeinrichtung geeignet, deren potentielle Energie etwa der zu messenden Energie bis Bruch angepasst ist (siehe ISO 13802:2015, Anhang E). Dieses Dokument wird angewendet, um ein Kraft-Durchbiegungs- oder Kraft-Zeit-Diagramm für die weitergehende Charakterisierung des Schlagverhaltens aufzuzeichnen, sowie bei der Entwicklung einer automatisierten Prüfeinrichtung, bei der die Notwendigkeit der Energieanpassung vermieden werden kann.

Das in diesem Dokument beschriebene Verfahren ist auch für Folgendes geeignet:

— Ermitteln von mehr und unterschiedlichen Werkstoffeigenschaften unter Schlagbedingungen;

— Überwachen des Prüfablaufs nach Charpy, weil dieses Prüfgerät den Nachweis typischer Bedienungsfehler ermöglicht, z. B. dass der Probekörper nicht eng an den Widerlagern anliegt;

— die automatische Brucharterkennung;

— bei Pendelschlagwerken Vermeiden des häufigen Wechsels der Pendelhammer;

— Messen bruchmechanischer Eigenschaften, die in anderen ISO-Normen beschrieben sind.

1.3 Werkstoffe, die nach diesem Verfahren geprüft werden können, sind in ISO 179-1:2010, Abschnitt 1 aufgeführt.

1.4 ISO 179-1:2010, Abschnitt 1, gibt allgemeine Hinweise zur Vergleichbarkeit der Prüfergebnisse.

1.5 Informationen zum spezifischen Verhalten von Werkstoffen können durch Prüfung bei verschiedenen Prüftemperaturen, durch Änderung des Kerbgrundradius und/oder der Probekörperdicke und durch Prüfung von Probekörpern, die unter verschiedenen Bedingungen hergestellt wurden, erhalten werden.

Das Ziel dieses Dokuments ist es nicht, eine Beurteilung der auftretenden Mechanismen an jedem Punkt im Kraft-Weg-Diagramm zu geben. Das ist Aufgabe der wissenschaftlichen Forschung.

1.6 Die mit diesem Verfahren erzielten Prüfergebnisse sind nur dann vergleichbar, wenn die Bedingungen der Probekörperherstellung sowie die Prüfbedingungen gleich sind. Das Schlagverhalten von Fertigteilen kann daher aus diesen Prüfverfahren nicht direkt vorhergesagt werden.

2 Normative Verweisungen

Die folgenden Dokumente werden im Text in solcher Weise in Bezug genommen, dass einige Teile davon oder ihr gesamter Inhalt Anforderungen des vorliegenden Dokuments darstellen. Bei datierten Verweisungen gilt nur die in Bezug genommene Ausgabe. Bei undatierten Verweisungen gilt die letzte Ausgabe des in Bezug genommenen Dokuments (einschließlich aller Änderungen).

ISO 179-1:2010, *Plastics — Determination of Charpy impact properties — Part 1: Non-instrumented impact test*

ISO 291, *Plastics — Standard atmospheres for conditioning and testing*

ISO 2602, *Statistical interpretation of test results — Estimation of the mean — Confidence interval*

ISO 16012, *Plastics — Determination of linear dimensions of test specimens*

ISO 13802:2015, *Plastics — Verification of pendulum impact-testing machines — Charpy, Izod and tensile impact-testing*

3 Begriffe

Für die Anwendung dieses Dokuments gelten die Begriffe nach ISO 179-1 und die folgenden Begriffe.

ISO und IEC stellen terminologische Datenbanken für die Verwendung in der Normung unter den folgenden Adressen bereit:

— ISO Online Browsing Platform: verfügbar unter http://www.iso.org/obp

— IEC Electropedia: verfügbar unter http://www.electropedia.org/

3.1
Aufschlaggeschwindigkeit
v_I
Geschwindigkeit der Hammerfinne bezogen auf die Widerlager zum Zeitpunkt des Aufschlags

Anmerkung 1 zum Begriff: Sie wird in Meter je Sekunde (m/s) angegeben.

3.2
Aufschlagkraft
erstes Maximum in einem Kraft-Zeit- oder Kraft-Durchbiegungs-Diagramm

Anmerkung 1 zum Begriff: Die Aufschlagkraft entsteht durch die Massenträgheit des Teils des Probekörpers, der nach dem ersten Kontakt mit der Hammerfinne beschleunigt wurde (siehe Bild 1, Kurve b und Anhang A).

3.3
Schlagkraft
F
Kraft, die durch die Hammerfinne auf den Probekörper in Schlagrichtung aufgebracht wird

Anmerkung 1 zum Begriff: Sie wird in Newton (N) angegeben.

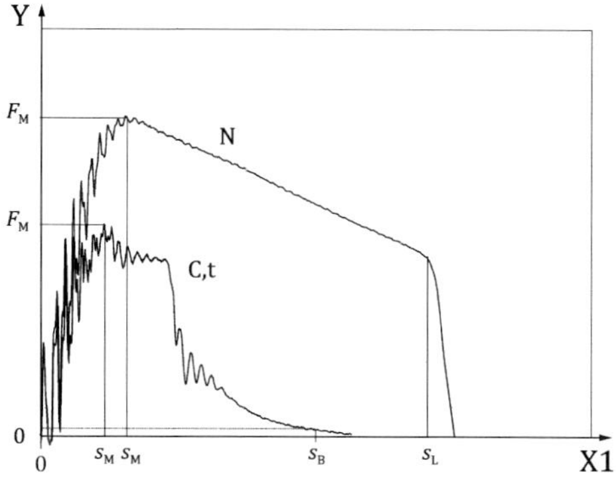

a) Kraft-Durchbiegung (N und C,t)

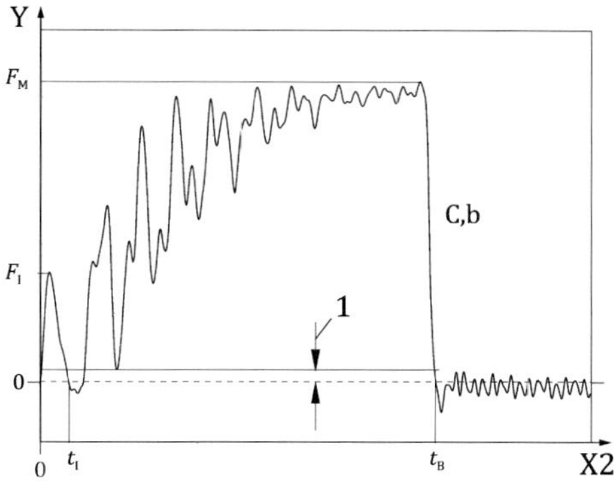

b) Kraft-Zeit (C,b)

Legende

X1 Durchbiegung(en) nach Aufschlag, in Millimeter
X2 Zeit nach Aufschlag, in Millisekunden, ms
Y Kraft (F), in Newton, N
F_M maximale Schlagkraft
F_I Aufschlagkraft
s_M Durchbiegung bei maximaler Schlagkraft F_M
s_L Durchbiegungsgrenze; Beginn des Durchziehens
t_B Zeit bei Bruch
s_B Durchbiegung beim Bruch
N kein Bruch, Durchziehen des Probekörpers
C,t vollständiger Bruch, Zähbruch
C,b vollständiger Bruch, Splitterbruch
1 5 % der maximalen Schlagkraft

ANMERKUNG Die Versagensarten werden in Bild 2 dargestellt.

Bild 1 — Typische Kraft-Durchbiegungs-und Kraft-Zeit-Kurven

3.4
Durchbiegung
s
Weg der Hammerfinne nach dem Schlag, bezogen auf die Widerlager, beginnend bei der ersten Berührung zwischen Hammerfinne und Probekörper

Anmerkung 1 zum Begriff: Sie wird in Millimeter (mm) angegeben.

3.5
Schlagenergie
W
Energie, die für Beschleunigung, Verformung und Bruch des Probekörpers während der *Durchbiegung* (3.4) aufgewendet wird

Anmerkung 1 zum Begriff: Sie wird in Joule (J) angegeben.

3.6
maximale Schlagkraft
F_M
Höchstwert der *Schlagkraft* (3.3) in einem Kraft-Zeit- oder Kraft-Durchbiegungs-Diagramm

Anmerkung 1 zum Begriff: Siehe Bild 1.

Anmerkung 2 zum Begriff: Sie wird in Newton (N) angegeben.

3.7
Durchbiegung bei maximaler Schlagkraft
s_M
Durchbiegung (3.4) bei Erreichen der *maximalen Schlagkraft* (3.6)

Anmerkung 1 zum Begriff: Siehe Bild 1.

Anmerkung 2 zum Begriff: Sie wird in Millimeter (mm) angegeben.

3.8
Schlagenergie bis zur maximalen Schlagkraft
W_M
Schlagenergie, die bis zur *Durchbiegung bei maximaler Schlagkraft* (3.7) aufgewendet wurde

Anmerkung 1 zum Begriff: Sie wird in Joule (J) angegeben.

3.9
Durchbiegung beim Bruch
s_B
Durchbiegung (3.4), bei der die Aufschlagkraft auf weniger oder gleich 5 % der *maximalen Aufschlagkraft* (3.6) abgefallen ist

Anmerkung 1 zum Begriff: Siehe Bild 1.

Anmerkung 2 zum Begriff: Sie wird in Millimeter (mm) angegeben.

3.10
Schlagenergie beim Bruch
W_B
Schlagenergie (3.5) bis zur *Durchbiegung beim Bruch* (3.9)

Anmerkung 1 zum Begriff: Sie wird in Joule (J) angegeben.

3.11
Charpy-Schlagzähigkeit
Charpy-Kerbschlagzähigkeit
a_{cU} (a_{cN})
Schlagenergie beim Bruch (3.10) bezogen auf die Anfangsquerschnittsfläche A (A_N) des ungekerbten (gekerbten) Probekörpers

Anmerkung 1 zum Begriff: Sie wird in Kilojoule je Quadratmeter (kJ/m^2) angegeben.

Anmerkung 2 zum Begriff: Siehe 8.4 und ISO 179-1:2010, 3.1 und 3.2.

3.12
Versagensart
Art des Verformungsverhaltens des geprüften Werkstoffs bis zum und einschließlich des Bruchereignisses

Anmerkung 1 zum Begriff: Versagensarten sind: *vollständiger Bruch* (3.13), *Scharnierbruch* (3.14), *teilweiser Bruch* (3.15), *Nicht-Bruch* (3.16). Siehe Bild 2.

Anmerkung 2 zum Begriff: Die Arten t, b und s sind Untergruppen des vollständigen Bruchs C und des Scharnierbruchs H, der nachstehend definiert wird. Für diese Versagensarten können die Werte der Schlagenergie beim Bruch W_B, und damit der Charpy-Schlagzähigkeit als Mittelwert zusammengefasst werden. Für Probekörper, die einen teilweisen Bruch P aufweisen und für Werkstoffe, die interlaminaren Scherbruch aufweisen, siehe ISO 179-1, 2010, 7.7. Für Probekörper, die mehr als eine Versagensart aufweisen, siehe ISO 179-1:2010, 7.7, und ISO 179-1:2010, Abschnitt 10 l).

Anmerkung 3 zum Begriff: Wie Bild 2 entnommen werden kann, sind im Falle eines Splitterbruchs (siehe Kurve s) und eines Sprödbruchs (siehe Kurve b) die Durchbiegung und die Schlagenergie bei maximaler Kraft gleich der Durchbiegung und Schlagenergie beim Bruch, wo ein instabiler Bruch bei der maximalen Schlagkraft auftritt.

Anmerkung 4 zum Begriff: Üblicherweise können vollständige und Scharnierbrüche nicht auf Grundlage der Kraft-Zeit- oder der Kraft-Durchbiegungs-Kurve in einer automatisierten Beurteilung unterschieden werden.

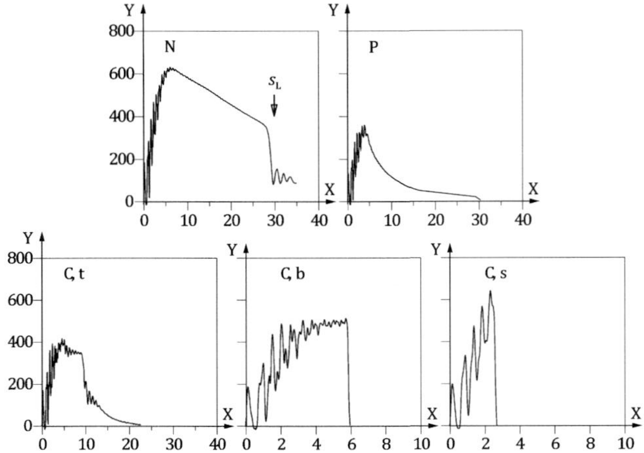

Legende

N *Nicht-Bruch* (3.16)
P *teilweiser Bruch* (3.15)
C *vollständiger Bruch* (3.13)
s_L Durchbiegungsgrenze; Beginn des Durchziehens
x Durchbiegung *s* nach Aufschlag, in Millimeter
y Schlagkraft, in Newton, N

ANMERKUNG 1 Aufgrund der verschiedenen Verformungsarten zeigen nach diesem Dokument erhaltene Kraft-Verformungs-Kurven Merkmale, die sich von denen unterscheiden, die nach ISO 6603-2 [1] ermittelt wurden. Im Besonderen erscheint die erste Schädigung bei instrumentierten Durchstoßprüfungen häufig als geringe kurzzeitige Kraftabnahme (Rissbildung) mit einem anschließenden allmählichen Kraftanstieg. Kraftanstiege nach der Rissbildung werden bei instrumentierten Dreipunkt-Biege-Schlagversuchen nie beobachtet. Ferner treten die Aufschlageffekte im Durchstoßversuch an Platten nicht so deutlich hervor wie in Schlagversuchen im Biegeverfahren (siehe Anhang A).

ANMERKUNG 2 Die Unterscheidung zwischen Brucharten P und C,t ist schwierig. Da es einen Anteil an instabilem Risswachstum im F-s-Diagramm mit der Bezeichnung C,t gibt, wurde das Bruchverhalten bei der Erarbeitung dieses Dokuments als weniger duktil eingeordnet als im Fall P. Daher wurde der Buchstabe „t“ anstelle von „d“ verwendet, der mit duktilem Verhalten in Verbindung gebracht werden könnte und dann eher zu den Versagensarten N und P passen würde.

ANMERKUNG 3 Dieses Dokument kann auf automatisierte Prüfroutinen angewendet werden. Dafür ist auch notwendig, die Versagensarten anhand der beobachteten Kraft-Zeit- oder Kraft-Durchbiegungs-Kurven automatisiert zuzuordnen. Das Folgende ist ein Beispiel für Regeln zur Einordung, die erfolgreich angewendet wurden. Beide Regeln sind für die Zuordnung einzuhalten.

Versagensart	Regel für die Durchbiegung	Regel für die Kraft
Nicht-Bruch	$s_B \geq s_L$ $s_L = 31$ mm	$F(s_L)$ $c*F_M$ Der Faktor c wurde experimentell bestimmt und auf c = 0,3 festgelegt.

Versagensart	Regel für die Durchbiegung	Regel für die Kraft
Teilweiser Bruch	$s_B \geq s_L$	$F_0 \leq F(s_L) \leq c^*F_M$ F_0 ist das Kraftniveau bei dem die Prüfung als beendet betrachtet wird, z. B. $F_0 = 0{,}05^*F_M$
Vollständiger Bruch	Art s: $(s_B - s_M) \leq 1$ mm	
	Art b: $(s_B - s_D) \leq 2$ mm	
	Art t: $(s_B - s_D) \geq 2$ mm s_D ist die Durchbiegung nach s_M, an der der stärkste Rückgang der F-s-Kurve auftritt	

Bild 2 — Typische Kraft-Durchbiegungs-Kurven, die verschiedene Versagensarten für schmalseitig geprüfte Probekörper Typ 1 zeigen

3.13
vollständiger Bruch
C
Bruch, der den Probekörper in zwei oder mehrere Teile trennt, der sich nach den folgenden Eigenschaften unterteilt:

Anmerkung 1 zum Begriff: Siehe Bild 2.

3.13.1
Zähbruch
t
Fließen mit anschließender stabiler Rissbildung, wobei die Kraft an der Durchbiegungsgrenze s_L kleiner als oder gleich 5 % der maximalen Kraft ist

3.13.2
Sprödbruch
b
Fließen mit anschließender instabiler Rissbildung

3.13.3
Splitterbruch
s
instabile Rissbildung mit anschließendem Splittern

3.14
Scharnierbruch
H
unvollständiger Bruch, bei dem ein Teil des Probekörpers sich nicht alleine über der Waagerechten halten kann, wenn der andere Teil senkrecht gehalten wird (weniger als 90° eingeschlossener Winkel)

3.15
teilweiser Bruch:
P
unvollständiger Bruch, auf den die Begriffe „Scharnierbruch" oder „vollständiger Bruch" nicht zutreffen

Anmerkung 1 zum Begriff: Bei einer automatisierten Erkennung bedeutet dies eine Kraft an der Durchbiegungsgrenze s_L, die größer als 5 % der maximalen Schlagkraft ist.

3.16
Nicht-Bruch
N
Fließen mit anschließender plastischer Verformung bis zur Durchbiegungsgrenze s_L

Anmerkung 1 zum Begriff: Der Probekörper zeigt eine ausgedehnte plastische Verformung, jedoch keine sichtbaren Bruchoberflächen.

4 Kurzbeschreibung

Ein stabförmiger Probekörper, der als horizontaler Biegebalken nahe seinen Enden aufliegt, wird rechtwinklig in der Mitte zwischen den Auflagern geschlagen und dabei mit einer hohen, weitgehend konstanten Geschwindigkeit durch Biegung verformt. Während des Schlags wird die Schlagkraft als Funktion der Zeit und / oder der Durchbiegung aufgezeichnet. Je nach Auswerteverfahren kann die Durchbiegung des Probekörpers entweder mit geeigneten Messgeräten direkt gemessen werden oder bei Energieträgern, die einen reibungsfreien Schlag ermöglichen, aus der Aufschlaggeschwindigkeit und der Kraft-Zeit-Funktion berechnet werden. Das bei diesen Prüfungen ermittelte Kraft-Durchbiegungs-Diagramm beschreibt das Schlagverhalten des Probekörpers bei einer hohen Biegegeschwindigkeit, woraus verschiedene Aspekte von Werkstoffeigenschaften abgeleitet werden können.

5 Prüfeinrichtung

5.1 Prüfgerät

5.1.1 Hauptbestandteile

Die Hauptbestandteile des Prüfgeräts sind der Energieträger, die Hammerfinne und der Rahmen mit seinen Probekörperwiderlagern. Der Energieträger darf mit Schwerkraft (z. B. ein Pendel oder ein Fallbolzen, der möglicherweise vor dem Schlag durch Federkraft oder pneumatisch beschleunigt wurde) oder hydraulisch betrieben sein.

Das Prüfgerät muss so beschaffen sein, dass der Probekörper durch den Schlag bei einer weitgehend konstanten Geschwindigkeit rechtwinklig zur Probekörperlänge auf Biegung verformt wird. Die auf den Probekörper aufgebrachte Schlagkraft muss gemessen und die Durchbiegung des Probekörpers in Schlagrichtung muss ableitbar oder messbar sein.

Wenn es sich um ein Pendelschlagwerk handelt, dann muss dieses nach ISO 13802:2015, Abschnitt 6 und Anhang A, überprüft werden, soweit anwendbar.

5.1.2 Energieträger

Für Pendel mit niedriger Energie, die in ISO 179-1 festgelegt sind (siehe auch ISO 13802:2015, Anhang A), beträgt die Aufschlaggeschwindigkeit v_I (2,90 ± 0,15) m/s und für Pendel mit hoher Energie (3,8 ± 0,2) m/s.

Für Vergleichszwecke von Schlagzähigkeitsdaten, die mit diesem Verfahren ermittelt wurden, gegenüber Daten, die nach ISO 179-1 gemessen wurden, muss die Aufschlaggeschwindigkeit (2,90 ± 0,15) m/s betragen, auch wenn es wünschenswert erscheint, ebenfalls die Geschwindigkeit v_I = (3,8 ± 0,2) m/s zu verwenden.

ANMERKUNG 1 Die Höhe der Aufschlagkraft F_I (siehe Bild 1, Kurve b) und auch die Amplituden der nachfolgenden Schwingungen des Probekörpers nehmen mit der Aufschlaggeschwindigkeit zu. Grundlegende Informationen zu diesen Schwingungen werden in Anhang A und [1] und [3] aufgeführt. Weitere Angaben für die Auswertung der Aufschlagkraft und der Dämpfung von Schwingungen werden in Anhang A aufgeführt.

ANMERKUNG 2 Bei besonderen Anwendungen, z. B. Prüfung von Probekörpern mit Anriss, um Daten zu bruchmechanischen Eigenschaften zu ermitteln, ist es vorteilhaft, eine niedrigere Aufschlaggeschwindigkeit von beispielsweise 1 m/s ± 0,05 m/s zu verwenden, um die in Anmerkung 1 erwähnten Schwingungen zu verringern.

Um vergleichbare Ergebnisse für viskoelastische Werkstoffe zu erzielen, darf die Geschwindigkeitsabnahme während des Schlags 10 % nicht überschreiten, wenn ein kleinerer Energieträger als 50 J bei der für die Prüfung vorgesehenen Geschwindigkeit verwendet wird. Diese Masseträger ermöglichen Messungen zwischen 0 % und 20 % ihres Nennarbeitsvermögens E.

Um den Anwendungsbereich von Pendelschlagwerken mit einem Arbeitsvermögen größer oder gleich 50 J bei der gewählten Geschwindigkeit zu erweitern, ist ein Arbeitsbereich von 0 % bis 80 % des Nennarbeitsvermögens zulässig. Dies kann in extremen Fällen zu einem Geschwindigkeitsabfall von 55 % führen.

Der hydraulische Energieträgertyp ist eine Hochgeschwindigkeitsprüfmaschine mit geeigneten Werkzeugen.

Bei erdbeschleunigten Energieträgern entsprechen die oben aufgeführten Aufschlaggeschwindigkeiten Fallhöhen von (43 ± 5) cm bzw. (74 ± 7) cm, wobei der zweite Wert einen Anstieg der kinetischen Energie E beim Schlag um einen Faktor von 1,54 darstellt, wenn bei beiden Aufschlaggeschwindigkeiten der gleiche Energieträger verwendet wird.

Die vorstehend festgelegte, maximal zulässige Geschwindigkeitsabnahme während des Schlagvorgangs bedeutet für Energieträger kleiner als 50 J, dass die kinetische Energie E in Joule beim Aufschlag die Bedingungen nach Gleichung (1) erfüllen muss:

$$E/W^{*} \geq 5 \quad (1)$$

Dabei ist W^* der Höchstwert der zu messenden Energie, in Joule (siehe ISO 13802:2015, Anhang D, und die vorstehende Anmerkung 2).

Diese Bedingung entspricht den in ISO 179-1:2010, 7.3, angegebenen Bedingungen (siehe ISO 13802:2015, Anhang D). Sie stellt sicher, dass die Geschwindigkeitsänderung während des Schlags vergleichbar mit einem Schlag bei konventionellen Schlagprüfungen ist; folglich sind die Schlagzähigkeitswerte vergleichbar. Das ist von Bedeutung, weil Kunststoffe insbesondere im Bereich der Glasübergangstemperaturen empfindlich hinsichtlich der Biege-Dehngeschwindigkeit sind.

5.1.3 Hammerfinne und Widerlager

Die Hammerfinne und das Widerlager müssen die Bedingungen nach ISO 13802:2015, Anhang A, erfüllen. Bezüglich der Verifizierung dieser Elemente gilt ISO 13802:2015, 6.3.

Als Werkstoff für die Hammerfinne kann jeder Werkstoff eingesetzt werden, der über eine ausreichende Abriebfestigkeit und Festigkeit verfügt, so dass keine Verformungen auftreten und die auf den Probekörper aufgebrachten Kräfte an das Kraftmessgerät übertragen werden.

ANMERKUNG 1 Die Erfahrung zeigt, dass Stahl im Allgemeinen geeignet ist. Ein Werkstoff mit einer niedrigeren Dichte, z. B. Titan, kann jedoch verwendet werden, um die Eigenfrequenz des Kraftmesssystems zu erhöhen.

ANMERKUNG 2 Probekörper (Typ 1, schmalseitiger Schlag) neigen dazu sich zu verdrehen. Solche Instabilitätseffekte können durch das Anbringen von Führungselementen am Hammer in der Nähe von, jedoch nicht verbunden mit der instrumentierten Hammerfinne verringert werden, die den Durchgang des Probekörpers erlauben, jedoch eng genug zusammenstehen, um zu vermeiden, dass der Mittelteil des Probekörpers sich im größeren Ausmaß verdrehen kann.

5.1.4 Rahmen

Bei Pendelschlagwerken muss der Rahmen der Prüfmaschine entsprechend den Vorgaben der ISO 13802:2015, Anhang A, nivelliert werden.

Sofern Durchbiegungen aus der kinetischen Energie des Energieträgers berechnet werden, muss das Verhältnis m_F/m_C der Masse des Rahmens zur Masse des Energieträgers mindestens 10 betragen (siehe Anhang B und die folgende Anmerkung 1 und Anmerkung 2). Für direkt gemessene Durchbiegungen ist dieses Verhältnis nur eine Empfehlung. Schlagprüfgeräte neigen im Allgemeinen zu Eigenschwingungen. Deshalb muss der Massenschwerpunkt des Rahmens in der Aufschlaglinie liegen.

ANMERKUNG 1 ISO 13802:2015, Anhang D, empfiehlt ein Verhältnis der Pendelmasse zur Masse des Fundaments von 40:1, um den Energieeintrag in das Fundament zu minimieren. Hier wird jedoch die Kraft, die durch die Hammerfinne auf den Probekörper aufgebracht wird, und die Durchbiegung des Probekörpers ermittelt, so dass der Energietransfer in das Fundament keinen Einfluss auf das Prüfergebnis hat.

ANMERKUNG 2 Der Wert von 10 für das Verhältnis m_F/m_C verhindert, dass der Rahmen am Ende der Prüfung um mehr als 1 % der Aufschlaggeschwindigkeit beschleunigt wird (siehe Anhang B).

5.1.5 Reibungsverluste

Wenn ein Pendelschlagwerk verwendet wird, muss es entweder die Anforderungen nach ISO 13802:2015, 6.7, erfüllen oder es muss mit Messmitteln zur genauen Bestimmung der Aufschlaggeschwindigkeit, v_I ausgestattet sein.

Falls ein Fallwerk oder eine hydraulische Prüfmaschine verwendet wird, muss diese(s) mit Messmitteln zur genauen Bestimmung der Aufschlaggeschwindigkeit v_I ausgestattet sein.

5.1.6 Messung der Aufschlaggeschwindigkeit

Bei Prüfgeräten, die mit Fallmassen arbeiten und die nicht die Anforderungen nach ISO 13802:2015, 6.7, erfüllen, muss die Aufschlaggeschwindigkeit in einem senkrechten, mittleren Abstand von nicht mehr als 25 mm vom Aufschlagpunkt gemessen werden.

Die Strecke, über die die Geschwindigkeit gemessen wird, darf nicht länger als 15 mm sein, um signifikante Beschleunigungseinflüsse zu vermeiden.

Die Messung dieser Aufschlaggeschwindigkeit muss bis auf ±1 % genau sein.

Die gemessene Geschwindigkeit muss um die Geschwindigkeitserhöhung zwischen dem Messpunkt und dem Aufschlagpunkt korrigiert werden. Siehe Gleichung (2):

$$v_0 = \sqrt{v^* + 2 \cdot g \cdot \Delta H} \qquad (2)$$

Dabei ist

v_0 die Aufschlaggeschwindigkeit, in m/s;

v^* die Geschwindigkeit der Hammerfinne am Geschwindigkeitsmesspunkt, in m/s;

ΔH die senkrechte Wegstrecke der Masse zwischen dem Mittelpunkt der Geschwindigkeitsmessung und dem Aufschlagpunkt, in m.

Bei Fallwerken, die mit senkrechter Bewegung der Masse arbeiten, kann die momentane Geschwindigkeit t_i nach Gleichung (3) bestimmt werden, ohne dass es der Messung von ΔH bedarf:

$$v_i = v^* + g \cdot t_i - \frac{1}{m}\int_0^{t_i} F(t)dt \qquad (3)$$

Dabei ist

v_i die Geschwindigkeit zu einem beliebigen Zeitpunkt t_i, in m/s;

$F(t)$ die zum Zeitpunkt t nach der Bestimmung von v^* gemessene Kraft, in N;

t_i die seit der Messung von v^* verstrichene Zeit, in s;

m die Masse des Energieträgers, in kg.

Die Aufschlaggeschwindigkeit v_0 wird unter Verwendung von Gleichung (2) oder Gleichung (4) bestimmt:

$$v_0 = v^* + g \cdot \Delta t \qquad (4)$$

Dabei ist Δt die zwischen der Messung von v^* und dem Zeitpunkt des Aufschlags verstrichene Zeit.

5.2 Geräte zur Messung der Kraft und Durchbiegung

5.2.1 Messung der Kraft

Um die auf den Probekörper aufgebrachte Kraft zu messen, darf die Hammerfinne mit Dehnmessstreifen oder einem piezoelektrischen Aufnehmer ausgestattet werden, der nahe der Hammerschneide befestigt werden kann. Jedes andere geeignete Verfahren der Kraftmessung ist akzeptabel. Das Messsystem muss Kräfte mit einer Messunsicherheit ± 1 % der maximalen Schlagkraft F_M messen können, die während der Prüfung aufgetreten ist. Das Kraftmesssystem muss anwendungsbereit kalibriert werden. Die Kalibrierung darf statisch (z. B. durch Aufbringen bekannter Lasten auf die Hammerfinne) oder dynamisch (siehe z. B. [4]) durchgeführt werden. Der Bereich für den das Kraftmesssystem innerhalb einer Messunsicherheit von ± 1 % des Ablesewerts arbeitet, muss angegeben werden.

Die Eigenfrequenz f_n des Kraftmesssystems muss in der Prüfkonfiguration mehr als das Dreifache der Resonanzfrequenz f_s des Probekörpers nach dem Schlag betragen (siehe Anmerkung 1).

ANMERKUNG 1 Bei Probekörpern aus Kunststoff liegt die Resonanzfrequenz f_s in der Größenordnung von 2 kHz bis 10 kHz. Bei Kunststoffen ist im Allgemeinen eine Eigenfrequenz f_n des Kraftmesssystems von 30 kHz vertretbar. Je größer die Differenz zwischen f_n und f_s ist, umso leichter ist es, Risseinleitung und -wachstum zu erkennen.

Außerdem ist es durch diese Anforderung möglich, zwischen Schwingungen des Probekörpers [siehe Bild 1, b), der Teil links von t_B] und Schwingungen des Kraftmesssystems (rechts von t_B) zu unterscheiden. Hinweise zur Art der Schwingungen, die bei Charpy-Prüfungen auftreten, werden z. B. in [2] gegeben.

Es wird empfohlen, das Kraftmesssystem so auszulegen, dass negative Kräfte nach der Aufschlagkraft minimiert werden. Damit wird sichergestellt, dass das System ausreichend schnell für die korrekte Messung der an der Probekörperdurchbiegung beteiligten Kräfte ist [siehe Anmerkung 2 und Anmerkung 3). Ein Kraftmesssystem ist akzeptabel, wenn die negative Kraft nach der Aufschlagkraft 20 % des Maximums der Aufschlagkraft nicht überschreitet (siehe Bild A.2).

ANMERKUNG 2 Durch den Schlag wird das Kraftmesssystem angeregt, mit seiner Eigenfrequenz zu schwingen. Die Schwingungsamplitude hängt von der Masse und Steifigkeit des Systems ab, die wiederum durch die konstruktive Auslegung festgelegt werden. Während der Zeit, in der der Kontakt zwischen der Hammerfinne und dem Probekörper unterbrochen ist, d. h. nach Auftreten der Aufschlagkraft, können negative Kräfte beobachtet werden, wenn die

Amplitude der angeregten Schwingung groß ist und die effektive Masse an dem Kraftmessgerät „zieht". Diese negativen Kräfte stehen jedoch nicht mit der Probekörperdurchbiegung im Zusammenhang.

ANMERKUNG 3 Probekörperschwingungen [siehe Bild 1 b)] sowie Rauschen im Kraftsignal erzeugen Unsicherheiten in der maximalen Schlagkraft F_M, jedoch fast keine Unsicherheiten in der Energie bis zur maximalen Schlagkraft oder der Energie beim Bruch.

Der obere Grenzwert der Bandbreite der Verstärkerkette (Gleichspannungs- oder Trägerfrequenzverstärker) muss so gewählt werden, dass er sich nicht mit dem Frequenzverhalten des Prüfgeräts überschneidet.

Wird nach dem Schlag gefiltert, müssen der Filtertyp und dessen wesentliche Eigenschaften im Prüfbericht angegeben werden [siehe Abschnitt 10, Punkt m)].

Um die Aufschlagkraft, dessen Schwingzeit t_I [siehe Bild 1 b)] üblicherweise 0,1 ms beträgt, und die anschließenden Schwingungen, die in Abhängigkeit vom Modul des Probekörpers im Bereich von 2 kHz bis 10 kHz liegen, in geeigneter Weise aufzuzeichnen, muss die Messwerterfassungsfrequenz des Kraftmesssystems (Transientenrekorder) mindestens 100 kHz betragen.

Die verwendete Messwerterfassungsfrequenz (≥ 100 kHz) und die Zeit bis zum Bruch t_B (≤ 13 ms) bestimmen die erforderliche Speicherkapazität, die bereitgestellt werden muss.

5.2.2 Messung der Durchbiegung

Die Durchbiegung des Probekörpers als Funktion der Zeit darf entweder durch zweifache Integration der Kraft-Zeit-Kurve (siehe 8.2) berechnet oder durch direkte Messung bestimmt werden.

Bei direkter Messung der Durchbiegungen, müssen die gleichen Abtastfrequenzen wie bei der Schlagkraft verwendet werden. Die Auflösung der Zeitmessung und die der Abstandsmessung müssen aufeinander abgestimmt sein.

Messmittel zur Messung von Kraft und Durchbiegung, die einen Unterschied in den Signallaufzeiten aufweisen, generieren eine Verschiebung in der Kraft-Durchbiegungs-Kurve. Diese Verschiebung erhöht sich proportional zur Aufschlaggeschwindigkeit. Die Diagramme über der Zeit müssen durch einen Zeitoffset, der der Differenz der Signallaufzeiten entspricht, korrigiert werden.

5.3 Messschrauben und Messschieber

Messschrauben und Messschieber müssen die relevanten Abmessungen der Probekörper mit einer Ungenauigkeit von nicht mehr als 0,02 mm bestimmen können. Zur Bestimmung der Abmessung b_N von gekerbten Probekörpern sind für die Kontur der Kerbe geeignete Messspitzen zu verwenden. Allgemeine Informationen zur Bestimmung von Probenabmessungen können ISO 16012 entnommen werden.

6 Probekörper

Probekörper müssen ISO 179-1:2010, Abschnitt 6, entsprechen.

7 Durchführung

7.1 Die Probekörper sind nach ISO 291 für mindestens 16 h bei (23 ± 2) °C/(50 ± 10) % relativer Luftfeuchte zu konditionieren, sofern es nicht anders in der entsprechenden Werkstoffnorm festgelegt ist oder vereinbart wurde. Die Prüfung ist in dem gleichen Klima wie die Konditionierung durchzuführen oder es ist sicherzustellen, dass die Zeit zwischen Konditionierung und Prüfung ausreichend kurz ist, um eine Änderung des Werkstoffzustands und damit des mechanischen Verhaltens der Probekörper zu vermeiden.

Für Prüfungen bei Temperaturen unter- oder oberhalb von 23 °C müssen die Probekörper von der Kühl-/Heizeinheit zu den Probekörperwiderlagern übertragen werden. Die Zeitdauer zwischen der Entnahme des Probekörpers aus der Temperiereinheit bis zum Beginn der Prüfung darf nicht mehr als 10 s betragen.

ANMERKUNG Feuchtigkeitsempfindliche Werkstoffe wie Polyamid werden häufig im trockenen Zustand geprüft. Eine Aufnahme von Feuchte aus der Laborumgebung weicht die Oberflächenschicht der trockenen Probekörper auf und führt mit der Zeit zu einem Anstieg der Schlagzähigkeit. Es hat sich herausgestellt, dass eine Verweildauer von trockenen Probekörpern im Normalklima (ISO 291, Klasse 2, [23 ± 2] °C/[50 ± 10] % relative Luftfeuchte) von 30 min die Schlagzähigkeit nicht wesentlich verändert. Für trockenes PA6 führt die Verweildauer von 3 h unter diesen Bedingungen zu einem Anstieg der Schlagzähigkeit von weniger als 5 %.

7.2 Breite und Dicke der Probekörper sind nach ISO 179-1:2010, 7.2, zu bestimmen.

7.3 Es ist zu überprüfen, ob das Prüfgerät die festgelegte Aufschlaggeschwindigkeit hat (siehe 5.1.2) und dass die Masse von erdbeschleunigten Energieträgern die erforderliche Mindestmasse hat (siehe 5.1.2). Die Aufschlaggeschwindigkeit ist mit einer Messunsicherheit von ±1 % aufzuzeichnen.

7.4 Der Energieträger ist in Startposition zu bringen. Ein Probekörper ist auf den Widerlagern so anzuordnen, dass die Hammerschneide in der Mitte des Probekörpers auftrifft. Gekerbte Probekörper sind so auszurichten, dass die Mitte der Kerbe direkt in der Schlagebene liegt (siehe in ISO 179-1:2010, Bild 1 links).

7.5 Der Energieträger ist auszuklinken. Die beim Schlag auf den Probekörper aufgebrachte Kraft und, falls zutreffend, die Durchbiegung des Probekörpers, sind als Funktion der Zeit aufzuzeichnen.

7.6 Nach der Prüfung sind die Versagensarten nach 3.12 zuzuweisen.

8 Berechnung und Auswertung der Ergebnisse

8.1 Allgemeines

Die während der Prüfung erhaltene Kraft-Zeit-Kurve und, falls zutreffend, die Durchbiegungs-Zeit-Kurve, sind als Prüfergebnis zu verwenden. Weitere Ergebnisse sind aus diesen Daten zu berechnen. Bei der Berechnung der Schlagenergien ist die Kraft als Funktion der Durchbiegung erforderlich (siehe Anmerkung).

Es ist erforderlich, zwischen der Durchbiegung beim Bruch s_B und der Durchbiegungsgrenze s_L bei Beginn des Durchziehens zu unterscheiden (siehe Bild 1, Kurve N), die durch die Länge l und Breite b des Probekörpers und den Abstand L zwischen den Probekörperwiderlagern bestimmt wird. Für Probekörper Typ 1 in schmalseitiger Position liegt s_L im Bereich von 31 mm bis 34 mm.

ANMERKUNG Bei der Verwendung von Probekörpern Typ 1, die schmalseitig geprüft wurden, werden manchmal unerwartet niedrige Durchbiegungsgrenzen beobachtet, d. h. Werte (bis nur 20 mm), bei denen die Schlagkraft auf null fällt, die Probekörper jedoch nicht brechen. Das kann eintreten, wenn die Probekörper durch eine kombinierte Verformung durch Biegung und Verwindung von der schmalseitigen zu der stabileren breitseitigen Position wechseln. Das kann leicht nachgewiesen werden, indem der Probekörper nach der Prüfung überprüft wird: Er ist bezüglich einer Achse gebogen, die nicht parallel, sondern schräg zur Probekörperbreite liegt. Dieses Verhalten wird durch das große Verhältnis zwischen der schmalseitigen und breitseitigen Biegesteifigkeit des Probekörpers verursacht und wird durch eine kleine Asymmetrie ausgelöst, z. B. Entformungsschrägen.

8.2 Berechnung der Durchbiegung

Falls bei Energieträgern, die einen reibungsfreien Schlag ergeben, die Durchbiegung des Probekörpers nicht durch ein Wegmesssystem direkt gemessen wird, muss die Durchbiegung mit einer für die digitale Datenverarbeitung geeigneten Routine aus der Kraft-Zeit-Kurve nach Gleichung (5) oder Gleichung (6) berechnet werden (siehe Anmerkung 1).

ANMERKUNG 1 Wenn das Verhältnis W_B/E (Energie bis Bruch zur Energie des Pendels oder des Fallgewichtes beim Aufschlag) weniger als 0,2 beträgt, stellt das Doppelintegral in Gleichung (5) und Gleichung (6) eine Korrektur von weniger als 5 % von $v_I t$ dar.

Bei waagerecht auftreffenden Energieträgern mit Pendelschlagwerk, siehe Gleichung (5):

$$s(t) = v_0 t - \frac{L_p g}{M_H} \iint_0^t F(t) dt^2 \quad (5)$$

Bei senkrecht auftreffenden Energieträgern einer Fallapparatur, siehe Gleichung (6):

$$s(t) = v_0 t - \frac{1}{m_C} \iint_0^t F(t) dt^2 + \frac{1}{2} g t^2 \quad (6)$$

Dabei ist

v_0 die Aufschlaggeschwindigkeit, in Meter je Sekunde;

t die Zeit nach dem Aufschlag, für die die Durchbiegung berechnet wurde, in Sekunden;

L_P die (physische) Pendellänge, in Meter (siehe ISO 13802:2015, 6.2.9);

M_H das waagerechte Moment des Pendels, in Newtonmeter (siehe ISO 13802:2015, 6.2.8);

$F(t)$ die Kraft zur Zeit t nach dem Aufschlag, in Newton;

$s(t)$ die Durchbiegung des Probekörpers zur Zeit t nach dem Aufschlag, in Meter;

m_C die Masse des Energieträgers, in Kilogramm;

g die lokale Erdbeschleunigung, in Meter je Quadratsekunde.

ANMERKUNG 2 Der relative Beitrag des letzten Terms in Gleichung (6) nimmt mit abnehmender Aufschlaggeschwindigkeit für eine gegebene Masse der Hammerfinne zu.

8.3 Berechnung der Energie

Sobald die Kräfte und Durchbiegungen für die gleichen Zeiten t nach dem Schlag bekannt sind, ist die Energie W, in Joule, die bis zu bestimmten Durchbiegungen aufgewendet wurde, durch Bestimmung der Fläche unter der Kraft-Durchbiegungs-Kurve zu berechnen, d. h. durch Integration nach Gleichung (7) (siehe Anmerkung).

$$W_j = \int_0^{s_j} F(s)\, \mathrm{d}s \quad (7)$$

Dabei ist

j kennzeichnet einen der folgenden Punkte auf der Kraft-Durchbiegungs-Kurve:

Bruch (B),

Maximum (M);

s die Durchbiegung, in Meter;

F die Kraft, in Newton.

ANMERKUNG Bei waagerecht auftreffenden reibungsfreien Energieträgern kann die Energie ohne Messung der Durchbiegung $s(t)$ nach Gleichung (8) berechnet werden:

$$W_j = W_{ja}\left(1 - W_{ja}/4E\right) \quad (8)$$

Dabei ist W_{ja} der Näherungswert der Energie, gegeben durch t_j

$$W_{ja} = v_0 \int_0^{t_j} F(t)\,\mathrm{d}t$$

Der zweite Term in der Klammer von Gleichung (8) beträgt weniger als 5 %, wenn das Verhältnis W/E der gemessenen Energie zur Energie des Energieträgers beim Aufschlag weniger als 0,2 beträgt.

Falls ein Pendelprüfgerät verwendet wird, das mit Mitteln zur Winkelmessung ausgestattet ist, ist es möglich, die korrekte Funktion der Messung gegenzuprüfen, indem die Gesamtenergie bis zum Bruch oder bis s_L mit der Energie verglichen wird, die aus dem nach ISO 179-1 bestimmten Steigwinkel des Hammers ermittelt wurde.

Es wird empfohlen, das Pendelprüfgerät und seine Geräte zur Messung der Kraft und Durchbiegung erneut zu überprüfen, falls die Energien, die durch beide Verfahren bei Werkstoffen bestimmt wurden, die einen vollständigen Bruch und zähes Werkstoffverhalten aufweisen, um mehr als ±5 % voneinander abweichen.

8.4 Berechnung der Schlagzähigkeit

8.4.1 Ungekerbte Probekörper

Die Charpy-Schlagzähigkeit ungekerbter Probekörper a_{cU}, in Kilojoule je Quadratmeter, ist nach Gleichung (9) zu berechnen:

$$a_{cU} = \frac{W_B}{bh} \cdot 10^3 \quad (9)$$

Dabei ist

h die Dicke des Probekörpers, in Millimeter;

b die Breite des Probekörpers, in Millimeter;

W_B die Energie beim Bruch, in Joule.

8.4.2 Gekerbte Probekörper

Die Charpy-Kerbschlagzähigkeit a_{cN}, in Kilojoule je Quadratmeter, ist nach Gleichung (10) zu berechnen:

$$a_{cN} = \frac{W_B}{hb_N} \cdot 10^3 \quad (10)$$

Dabei ist

W_B die Energie beim Bruch, in Joule;

h die Dicke des Probekörpers, in Millimeter;

b_N die Restbreite des Probekörpers im Kerbengrund, in Millimeter;

N entweder die Bezeichnung der Kerbart A, B oder C (siehe ISO 179-1:2010, 6.3).

8.5 Statistische Parameter

Siehe ISO 179-1:2010, 8.3.

Als Prüfergebnis ist für jede Versagensart innerhalb einer Probereihe der Mittelwert und die Standardabweichung der einzelnen Prüfergebnisse unter Verwendung der in ISO 2602 angegebenen Vorgehensweise zu errechnen und die zugehörige Anzahl von Probekörpern für jede Versagensart ist anzugeben.

ANMERKUNG Die Standardabweichung entspricht dem zweiseitigen

— 95 %-Vertrauensintervall des Mittelwerts, wenn die Anzahl der Probekörper $n = 6$ beträgt;

— 99 %-Vertrauensintervall des Mittelwerts, wenn die Anzahl der Probekörper $n = 10$ beträgt.

8.6 Anzahl der signifikanten Ziffern

Alle errechneten Mittelwerte sind mit zwei signifikanten Ziffern anzugeben.

9 Präzision

Siehe Anhang C.

10 Prüfbericht

Der Prüfbericht muss folgende Angaben enthalten:

a) eine Verweisung auf dieses Dokument, d. h. ISO 179-2:2020;

b) das zur Kennzeichnung angewendete Verfahren:

entweder nach ISO 179-1:2010, Tabelle 2, z. B.:

Instrumentierte Charpy-Schlagzähigkeitsprüfung ISO 179-2/1 e A
Probekörpertyp (siehe Tabelle 2 der ISO 179-1)
Schlagrichtung (siehe Bild 5 der ISO 179-1)
Kerbart (siehe Bild 4 der ISO 179-1)

oder nach ISO 179-1:2010, Tabelle 3, z. B.:

Instrumentierte Charpy-Schlagzähigkeitsprüfung	ISO 179-2/2 n
Probekörpertyp (siehe Tabelle 2 der ISO 179-1)	2
Schlagrichtung (siehe Bild 5 der ISO 179-1)	n

c) bis k) siehe Punkte c) bis k) in ISO 179-1:2010, Abschnitt 10;

l) die Eigenfrequenz des Kraftmessgeräts;

m) gegebenenfalls den benutzten Filtertyp nach dem Schlag und dessen wesentliche Eigenschaften;

n) die Aufschlaggeschwindigkeit;

o) die einzelnen Prüfergebnisse, die Mittelwerte und die Standardabweichung und/oder der Variationskoeffizient für

   1) die maximale Kraft F_M, in Newton;

   2) die Durchbiegung bei maximaler Kraft s_M, in Millimeter;

   3) die Energie bis zur maximalen Kraft W_M, in Joule;

   4) die Durchbiegung beim Bruch s_B, in Millimeter;

   5) die Energie beim Bruch W_B, in Joule;

   6) die Versagensart;

p) die gemessene Kraft-Durchbiegungs- und/oder Kraft-Zeit-Kurve;

q) das Datum der Prüfung.

Anhang A
(informativ)

Aufschlagkraft

Die Aufschlagkraft [3] einer Kraft-Zeit- oder Kraft-Durchbiegungs-Kurve wird durch die Massenträgheit des Teils des Probekörpers verursacht (als Kontaktmasse bezeichnet), der nach der ersten Berührung mit der Hammerfinne beschleunigt wird. Die Aufschlagkraft F_I und deren Dauer t_I hängen von der Kontaktmasse und der Kontaktsteifigkeit ab. Die Kontaktsteifigkeit ist höher als die Biegesteifigkeit des Probekörpers. Es wurde herausgefunden, dass die Kontaktsteifigkeit für eine Reihe von Kunststoffen etwa das 7-Fache der Biegesteifigkeit beträgt.

Die Aufschlagkraft F_I nimmt mit steigender Aufschlaggeschwindigkeit nahezu linear zu, während die Dauer t_I abnimmt (siehe Bild A.1). Bei Aufschlaggeschwindigkeiten von über 2 m/s ist die Dauer t_I etwa konstant, aber charakteristisch für den geprüften Werkstoff (siehe Bild A.1, untere Kurvenreihe).

Aufgrund der elastischen Komponente beim Schlag tritt im Allgemeinen „Prellen" auf. Das bedeutet, dass der Probekörper auf Geschwindigkeiten beschleunigt wird, die höher als die Aufschlaggeschwindigkeit sind, so dass nach der Schwingzeit t_I der Kontakt zwischen Probekörper und Hammerfinne abbricht. In Bild A.2 wird ein Beispiel für eine Aufschlagkraft mit vernachlässigbaren negativen Kräften dargestellt, nachdem der Kontakt abgebrochen ist. In Abhängigkeit von den Dämpfungseigenschaften des Prüfwerkstoffs darf eine Schlagzähigkeitsprüfung aus einer Reihe von mehrfachen Schlägen bestehen.

Falls es von Interesse ist, die Kraft-Durchbiegungs-Kurve ohne die durch diese Trägheitseffekte verursachten Schwingungen zu bestimmen, können weiche Dämpfungsmaterialien, z. B. Bleidraht oder Lötdraht, zwischen Hammerschneide und Probekörper angeordnet werden. Durch die plastische Verformung dieser Dämpfungsmaterialien werden die Kraft F_I und die Schwingungsamplitude beträchtlich verringert. Für eine wirksame Dämpfung der Aufschlagkraft sollte die Mindestdicke des Dämpfungsmaterials der Durchbiegung bis zur Dauer t_I bei einer ungedämpften Prüfung entsprechen. Bei einer Aufschlaggeschwindigkeit von 2,9 m/s entspricht das etwa 0,4 mm. Es wird angemerkt, dass sich die gemessene Energie aus den folgenden zwei Gründen ändert, wenn Dämpfungsmaterialien eingesetzt werden:

— Es ist Energie erforderlich, um das Dämpfungsmaterial zu verformen.

— Besonders spröde Werkstoffe können unterschiedliches Verhalten mit und ohne Schwingungen aufweisen.

Für die Anwendung dieses Dokuments wird empfohlen, dass „Prell"-Schwingungen nicht gedämpft werden.

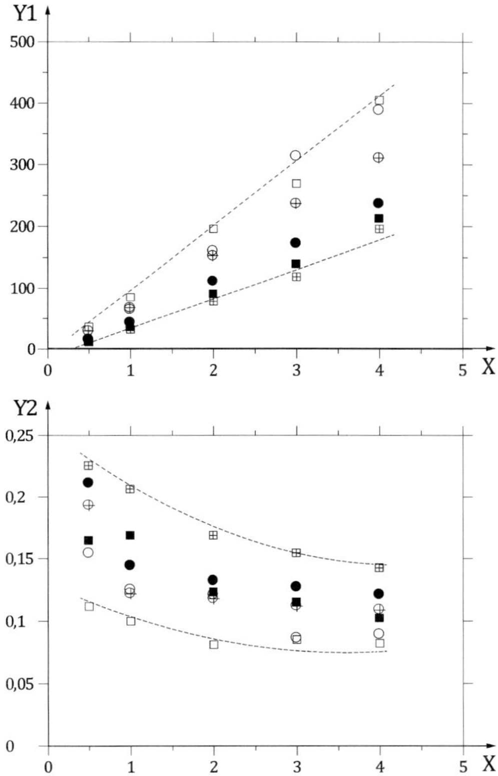

Legende

X	Aufschlaggeschwindigkeit, in Meter je Sekunde, m/s
Y1	Aufschlagkraft F_I in Newton, N
Y2	Dauer t_I der Aufschlagkraft, in Millisekunden, ms
○	PBT, 30 % GF
⊕	POM
●	PA 6
□	PA 66, 30 % GF
⊞	PBT+PC
■	PS

Bild A.1 — Aufschlagkraft F_I und deren Dauer t_I als Funktion der Aufschlaggeschwindigkeit

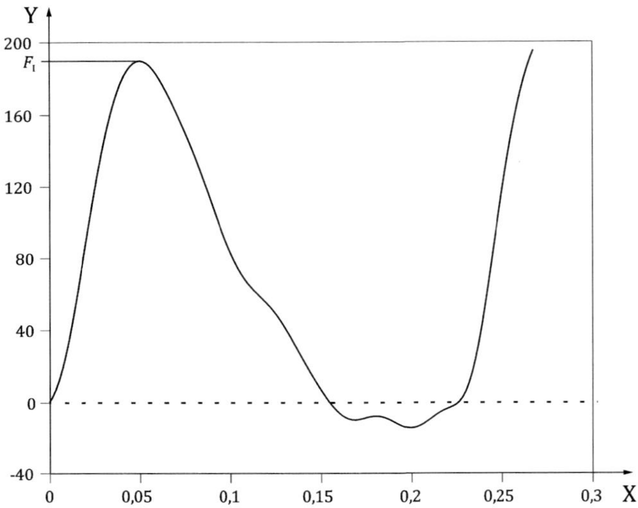

Legende

X Zeit nach Aufschlag, in Millisekunden, ms
Y Kraft, in Newton, N
F_I Aufschlagkraft

ANMERKUNG Die nach der Aufschlagkraft auftretenden negativen Kräfte betragen weniger als 20 % von F_I.

Bild A.2 — Beispiel für die Aufschlagkraft in einer Kraft-Zeit-Kurve

Anhang B
(informativ)

Masse des Rahmens

Der Impuls I, in Kilogramm-Meter je Sekunde (kg · m/s), der an den Rahmen des Prüfgeräts am Ende des Schlags übertragen wird, ist durch Gleichung (B.1) gegeben:

$$I = \int_0^{t_B} F\mathrm{d}t$$

$$\approx v_F m_F \quad \text{(B.1)}$$

Dabei ist

F die gemessene Kraft, in Newton;

t_B die Zeit bis Bruch, in Sekunden;

v_F die maximale Geschwindigkeit des Rahmens, vorausgesetzt, dass sich dieser während der kurzen Zeit t_B des Schlags frei bewegt, in Meter je Sekunde;

m_F die Masse des Rahmens, in Kilogramm.

Die maximal aufgewendete Energie kann nach Gleichung (B.2) näherungsweise bestimmt werden (siehe Anmerkung zu 8.3):

$$W^* = I v_I \approx v_F m_F v_I \quad \text{(B.2)}$$

Dabei ist v_I die Aufschlaggeschwindigkeit, in Meter je Sekunde.

Aus Gleichung (B.2) folgt, dass:

$$v_F / v_I \approx W^* / (m_F {v_I}^2) \quad \text{(B.3)}$$

Wenn das Verhältnis W^*/E der maximalen Arbeit zur kinetischen Energie des Energieträgers mit k gekennzeichnet wird, dann ist [siehe Gleichung (B.4)]:

$$W^* = k\, m_C {v_I}^2 / 2 \quad \text{(B.4)}$$

Dabei ist m_C die Masse des Energieträgers.

Gleichung (B.3) kann deshalb ausgedrückt werden als Gleichung (B.5):

$$v_F / v_I \approx k\, m_C / (2 m_F) \quad \text{(B.5)}$$

Wenn $v_F/v_I \leq 0{,}01$ annehmbar ist, liefert Gleichung (B.5) die Beziehung, die als Gleichung (B.6) dargestellt wird:

$$k \leq 0{,}02 m_F / m_C \quad \text{(B.6)}$$

Bei einem Verhältnis der Massen m_F/m_C von 10 wird der Rahmen um weniger als 1 % der Aufschlaggeschwindigkeit beschleunigt, wenn die aufgewendete Energie weniger als 20 % der Energie des Energieträgers beträgt.

Anhang C
(informativ)

Angaben zur Präzision

C.1 Die Tabellen C.1 und C.2 basieren auf einem Ringversuch, durchgeführt von vier Laboren an einem Werkstoff. Alle Proben wurden von einer Stelle hergestellt und verteilt. Jedes „Prüfergebnis" war der Durchschnitt aus 10 Einzelbestimmungen. Jedes Labor ermittelte und berichtete über 10 Prüfergebnisse für jeden Werkstoff.

C.2 Die Tabellen C.3 und C.4 basieren auf einem Ringversuch, durchgeführt von drei Laboren an einem Werkstoff. Alle Proben wurden von einer Stelle hergestellt und verteilt. Jedes „Prüfergebnis" war der Durchschnitt aus 10 Einzelbestimmungen. Jedes Labor ermittelte und berichtete über 10 Prüfergebnisse für jeden Werkstoff.

C.3 Aufgrund der begrenzten Anzahl der teilnehmenden Labore und Werkstoffe sind die folgenden Erklärungen von *r* und *R* in C.4 nur dafür vorgesehen, eine aussagekräftige Verfahrensweise aufzuzeigen, die ungefähre Präzision dieses Prüfverfahrens zu berücksichtigen. Die Daten in den Tabellen C.1 bis C.4 sollten nicht strikt für die Annahme oder Zurückweisung des Werkstoffes angewendet werden, da diese Daten für den Ringversuch spezifisch und möglicherweise für andere Chargen, Bedingungen, Werkstoffe oder Labore nicht repräsentativ sind.

C.4 Konzept von „*r*" und „*R*" in den Tabellen C.1 bis C.4: Wenn s_r und s_R aus einem hinreichend großen Datenbestand berechnet worden sind und Prüfergebnisse jeweils als Durchschnitt aus einer Prüfung an 10 Probekörpern ermittelt wurden, gilt Folgendes:

a) Wiederholpräzision — Zwei Prüfergebnisse, ermittelt innerhalb eines Prüflabors, sollten als nicht äquivalent beurteilt werden, wenn sie sich um mehr als den *r*-Wert für diesen Werkstoff unterscheiden, wobei *r* das Intervall der kritischen Differenz zwischen zwei Prüfergebnissen für den gleichen Werkstoff, die vom gleichen Bearbeiter mit der gleichen Ausrüstung im gleichen Prüflabor erhalten wurden, darstellt.

b) Vergleichpräzision — Zwei Prüfergebnisse, ermittelt von unterschiedlichen Prüflaboren, sollten als nicht äquivalent beurteilt werden, wenn sie sich um mehr als den *R*-Wert für diesen Werkstoff unterscheiden, wobei *R* das Intervall der kritischen Differenz zwischen zwei Prüfergebnissen für den gleichen Werkstoff, die von unterschiedlichen Bearbeitern mit unterschiedlicher Ausrüstung in unterschiedlichen Prüflaboren erhalten wurden, darstellt.

Die Beurteilungen in a) und b) sind mit annähernd 95 % (0,95) Wahrscheinlichkeit korrekt.

Tabelle C.1 — Präzisionsdaten für die Charpy-Schlagzähigkeit (gekerbt)

Werte in kJ/m²

Werkstoff	Durchschnitt	s_r	s_R	r	R
PS-HI	13,03	0,099	1,56	0,28	4,36

s_r ist die Standardabweichung innerhalb des Labors;
s_R ist die Standardabweichung zwischen den Laboren;
r ist die 95 %-Wiederholpräzisionsgrenze (= 2,8 s_r);
R ist die 95 %-Vergleichpräzisionsgrenze (= 2,8 s_R).

Tabelle C.2 — Präzisionsdaten für die Schlagenergie beim Bruch

Werte in J

Werkstoff	Durchschnitt	s_r	s_R	r	R
PS-HI	0,40	0,004	0,04	0,01	0,11

s_r ist die Standardabweichung innerhalb des Labors;
s_R ist die Standardabweichung zwischen den Laboren;
r ist die 95 %-Wiederholpräzisionsgrenze (= 2,8 s_r);
R ist die 95 %-Vergleichpräzisionsgrenze (= 2,8 s_R).

Tabelle C.3 — Präzisionsdaten für die maximale Schlagkraft

Werte in N

Werkstoff	Durchschnitt	s_r	s_R	r	R
PS-HI	193,7	3,62	9,72	10,14	27,23

s_r ist die Standardabweichung innerhalb des Labors;
s_R ist die Standardabweichung zwischen den Laboren;
r ist die 95 %-Wiederholpräzisionsgrenze (= 2,8 s_r);
R ist die 95 %-Vergleichpräzisionsgrenze (= 2,8 s_R).

Tabelle C.4 — Präzisionsdaten für die Durchbiegung bei maximaler Schlagkraft

Werte in mm

Werkstoff	Durchschnitt	s_r	s_R	r	R
PS-HI	1,89	0,049	0,06	0,14	0,17

s_r ist die Standardabweichung innerhalb des Labors;
s_R ist die Standardabweichung zwischen den Laboren;
r ist die 95 %-Wiederholpräzisionsgrenze (= 2,8 s_r);
R ist die 95 %-Vergleichpräzisionsgrenze (= 2,8 s_R).

Literaturhinweise

[1] ISO 6603-2, *Plastics — Determination of puncture impact behaviour of rigid plastics — Part 2: Instrumented impact testing*

[2] KALTHOFF, J.F. *On the measurement of dynamic fracture toughness — A review of recent work, International Journal of Fracture*, **27** (1985), pp. 277–298

[3] MAURER, G., and BREUER, H. *Instrumented impact test — Influence of shape and material of the striking fin on the force-time trace*, Impact and Dynamic Fracture of Polymers and Composites, ESIS 19 (edited by J.G. Williams and A. Pavan), 1995, Mechanical Engineering Publications, London, pp. 93–102

[4] MONEY, M.W., and SIMS, G.D. *Calibration of quartz load cells — An* in-situ *procedure for instrumented falling-weight impact machines, Polymer Testing*, **8** (1989), pp. 429–442

[5] ASTM D256 – 10(2018) - *Standard Test Methods for Determining the Izod Pendulum Impact Resistance of Plastics*

DIN EN ISO 180

ICS 83.080.01

Ersatz für
DIN EN ISO 180:2020-03

Kunststoffe –
Bestimmung der Izod-Schlagzähigkeit (ISO 180:2023);
Deutsche Fassung EN ISO 180:2023

Plastics –
Determination of Izod impact strength (ISO 180:2023);
German version EN ISO 180:2023

Plastiques –
Détermination de la résistance au choc Izod (ISO 180:2023);
Version allemande EN ISO 180:2023

Gesamtumfang 25 Seiten

DIN-Normenausschuss Kunststoffe (FNK)

www.din.de
www.beuth.de

3446856

Nationales Vorwort

Dieses Dokument (EN ISO 180:2023) wurde vom Technischen Komitee ISO/TC 61 „Plastics" in Zusammenarbeit mit dem Technischen Komitee CEN/TC 249 „Kunststoffe" erarbeitet, dessen Sekretariat von SIS (Schweden) gehalten wird.

Das zuständige nationale Normungsgremium ist der Arbeitsausschuss NA 054-01-02 AA „Mechanische Eigenschaften und Probekörperherstellung" im DIN-Normenausschuss Kunststoffe (FNK).

Für die in diesem Dokument zitierten Dokumente wird im Folgenden auf die entsprechenden deutschen Dokumente hingewiesen:

ISO 291	siehe	DIN EN ISO 291
ISO 293	siehe	DIN EN ISO 293
ISO 294-1	siehe	DIN EN ISO 294-1
ISO 295	siehe	DIN EN ISO 295
ISO 2818	siehe	DIN EN ISO 2818
ISO 5725-2	siehe	DIN ISO 5725-2
ISO 10724-1	siehe	DIN EN ISO 10724-1
ISO 13528	siehe	DIN ISO 13528
ISO 13802	siehe	DIN EN ISO 13802
ISO 16012	siehe	DIN EN ISO 16012
ISO 20753	siehe	DIN EN ISO 20753
ISO/IEC 17043	siehe	DIN EN ISO/IEC 17043

Aktuelle Informationen zu diesem Dokument können über die Internetseiten von DIN (www.din.de) durch eine Suche nach der Dokumentennummer aufgerufen werden.

Änderungen

Gegenüber DIN EN ISO 180:2020-03 wurden folgende Änderungen vorgenommen:

a) die Ergebnisse eines Ringversuchs für ungekerbte Probekörper (siehe Anhang A) wurden hinzugefügt;

b) Verweisung auf Norm ISO 16012 (siehe Literaturhinweise und 5.2) wurde hinzugefügt;

c) die in Gleichung (1) und Gleichung (2) verwendeten Symbole wurden überprüft und aktualisiert;

d) die Prüfverfahren-Bezeichnung in Abschnitt 10 b) wurde überarbeitet und aktualisiert.

Frühere Ausgaben

DIN EN ISO 180: 1997-03, 2001-06, 2007-04, 2013-08, 2020-03

Nationaler Anhang NA
(informativ)

Literaturhinweise

DIN EN ISO 291, *Kunststoffe — Normalklimate für Konditionierung und Prüfung*

DIN EN ISO 293, *Kunststoffe — Formgepresste Probekörper aus Thermoplasten*

DIN EN ISO 294-1, *Kunststoffe — Spritzgießen von Probekörpern aus Thermoplasten — Teil 1: Allgemeine Grundlagen und Herstellung von Vielzweckprobekörpern und Stäben*

DIN EN ISO 295, *Kunststoffe — Pressen von Probekörpern aus duroplastischen Werkstoffen*

DIN EN ISO 2818, *Kunststoffe — Herstellung von Probekörpern durch mechanische Bearbeitung*

DIN EN ISO 10724-1, *Kunststoffe — Spritzgießen von Probekörpern aus duroplastischen rieselfähigen Formmassen (PMC) — Teil 1: Allgemeine Grundlagen und Herstellung von Vielzweckprobekörpern*

DIN EN ISO 13802, *Kunststoffe — Verifizierung von Pendelschlagwerken — Charpy-, Izod- und Schlagzugversuch*

DIN EN ISO 16012, *Kunststoffe — Bestimmung der linearen Maße von Probekörpern*

DIN EN ISO 20753, *Kunststoffe — Probekörper*

DIN EN ISO/IEC 17043, *Konformitätsbewertung — Allgemeine Anforderungen an Eignungsprüfungen*

DIN ISO 5725-2, *Genauigkeit (Richtigkeit und Präzision) von Messverfahren und Messergebnissen — Teil 2: Grundlegende Methode für die Ermittlung der Wiederhol- und Vergleichpräzision eines vereinheitlichten Messverfahrens*

DIN ISO 13528, *Statistische Verfahren für Eignungsprüfungen durch Ringversuche*

– Leerseite –

EUROPÄISCHE NORM
EUROPEAN STANDARD
NORME EUROPÉENNE

EN ISO 180

Juni 2023

ICS 83.080.01

Ersetzt EN ISO 180:2019

Deutsche Fassung

Kunststoffe — Bestimmung der Izod-Schlagzähigkeit (ISO 180:2023)

Plastics — Determination of Izod impact strength (ISO 180:2023)

Plastiques — Détermination de la résistance au choc Izod (ISO 180:2023)

Diese Europäische Norm wurde vom CEN am 18. Mai 2023 angenommen.

Die CEN-Mitglieder sind gehalten, die CEN/CENELEC-Geschäftsordnung zu erfüllen, in der die Bedingungen festgelegt sind, unter denen dieser Europäischen Norm ohne jede Änderung der Status einer nationalen Norm zu geben ist. Auf dem letzten Stand befindliche Listen dieser nationalen Normen mit ihren bibliographischen Angaben sind beim CEN-CENELEC-Management-Zentrum oder bei jedem CEN-Mitglied auf Anfrage erhältlich.

Diese Europäische Norm besteht in drei offiziellen Fassungen (Deutsch, Englisch, Französisch). Eine Fassung in einer anderen Sprache, die von einem CEN-Mitglied in eigener Verantwortung durch Übersetzung in seine Landessprache gemacht und dem Management-Zentrum mitgeteilt worden ist, hat den gleichen Status wie die offiziellen Fassungen.

CEN-Mitglieder sind die nationalen Normungsinstitute von Belgien, Bulgarien, Dänemark, Deutschland, Estland, Finnland, Frankreich, Griechenland, Irland, Island, Italien, Kroatien, Lettland, Litauen, Luxemburg, Malta, den Niederlanden, Norwegen, Österreich, Polen, Portugal, der Republik Nordmazedonien, Rumänien, Schweden, der Schweiz, Serbien, der Slowakei, Slowenien, Spanien, der Tschechischen Republik, der Türkei, Ungarn, dem Vereinigten Königreich und Zypern.

EUROPÄISCHES KOMITEE FÜR NORMUNG
EUROPEAN COMMITTEE FOR STANDARDIZATION
COMITÉ EUROPÉEN DE NORMALISATION

CEN-CENELEC Management-Zentrum: Rue de la Science 23, B-1040 Brüssel

Ref. Nr. EN ISO 180:2023 D

Inhalt

Bilder

Tabellen

Europäisches Vorwort

Dieses Dokument (EN ISO 180:2023) wurde vom Technischen Komitee ISO/TC 61 „Plastics" in Zusammenarbeit mit dem Technischen Komitee CEN/TC 249 „Kunststoffe" erarbeitet, dessen Sekretariat von SIS gehalten wird.

Diese Europäische Norm muss den Status einer nationalen Norm erhalten, entweder durch Veröffentlichung eines identischen Textes oder durch Anerkennung bis Dezember 2023, und etwaige entgegenstehende nationale Normen müssen bis Dezember 2023 zurückgezogen werden.

Es wird auf die Möglichkeit hingewiesen, dass einige Elemente dieses Dokuments Patentrechte berühren können. CEN ist nicht dafür verantwortlich, einige oder alle diesbezüglichen Patentrechte zu identifizieren.

Dieses Dokument ersetzt EN ISO 180:2019.

Rückmeldungen oder Fragen zu diesem Dokument sollten an das jeweilige nationale Normungsinstitut des Anwenders gerichtet werden. Eine vollständige Liste dieser Institute ist auf den Internetseiten von CEN abrufbar.

Entsprechend der CEN-CENELEC-Geschäftsordnung sind die nationalen Normungsinstitute der folgenden Länder gehalten, diese Europäische Norm zu übernehmen: Belgien, Bulgarien, Dänemark, Deutschland, die Republik Nordmazedonien, Estland, Finnland, Frankreich, Griechenland, Irland, Island, Italien, Kroatien, Lettland, Litauen, Luxemburg, Malta, Niederlande, Norwegen, Österreich, Polen, Portugal, Rumänien, Schweden, Schweiz, Serbien, Slowakei, Slowenien, Spanien, Tschechische Republik, Türkei, Ungarn, Vereinigtes Königreich und Zypern.

Anerkennungsnotiz

Der Text von ISO 180:2023 wurde von CEN als EN ISO 180:2023 ohne irgendeine Abänderung genehmigt.

Vorwort

ISO (die Internationale Organisation für Normung) ist eine weltweite Vereinigung nationaler Normungsinstitute (ISO-Mitgliedsorganisationen). Die Erstellung von Internationalen Normen wird üblicherweise von Technischen Komitees von ISO durchgeführt. Jede Mitgliedsorganisation, die Interesse an einem Thema hat, für welches ein Technisches Komitee gegründet wurde, hat das Recht, in diesem Komitee vertreten zu sein. Internationale staatliche und nichtstaatliche Organisationen, die in engem Kontakt mit ISO stehen, nehmen ebenfalls an der Arbeit teil. ISO arbeitet bei allen elektrotechnischen Normungsthemen eng mit der Internationalen Elektrotechnischen Kommission (IEC) zusammen.

Die Verfahren, die bei der Entwicklung dieses Dokuments angewendet wurden und die für die weitere Pflege vorgesehen sind, werden in den ISO/IEC-Directives, Teil 1, beschrieben. Es sollten insbesondere die unterschiedlichen Annahmekriterien für die verschiedenen ISO-Dokumentenarten beachtet werden. Dieses Dokument wurde in Übereinstimmung mit den Gestaltungsregeln der ISO/IEC-Directives, Teil 2, erarbeitet (siehe www.iso.org/directives).

ISO weist auf die Möglichkeit hin, dass die Anwendung dieses Dokuments mit der Verwendung eines oder mehrerer Patente verbunden sein kann. ISO bezieht jedoch in dieser Hinsicht keinerlei Stellung bezüglich Nachweis, Gültigkeit oder Anwendbarkeit jeglicher beanspruchten Patentrechte. Zum Zeitpunkt der Veröffentlichung dieses Dokuments lag ISO keine Mitteilung über ein Patent bzw. mehrere Patente vor, welche/s zur Umsetzung dieses Dokuments erforderlich sein könnte/n. Anwender werden jedoch darauf hingewiesen, dass dies möglicherweise nicht der aktuelle Informationsstand ist. Dieser kann jedoch der Patentdatenbank unter www.iso.org/patents entnommen werden. ISO ist nicht dafür verantwortlich, einige oder alle diesbezüglichen Patentrechte zu identifizieren.

Jeder in diesem Dokument verwendete Handelsname dient nur zur Unterrichtung der Anwender und bedeutet keine Anerkennung.

Für eine Erläuterung des freiwilligen Charakters von Normen, der Bedeutung ISO-spezifischer Begriffe und Ausdrücke in Bezug auf Konformitätsbewertungen sowie Informationen darüber, wie ISO die Grundsätze der Welthandelsorganisation (WTO, en: World Trade Organization) hinsichtlich technischer Handelshemmnisse (TBT, en: Technical Barriers to Trade) berücksichtigt, siehe www.iso.org/iso/foreword.html.

Dieses Dokument wurde vom Technischen Komitee ISO/TC 61, *Plastics*, Unterkomitee SC 2, *Mechanical behavior*, in Zusammenarbeit mit dem Europäischen Komitee für Normung (CEN), Technisches Komitee CEN/TC 249, *Kunststoffe*, in Übereinstimmung mit der Vereinbarung zur technischen Zusammenarbeit zwischen ISO und CEN (Wiener Vereinbarung) erarbeitet.

Diese fünfte Ausgabe ersetzt die vierte Ausgabe (ISO 180:2019), die technisch überarbeitet wurde.

Die wesentlichen Änderungen sind folgende:

— die Ergebnisse eines Ringversuchs für ungekerbte Probekörper (siehe Anhang A) wurden hinzugefügt;

— Verweisung auf Norm ISO 16012 (siehe Literaturhinweise und 5.2) wurde hinzugefügt;

— die in Gleichung (1) und Gleichung (2) verwendeten Symbole wurden überprüft und aktualisiert;

— die Prüfverfahren-Bezeichnung in Abschnitt 10 b) wurde überprüft und aktualisiert.

Rückmeldungen oder Fragen zu diesem Dokument sollten an das jeweilige nationale Normungsinstitut des Anwenders gerichtet werden. Eine vollständige Auflistung dieser Institute ist unter www.iso.org/members.html zu finden.

Einleitung

Das Prüfverfahren zur Bestimmung der Izod-Schlagzähigkeit ist zur Anwendung auf folgende Werkstoffgruppen geeignet:

— steife thermoplastische Form- und Extrusionsmassen, einschließlich gefüllter und verstärkter Verbundwerkstoffe zusätzlich zu ungefüllten Sorten, sowie Platten aus steifen Thermoplasten;

— steife wärmehärtbare Formmassen, einschließlich gefüllter und verstärkter Verbundwerkstoffe, und Platten aus steifen Duroplasten, einschließlich solcher aus Schichtstoffen;

— faserverstärkte wärmehärtbare und thermoplastische Verbundwerkstoffe mit unidirektionaler oder nichtunidirektionaler Verstärkung, wie z. B. Matten, Gewebe, Rovinggewebe, geschnittene Fasern, verbundene und Hybridverstärkungen, Rovings und gemahlene Fasern sowie Platten aus vorimprägnierten Werkstoffen (Prepregs);

— thermotrope flüssigkristalline Polymere.

Das Verfahren ist üblicherweise nicht für Hartschäume und Schicht-Verbundwerkstoffe geeignet, die geschäumte Strukturen enthalten. Gekerbte Probekörper werden ebenso üblicherweise nicht für langfaserverstärkte Verbundwerkstoffe oder thermotrope flüssigkristalline Polymere benutzt.

Das Verfahren ist für die Verwendung von Probekörpern geeignet, die aus Formmassen in den gewählten Maßen hergestellt, aus dem mittleren Teil eines genormten Vielzweckprobekörpers (siehe ISO 20753) ausgearbeitet oder aus Fertigteilen oder Halbzeugen entnommen werden können, wie zum Beispiel aus Formteilen, Schichtstoffen, extrudierten oder gegossenen Platten.

1 Anwendungsbereich

Dieses Dokument legt ein Verfahren zur Bestimmung der Izod-Schlagzähigkeit von Kunststoffen unter festgelegten Bedingungen fest. Eine Anzahl von unterschiedlichen Probekörpertypen und Prüfanordnungen wird festgelegt. Unterschiedliche Prüfbedingungen werden entsprechend dem Werkstofftyp, dem Probekörpertyp und der Kerbart festgelegt.

Das Prüfverfahren wird angewendet, um das Verhalten festgelegter Probekörpertypen bei den festgelegten Schlagbedingungen zu untersuchen und die Sprödigkeit oder Zähigkeit von Probekörpern innerhalb der Grenzen der Prüfbedingungen zu beurteilen.

2 Normative Verweisungen

Die folgenden Dokumente werden im Text in solcher Weise in Bezug genommen, dass einige Teile davon oder ihr gesamter Inhalt Anforderungen des vorliegenden Dokuments darstellen. Bei datierten Verweisungen gilt nur die in Bezug genommene Ausgabe. Bei undatierten Verweisungen gilt die letzte Ausgabe des in Bezug genommenen Dokuments (einschließlich aller Änderungen).

ISO 291, *Plastics — Standard atmospheres for conditioning and testing*

ISO 293, *Plastics — Compression moulding of test specimens of thermoplastic materials*

ISO 294-1, *Plastics — Injection moulding of test specimens of thermoplastic materials — Part 1: General principles, and moulding of multipurpose and bar test specimens*

ISO 295, *Plastics — Compression moulding of test specimens of thermosetting materials*

ISO 1268 (alle Teile), *Fibre-reinforced plastics — Methods of producing test plates*

ISO 2818, *Plastics — Preparation of test specimens by machining*

ISO 10724-1, *Plastics — Injection moulding of test specimens of thermosetting powder moulding compounds (PMCs) — Part 1: General principles and moulding of multipurpose test specimens*

ISO 13802, *Plastics — Verification of pendulum impact-testing machines — Charpy, Izod and tensile impact-testing*

3 Begriffe

Für die Anwendung dieses Dokuments gelten die folgenden Begriffe.

ISO und IEC stellen terminologische Datenbanken für die Verwendung in der Normung unter den folgenden Adressen bereit:

— ISO Online Browsing Platform: verfügbar unter https://www.iso.org/obp

— IEC Electropedia: verfügbar unter https://www.electropedia.org/

3.1
Izod-Schlagzähigkeit von ungekerbten Probekörpern

a_{iU}

beim Bruch eines ungekerbten Probekörpers aufgenommene Schlagarbeit, bezogen auf die Anfangsquerschnittsfläche des Probekörpers

Anmerkung 1 zum Begriff: Sie wird in Kilojoule je Quadratmeter (kJ/m^2) angegeben.

3.2
Izod-Schlagzähigkeit von gekerbten Probekörpern
a_{iN}
beim Bruch eines gekerbten Probekörpers aufgenommene Schlagarbeit, bezogen auf die Anfangsquerschnittsfläche des Probekörpers an der Kerbe, wobei das Pendel auf die gekerbte Probekörperseite schlägt

Anmerkung 1 zum Begriff: Sie wird in Kilojoule je Quadratmeter (kJ/m^2) angegeben.

3.3
parallele Schlagrichtung
p
<geschichtete, verstärkte Kunststoffe> Schlag mit der Schlagrichtung parallel zur Verstärkungsebene

Anmerkung 1 zum Begriff: Die Schlagrichtung bei der Izod-Prüfung ist üblicherweise „schmalseitig parallel" (ep) (siehe Bild 1).

3.4
senkrechte Schlagrichtung
n
<geschichtete, verstärkte Kunststoffe> Schlag mit der Schlagrichtung senkrecht zur Verstärkungsebene

Anmerkung 1 zum Begriff: Diese Art des Schlages wird üblicherweise nicht bei der Izod-Prüfung angewendet, ist aber der Vollständigkeit halber angegeben (siehe auch Bild 1).

4 Kurzbeschreibung

Der Probekörper wird als senkrecht eingespannter Biegestab durch einen einzelnen Schlag des Pendelhammers gebrochen, wobei die Aufschlaglinie in einer feststehenden Entfernung zur Klemmvorrichtung für den Probekörper, und bei gekerbten Probekörpern zur Mittellinie der Kerbe liegt (siehe Bild 2).

Das Verfahren legt Vorzugsmaße für den Probekörper fest. Prüfungen, die an Probekörpern unterschiedlicher Maße oder unterschiedlicher Kerbarten oder an Probekörpern, die unter unterschiedlichen Bedingungen hergestellt wurden, durchgeführt werden, ergeben möglicherweise Werte, die nicht vergleichbar sind. Andere Faktoren, wie z. B. das Arbeitsvermögen des Geräts, die Aufschlaggeschwindigkeit und die Konditionierung der Probekörper, können die Ergebnisse ebenfalls beeinflussen. Infolgedessen müssen diese Faktoren sorgfältig überwacht und aufgezeichnet werden, wenn vergleichbare Daten gefordert sind.

Das Verfahren ist nicht dafür vorgesehen, als Datenquelle für Konstruktionsberechnungen genutzt zu werden. Durch Variation von Prüftemperatur, Kerbgrundradius und/oder Probekörperdicke und Herstellbedingungen können jedoch Informationen über das spezifische Werkstoffverhalten gewonnen werden.

5 Prüfeinrichtung

5.1 Prüfgerät

5.1.1 Die Grundsätze, Eigenschaften und Verifizierung von geeigneten Prüfmaschinen sind ausführlich in ISO 13802 angegeben. ISO 13802 beschreibt die teilweise und vollständige Verifizierung. Im Falle der vollständigen Verifizierung sind einige Eigenschaften schwer zu verifizieren, wenn das Gerät zusammengebaut ist. Es wird davon ausgegangen, dass derartige Verifizierungen dem Hersteller obliegen.

5.1.2 Manche Kunststoffe sind empfindlich gegenüber Klemmdruck. Beim Prüfen solcher Werkstoffe müssen Hilfsmittel zur Festlegung der Klemmkraft genutzt werden, und die Klemmkraft muss im Prüfbericht angegeben werden. Die Klemmkraft kann durch Benutzen eines geeichten Drehmomentschlüssels oder mit einer pneumatischen oder hydraulischen Anordnung eingestellt werden.

5.2 Messschrauben und -uhren

Es werden Messschrauben und -uhren benötigt, mit denen sich die wesentlichen Maße des Probekörpers mit einer Fehlergrenze von 0,02 mm bestimmen lassen. Um die Restbreite b_N gekerbter Probekörper zu messen, muss die Messschraube einen Taster mit 2 mm bis 3 mm Breite und ein passendes Profil aufweisen, das der Form der Kerbe entspricht. Für allgemeine Informationen zur Bestimmung der Maße von Probekörpern siehe ISO 16012.

6 Probekörper

6.1 Herstellung

6.1.1 Form- oder Extrusionsmassen

Die Probekörper müssen nach der entsprechenden Werkstoffspezifikation hergestellt werden. Wenn diese nicht existiert oder falls nichts anderes festgelegt ist, müssen die Probekörper unmittelbar durch Pressen oder Spritzgießen nach ISO 293, ISO 294-1, ISO 295 oder ISO 10724-1, je nachdem, was zutrifft, aus dem Werkstoff hergestellt oder nach ISO 2818 aus Platten gefertigt werden, die aus der Formmasse gepresst oder spritzgegossen wurden. Probekörper können auch aus Vielzweckprobekörpern nach ISO 20753:—, Typ A1, entnommen werden.

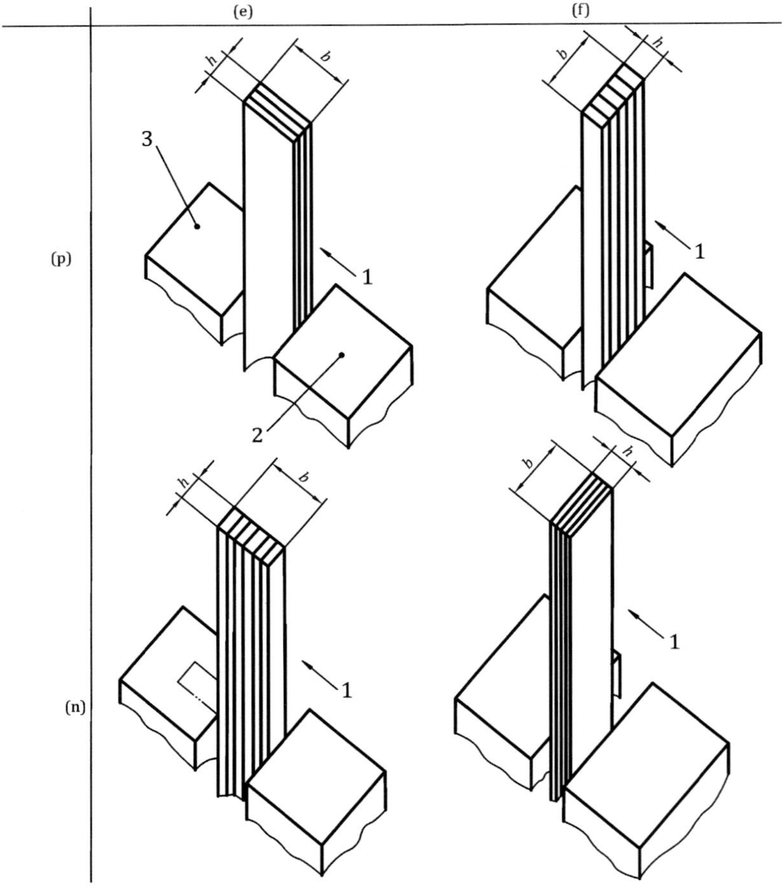

Legende

1 Schlagrichtung
2 bewegliche Spannbacke
3 feststehende Spannbacke

e schmalseitig
f breitseitig
n senkrecht
p parallel

ANMERKUNG 1 Schmalseitig (e) und breitseitig (f) geben die Schlagrichtung in Bezug auf Probekörperdicke *h* und Probekörperbreite *b* an. Senkrecht (n) und parallel (p) geben die Schlagrichtung in Bezug auf die Schichtebene an.

ANMERKUNG 2 Üblicherweise ist die Izod-Prüfung „schmalseitig parallel". Wenn $h = b$, dann ist sowohl eine parallele Schlagrichtung als auch eine senkrechte Schlagprüfung möglich.

Bild 1 — Bezeichnungsschema zur Beschreibung der Schlagrichtung

Maße in Millimeter

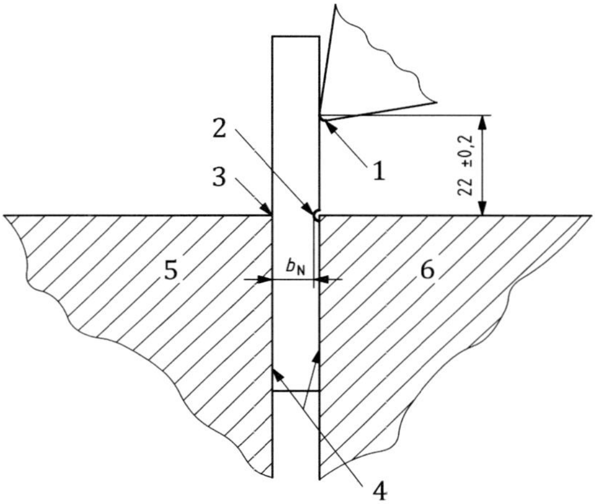

Legende

1 Hammerschneide (hinsichtlich des Radius, siehe ISO 13802)
2 Kerbung
3 Spannbackenkante, um die gebogen wird (hinsichtlich des Radius, siehe ISO 13802)
4 Flächen der Spannbacken in Kontakt mit dem Probekörper
5 feststehende Spannbacke
6 bewegliche Spannbacke
b_N Restbreite im Kerbgrund (8 ± 0,2) mm

Bild 2 — Spannbacken, Probekörper (gekerbt) und Hammerschneide, dargestellt im Moment des Aufschlags

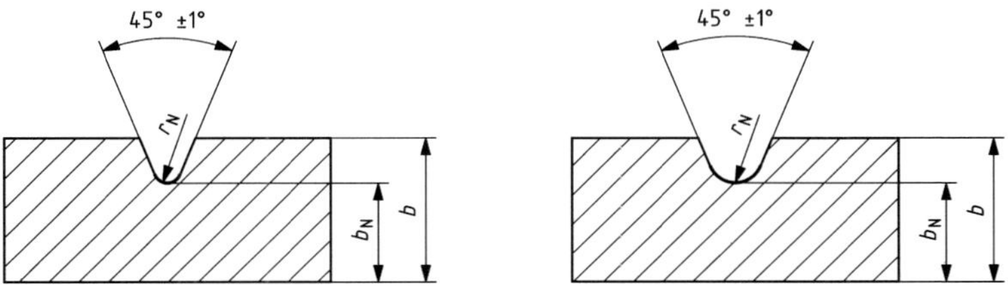

a) Typ A — **Radius r_N des Kerbgrundes = (0,25 ± 0,05) mm**

b) Typ B — **Radius r_N des Kerbgrundes = (1 ± 0,05) mm**

Legende

b Probekörperbreite (10 ± 0,2) mm
b_N Restbreite im Kerbgrund (8 ± 0,2) mm

Bild 3 — Kerbarten

6.1.2 Platten

Die Probekörper müssen nach ISO 2818 aus Platten herausgearbeitet werden. Wenn möglich, müssen Probekörper mit Kerben der Form A verwendet werden. Die bearbeiteten Flächen ungekerbter Probekörper dürfen nicht unter Zugbeanspruchung geprüft werden.

6.1.3 Langfaserverstärkte Kunststoffe

Eine Tafel muss nach dem entsprechenden Teil von ISO 1268 oder nach einem anderen festgelegten oder vereinbarten Herstellungsverfahren angefertigt werden. Probekörper müssen nach dem entsprechenden Teil von ISO 1268 durch mechanische Bearbeitung hergestellt werden.

6.1.4 Kontrolle

Die Probekörper dürfen keine Verwindungen aufweisen und müssen paarweise parallele und senkrecht aufeinanderstehende Oberflächen haben. Die Oberflächen und Kanten müssen frei von Kratzern, Kratern, Einfallstellen und Graten sein.

Die Probekörper müssen durch vergleichende Sichtprüfungen mit Linealen, Anschlagwinkeln und ebenen Platten und durch Messung mittels Mikrometermessschrauben auf Übereinstimmung mit diesen Anforderungen überprüft werden.

Probekörper mit mess- oder sichtbarer Abweichung von einer oder mehreren dieser Anforderungen müssen verworfen oder vor der Prüfung zu der richtigen Größe und Form nachgearbeitet werden.

6.1.5 Kerbung

6.1.5.1 Es wird bevorzugt, dass Kerben durch mechanische Bearbeitung in die Probekörper eingebracht werden. Durch mechanische Bearbeitung (spanabhebend) angebrachte Kerben müssen nach ISO 2818 hergestellt werden. Das Profil der Schneidwerkzeuge (Zähne) muss derart gestaltet sein, dass in rechten Winkeln zu den Hauptachsen im Probekörper Kerben der Form und Tiefe nach Bild 3 erzeugt werden. Das mit Kerben versehene Profil muss in regelmäßigen Zeitabständen überprüft werden.

6.1.5.2 Probekörper mit eingeformten Kerben dürfen verwendet werden, wenn dies für den zu untersuchenden Werkstoff festgelegt ist. Probekörper mit eingeformten Kerben führen nicht zu Ergebnissen, die vergleichbar sind mit denjenigen von Probekörpern mit spanend erzeugten Kerben. Das mit Kerben versehene Profil muss in regelmäßigen Zeitabständen überprüft werden.

6.2 Anisotropie

Bestimmte Arten von Platten- oder Tafelwerkstoffen können in Abhängigkeit von der Richtung in der Platten- oder Tafelebene unterschiedliche Schlagzähigkeitseigenschaften aufweisen. In solchen Fällen ist es üblich, Gruppen von Probekörpern mit ihrer Längsachse parallel sowie senkrecht zur Richtung einer Eigenschaft der Platte oder Tafel zu entnehmen, die entweder augenscheinlich oder aus dem Wissen über das Herstellungsverfahren bekannt ist.

6.3 Form und Maße

6.3.1 Allgemeines

Hinsichtlich der Maße der Probekörper siehe Tabelle 1.

Wenn es bei bestimmten Gerätetypen notwendig ist, darf die Länge symmetrisch auf 63,5 mm gekürzt werden.

Die Längsrichtung der Kerbe ist stets parallel zur Dicke *h*.

Tabelle 1 — Prüfverfahren-Bezeichnungen, Probekörper-Typen, Kerbarten und Kerbmaße

Maße in Millimeter

Prüfverfahren-Bezeichnung[a] [b]	Probekörper	Kerbart[a]	Kerbgrundradius r_N	Restbreite b_N im Kerbgrund
ISO 180/U	Länge l = 80 ± 2	ungekerbt	—	—
ISO 180/A	Breite b = 10,0 ± 0,2	A	0,25 ± 0,05	8,0 ± 0,2
ISO 180/B	Dicke h = 4,0 ± 0,2	B	1,00 ± 0,05	

[a] Sind die Probekörper aus Platten oder Formteilen entnommen, muss deren Dicke *h* der Bezeichnung hinzugefügt werden. Unverstärkte Probekörper dürfen nicht mit der bearbeiteten Oberfläche unter Zugspannung geprüft werden.

[b] Wenn die Plattendicke *h* gleich der Breite *b* ist, muss die Schlagrichtung (senkrecht „n" oder parallel „p") der Bezeichnung hinzugefügt werden.

6.3.2 Form- oder Extrusionsmassen

Es müssen Probekörper mit einer der zwei verschiedenen Kerbarten, wie in Tabelle 1 angegeben und in Bild 3 dargestellt, verwendet werden. Die Kerbe muss sich in der Mitte des Probekörpers befinden.

Die bevorzugte Kerbart ist die Art A. Wenn Angaben über die Kerbempfindlichkeit des Werkstoffes gewünscht werden, müssen Probekörper mit den Kerbarten A und B geprüft werden.

6.3.3 Werkstoffe für Platten, einschließlich langfaserverstärkter Werkstoffe

Die empfohlene Dicke *h* beträgt 4 mm. Wenn der Probekörper einer Platte oder einem Formteil entnommen wird, muss seine Dicke bis 10,2 mm die gleiche wie die der Platte oder des Formteils sein.

Probekörper aus Teilen mit einer Dicke größer als 10,2 mm müssen von einer Seite bis zur Dicke von (10 ± 0,2) mm abgetragen werden, unter der Voraussetzung, dass die Platte in ihrer Dicke homogen ist und nur eine Verstärkungsart enthält, die gleichmäßig verteilt ist. Werden ungekerbte Probekörper geprüft, so muss zur Vermeidung von Oberflächeneinflüssen die ursprüngliche Oberfläche unter Zugbeanspruchung geprüft werden.

Probekörper müssen schmalseitig in paralleler Richtung geprüft werden, mit Ausnahme der Probekörper mit $h = b = 10$ mm, die parallel oder senkrecht zur Schichtebene geprüft werden können (siehe Bild 1 und Bild 2).

6.4 Anzahl an Probekörpern

6.4.1 Wenn nichts anderes in der Norm für den zu prüfenden Werkstoff festgelegt ist, muss ein Satz aus 10 Probekörpern geprüft werden. Wenn der Variationskoeffizient (siehe ISO 2602) unter 5 % liegt, reicht eine Mindestanzahl von fünf Probekörpern aus.

6.4.2 Wenn Schichtstoffe in senkrechter und paralleler Richtung geprüft werden, müssen jeweils 10 Probekörper in jeder Richtung geprüft werden.

6.5 Konditionierung

Soweit nicht anders in der Norm für den zu prüfenden Werkstoff festgelegt, müssen die Probekörper nach der Festlegung in ISO 291, Klasse 2, für mindestens 16 h bei (23 ± 2) °C und (50 ± 10) % relativer Luftfeuchte konditioniert werden, falls zwischen den Beteiligten keine anderslautenden Bedingungen vereinbart sind. Im Fall von gekerbten Probekörpern erfolgt das Konditionieren nach dem Kerben.

Bei Werkstoffen mit feuchtigkeitsunempfindlichen Schlageigenschaften muss die relative Luftfeuchte nicht überwacht werden.

7 Durchführung

7.1 Die Prüfung ist im gleichen Klima wie bei der Konditionierung durchzuführen, sofern von den Beteiligten nichts anderes vereinbart wurde, z. B. für Prüfungen bei hohen oder niedrigen Temperaturen.

7.2 Die Dicke h und die Breite b jedes Probekörpers sind in dem Mittelpunkt auf 0,02 mm zu messen. Bei gekerbten Probekörpern ist die Restbreite b_N sorgfältig auf 0,02 mm zu bestimmen.

Bei spritzgegossenen Probekörpern ist es nicht notwendig von allen Probekörpern die Maße zu bestimmen. Es genügt, einen Probekörper eines Satzes auszumessen, um sicherzustellen, dass die Maße denen in Tabelle 1 entsprechen. Bei mit einem Mehrfachwerkzeug hergestellten Spritzgussteilen ist sicherzustellen, dass die Probekörper aus allen Formhöhlungen in ihren Maßen übereinstimmen.

7.3 Es ist zu überprüfen, ob das Pendelschlagwerk den festgelegten Wert für die Aufschlaggeschwindigkeit und den richtigen Bereich der aufgenommenen Arbeit W aufweist, der zwischen 10 % und 80 % des Arbeitsvermögens E im Moment des Aufschlags liegen muss. Wenn mehr als eines der Pendel diese Anforderungen erfüllt, muss das Pendel mit dem höchsten Arbeitsvermögen verwendet werden.

7.4 Die Reibungsverluste sind zu bestimmen, und die aufgenommene Arbeit ist nach ISO 13802 zu korrigieren.

7.5 Das Pendel ist auf die vorgeschriebene Höhe zu heben und einzuklinken. Der Probekörper ist in die Klemmvorrichtung einzusetzen und wie in Bild 2 dargestellt nach 5.1.2 festzuklemmen. Wenn die Izod-Schlagzähigkeit von gekerbten Probekörpern bestimmt wird, muss die Kerbe an der Seite sein, die von der Hammerschneide des Pendels getroffen wird.

7.6 Das Pendel ist auszuklinken. Die vom Probekörper aufgenommene Schlagarbeit ist aufzuzeichnen und notwendige Korrekturen für Reibungsverluste usw. sind vorzunehmen (siehe 7.4).

7.7 Es können vier Versagensarten auftreten, die durch folgende Kennbuchstaben gekennzeichnet werden:

— C (Vollständiger Bruch) (en: complete break): ein Bruch, der den Probekörper in zwei oder mehrere Teile trennt;

— H (Scharnierbruch) (en: hinge break): ein unvollständiger Bruch, bei dem ein Teil des Probekörpers sich nicht allein über der Waagerechten halten kann, wenn der andere Teil senkrecht gehalten wird, was einen eingeschlossenen Winkel von weniger als 90° bedeutet;

— P (Teilweiser Bruch) (en: partial break): ein unvollständiger Bruch, der die Definition für Scharnierbruch nicht erfüllt;

— N (Nicht-Bruch) (en: non-break): es gibt keinen Bruch und der Probekörper wird nur verbogen, möglicherweise verbunden mit Weißbruch.

Die Versagensart des betroffenen Probekörpers ist aufzuzeichnen.

7.8 Die Schritte von 7.5 bis 7.7 sind für alle zu prüfenden Probekörper zu wiederholen.

8 Berechnungen und Angabe der Ergebnisse

8.1 Ungekerbte Probekörper

Die Izod-Schlagzähigkeit ungekerbter Probekörper a_{iU}, angegeben in Kilojoule je Quadratmeter, ist nach Gleichung (1) zu berechnen:

$$a_{iU} = \frac{W_c}{h \times b} \times 10^3 \qquad (1)$$

Dabei ist

W_c die korrigierte Arbeit, die aufgenommen wird, um den Probekörper zu brechen, in Joule;

h die Dicke des Probekörpers, in Millimeter;

b die Breite des Probekörpers, in Millimeter.

8.2 Gekerbte Probekörper

Die Izod-Kerbschlagzähigkeit gekerbter Probekörper a_{iN}, angegeben in Kilojoule je Quadratmeter, mit den Kerbarten A oder B, ist nach Gleichung (2) zu berechnen:

$$a_{iN} = \frac{W_c}{h \times b_N} \times 10^3 \quad (2)$$

Dabei ist

W_c die korrigierte Arbeit, die aufgenommen wird, um den Probekörper zu brechen, in Joule;

h die Dicke des Probekörpers, in Millimeter;

b_N die Restbreite des Probekörpers, in Millimeter.

8.3 Statistische Größen

Unter Anwendung des in ISO 2602 angegebenen Verfahrens ist der arithmetische Mittelwert der Prüfergebnisse zu berechnen, und falls gefordert, die Standardabweichung des Mittelwertes. Bei verschiedenen Versagensarten bei einer Probe müssen die zugehörige Anzahl von Probekörpern angegeben und die Mittelwerte berechnet werden.

8.4 Signifikante Stellen

Alle berechneten Mittelwerte sind mit drei signifikanten Stellen anzugeben.

9 Präzision

Siehe Anhang A.

10 Prüfbericht

Der Prüfbericht muss folgende Angaben enthalten:

a) eine Verweisung auf dieses Dokument, d. h. ISO 180:2023;

b) das angewendete Verfahren, bezeichnet nach Tabelle 1, zum Beispiel:

Izod-Kerbschlagbiegeversuch ISO 180/(n/p) A

Schlagrichtung – (siehe Tabelle 1, Anmerkung b) → (n/p)

Kerbart (siehe Tabelle 1 und Bild 3) → A

c) alle Informationen, die notwendig sind zur Identifikation des geprüften Werkstoffes, einschließlich Art, Herkunft, Produktbezeichnung des Herstellers, Güteklasse und Geschichte, soweit diese bekannt sind;

d) eine Beschreibung der Beschaffenheit und Form des Werkstoffes, d. h. ob Fertigteil, Halbzeug, Prüfplatte oder Probekörper, einschließlich der Hauptmaße, Gestalt, Herstellungsart usw., soweit diese bekannt sind;

e) die Aufschlaggeschwindigkeit;

f) das Nenn-Arbeitsvermögen des Pendels;

g) der Klemmdruck, wenn anwendbar (siehe 5.1.2);

h) das Verfahren der Probekörperherstellung;

i) wenn der Werkstoff in der Form eines Fertigteils oder Halbzeugs vorliegt, die Orientierung des Probekörpers in Bezug auf das Fertigteil oder Halbzeug, dem er entnommen wurde;

j) die Anzahl der geprüften Probekörper;

k) das Normalklima bei der Konditionierung und bei der Prüfung und jede spezielle Konditionierung, die von der Norm für den Werkstoff oder das Fertigteil verlangt wird;

l) die Art(en) des beobachteten Versagens;

m) die einzelnen Prüfergebnisse, wie folgt angegeben (siehe auch Tabelle 2):

   1) Die Ergebnisse sind nach den drei grundlegenden Versagensarten zu gruppieren:

      C vollständiger Bruch, einschließlich Scharnierbruch H

      P teilweiser Bruch

      N Nicht-Bruch

   2) die häufigste Versagensart ist auszuwählen und der Mittelwert x der Schlagzähigkeit für diese Versagensart, gefolgt vom Buchstaben C oder P für die Versagensart, aufzuzeichnen,

   3) ist N die häufigste Versagensart, dann ist nur der Buchstabe N aufzuzeichnen,

   4) der Buchstabe C, P oder N der zweithäufigsten Versagensart ist (in Klammern) hinzuzufügen, aber nur dann, wenn deren Häufigkeit mehr als 1/3 beträgt (falls nicht zutreffend, dann ist ein Sternchen einzufügen).

n) die Standardabweichungen der Mittelwerte, falls gefordert;

o) das Datum (die Daten) der Prüfung.

Tabelle 2 — Darstellung der Ergebnisse

Versagensart			Bezeichnung
C	**P**	**N**	
x	[a]	[a]	xC [a]
x	(P)	[a]	xC(P)
x	[a]	(N)	xC(N)
[a]	X	[a]	xP [a]
(C)	X	[a]	xP(C)
[a]	X	(N)	xP(N)

Tabelle 2 (*fortgesetzt*)

Versagensart			Bezeichnung
C	**P**	**N**	
[a]	[a]	N	N [a]
(C)	[a]	N	N(C)
[a]	(P)	N	N(P)

x Mittelwert der Schlagzähigkeit für die häufigste Versagensart, außer Versagensart N.

C, P oder N Häufigste Versagensart.

(C), (P) oder (N) Zweithäufigste Versagensart, wird nur dann aufgezeichnet, wenn die Häufigkeit mehr als 1/3 beträgt.

[a] Nicht zutreffend.

Anhang A
(informativ)

Angaben zur Präzision

A.1 Allgemeines

Tabelle A.1 beruht auf einem Ringversuch, der in sechs Laboratorien an drei Werkstoffen mit gekerbten Probekörpern durchgeführt wurde. Alle Probekörper wurden an einer Stelle hergestellt und verteilt, mit Ausnahme der Einkerbung, die in der Verantwortung der beteiligten Laboratorien lag. Die Kerben wurden anschließend von dem Laboratorium überprüft, das für die Probenverteilung verantwortlich war. Jedes „Prüfergebnis" entsprach dem Mittelwert von 10 Einzelbestimmungen. Jedes Laboratorium ermittelte und berichtete für jeden Werkstoff an zwei aufeinander folgenden Tagen je ein Versuchsergebnis. Die Prüfergebnisse wurden dem Laboratorium und Tag entsprechend gekennzeichnet (z. B. A1, A2, B1 und B2). Die vom Laboratorium F ermittelten Daten wichen signifikant von den Daten der übrigen Laboratorien ab; aus diesem Grund wurden sie nicht in die Berechnung einbezogen und auch nicht angegeben.

In Tabelle A.2 sind statistische Ergebnisse nach ASTM E691 angegeben.

Tabelle A.3 beruht auf Ringversuchen, die vom deutschen Kunststoffinstitut Lüdenscheid nach ISO/IEC 17043 und ISO 13528 an ungekerbten Probekörpern durchgeführt wurden. Die Prüfergebnisse wurden nach ISO 5725-2 ausgewertet. Alle Probekörper jedes Werkstoffes wurden an einer Stelle hergestellt. An allen Werkstoffen wurden an verschiedenen Tagen drei Prüfreihen durchgeführt, wobei für jede Prüfreihe fünf Einzelmessungen durchgeführt wurden. Jede Prüfreihe wurde als Prüfergebnis zur Berechnung der Statistik mit Statistik-Software nach ISO 5725-2 verwendet.

ANMERKUNG Die folgenden Erklärungen von r und R (siehe A.2) sind nur dafür vorgesehen, eine aussagekräftige Verfahrensweise aufzuzeigen, die ungefähre Präzision dieses Verfahrens zu berücksichtigen. Die Daten in Tabelle A.2 und Tabelle A.3 sind nicht für die Annahme oder Zurückweisung des Werkstoffes bestimmt, da diese Daten für den Ringversuch spezifisch und möglicherweise für andere Lose, Bedingungen, Werkstoffe oder Laboratorien nicht repräsentativ sind. Anwendern dieses Prüfverfahrens wird empfohlen, die Grundsätze von ASTM E691 und/oder ISO 5725-2 anzuwenden, um Daten zu erhalten, die für ihre Laboratorien und Werkstoffe oder zwischen bestimmten Laboratorien spezifisch sind. Die Grundsätze von A.2 werden dann für solche Daten gültig.

A.2 Ansatz von *r* und *R*

Wenn s_r und s_R aus einem hinreichend großen Datenbestand berechnet worden sind, und für Prüfergebnisse aus einer Testbestimmung, dann gilt:

Für die Wiederholgrenze r (Vergleich zweier Prüfergebnisse für den gleichen Werkstoff, die vom gleichen Bearbeiter mit der gleichen Ausrüstung am gleichen Tag erhalten wurden) sollten die beiden Prüfergebnisse als nicht gleichwertig beurteilt werden, wenn sie sich um mehr als den r-Wert für diesen Werkstoff unterscheiden.

Für die Vergleichgrenze R (Vergleich zweier Prüfergebnisse für den gleichen Werkstoff, die von unterschiedlichen Bearbeitern mit unterschiedlicher Ausrüstung an verschiedenen Tagen erhalten wurden) sollten die beiden Prüfergebnisse als nicht gleichwertig beurteilt werden, wenn sie sich um mehr als den R-Wert für diesen Werkstoff unterscheiden.

Jede Bewertung nach den obigen Ausführungen wäre mit einer Wahrscheinlichkeit von etwa 95 % (0,95) korrekt.

Wiederholgrenze, $r = 2{,}83\ s_r$

Vergleichgrenze, $R = 2{,}83\ s_R$

Tabelle A.1 — Daten von zwei aufeinander folgenden Tagen, Kerbschlagzähigkeit (a_{iN}) — ISO 180/A

Kerbschlagzähigkeit in Kilojoule je Quadratmeter (kJ/m²)

Laboratorium/Tag	ABS		PBT		PBT GF30	
	Mittelwert	Standardabweichung	Mittelwert	Standardabweichung	Mittelwert	Standardabweichung
A1	22,3	1,72	5,96	2,48	11,1	1,53
A2	22,5	0,64	6,46	0,96	11,3	0,84
	—	—	—	—	—	—
B1	20,7	0,32	4,81	0,37	10,1	0,62
B2	21,1	0,44	4,59	0,16	10,4	0,46
	—	—	—	—	—	—
C1	20,3	0,35	4,37	0,29	9,19	0,36
C2	20,0	0,27	4,11	0,13	8,93	0,31
	—	—	—	—	—	—
D1	20,6	0,41	5,09	0,12	9,85	0,52
D2	20,5	0,46	5,16	0,06	10,1	0,64
	—	—	—	—	—	—
E1	21,6	0,85	7,73	0,38	12,0	1,23
E2	20,6	0,56	7,61	0,28	12,0	1,61
	—	—	—	—	—	—
Mittelwert	21,0	—	5,59	—	10,5	—

Tabelle A.2 — Präzision, Kerbschlagzähigkeit (a_{iN}) — ISO 180/A

Kerbschlagzähigkeit in Kilojoule je Quadratmeter (kJ/m²), Relativwerte in % des Mittelwertes

Werkstoff	Mittelwert	s_r	s_R	*rel* s_r	*rel* s_R
ABS	21,0	0,35	0,89	1,7 %	4,2 %
PBT	5,59	0,20	1,38	3,6 %	24,7 %
PBT GF30	10,5	0,15	1,14	1,4 %	10,9 %
s_r = Standardabweichung innerhalb eines Laboratoriums s_R = Standardabweichung zwischen verschiedenen Laboratorien					

Tabelle A.3 — Präzision, ungekerbte Schlagzähigkeit (a_{iU}) — ISO 180/U

Ungekerbte Schlagzähigkeit in Kilojoule je Quadratmeter (kJ/m²), Relativwerte in % des Mittelwertes

Werkstoff	Anzahl an Laboratorien	Mittelwert	s_r	s_R	*rel* s_r	*rel* s_R
ABS	5	32,2	0,50	2,95	1,6 %	9,2 %
PP-GF30	15	47,5	1,34	1,92	2,8 %	4,0 %
PP-GF30	6	47,0	1,01	2,34	2,1 %	5,0 %
PP-T30	23	20,7	0,68	1,07	3,3 %	5,2 %

Tabelle A.3 (*fortgesetzt*)

Ungekerbte Schlagzähigkeit in Kilojoule je Quadratmeter (kJ/m²), Relativwerte in % des Mittelwertes

Werkstoff	**Anzahl an Laboratorien**	**Mittelwert**	s_r	s_R	*rel* s_r	*rel* s_R
PP-T30	5	23,1	0,50	3,12	2,2 %	13,5 %

s_r = Standardabweichung innerhalb eines Laboratoriums

s_R = Standardabweichung zwischen verschiedenen Laboratorien

Literaturhinweise

[1] ISO 2602, *Statistical interpretation of test results — Estimation of the mean — Confidence interval*

[2] ISO 5725-2, *Accuracy (trueness and precision) of measurement methods and results — Part 2: Basic method for the determination of repeatability and reproducibility of a standard measurement method*

[3] ISO 16012, *Plastics — Determination of linear dimensions of test specimens*

[4] ISO 20753[1], *Plastics — Test specimens*

[5] ASTM E691-11, *Standard Practice for Conducting an Interlaboratory Study to Determine the Precision of a Test Method*

1 Derzeit in Vorbereitung. Stufe zum Zeitpunkt der Veröffentlichung: ISO/DIS 20753:2023.

DEUTSCHE NORM März 2024

DIN EN ISO 8256

DIN

ICS 83.080.01

Ersatz für
DIN EN ISO 8256:2005-05

Kunststoffe – Bestimmung der Schlagzugzähigkeit (ISO 8256:2023); Deutsche Fassung EN ISO 8256:2023

Plastics –
Determination of tensile-impact strength (ISO 8256:2023);
German version EN ISO 8256:2023

Plastiques –
Détermination de la résistance au choc-traction (ISO 8256:2023);
Version allemande EN ISO 8256:2023

Gesamtumfang 25 Seiten

DIN-Normenausschuss Kunststoffe (FNK)

www.din.de
www.beuth.de

3516069

Nationales Vorwort

Dieses Dokument (EN ISO 8256:2023) wurde vom Technischen Komitee ISO/TC 61 „Plastics" in Zusammenarbeit mit dem Technischen Komitee CEN/TC 249 „Kunststoffe" erarbeitet, dessen Sekretariat von SIS (Schweden) gehalten wird.

Das zuständige deutsche Normungsgremium ist der Arbeitsausschuss NA 054-01-02 AA „Mechanische Eigenschaften und Probekörperherstellung" im DIN-Normenausschuss Kunststoffe (FNK).

Für die in diesem Dokument zitierten Dokumente wird im Folgenden auf die entsprechenden deutschen Dokumente hingewiesen:

ISO 179 (alle Teile)	siehe	DIN EN ISO 179 (alle Teile)
ISO 180	siehe	DIN EN ISO 180
ISO 291	siehe	DIN EN ISO 291
ISO 293	siehe	DIN EN ISO 293
ISO 294-1	siehe	DIN EN ISO 294-1
ISO 294-2	siehe	DIN EN ISO 294-2
ISO 294-3	siehe	DIN EN ISO 294-3
ISO 295	siehe	DIN EN ISO 295
ISO 472	siehe	DIN EN ISO 472
ISO 2818	siehe	DIN EN ISO 2818
ISO 10350-1	siehe	DIN EN ISO 10350-1
ISO 11403-3	siehe	DIN EN ISO 11403-3
ISO 13802	siehe	DIN EN ISO 13802
ISO 20753	siehe	DIN EN ISO 20753

Aktuelle Informationen zu diesem Dokument können über die Internetseiten von DIN (www.din.de) durch eine Suche nach der Dokumentennummer aufgerufen werden.

Änderungen

Gegenüber DIN EN ISO 8256:2005-05 wurden folgende Änderungen vorgenommen:

a) Ersetzung der Verweisung auf ISO 3167 durch die Verweisung auf ISO 20753;

b) bessere Übersichtlichkeit in Tabelle 2 — Probekörpertypen und Maße;

c) zusätzliche Beschreibung der Herstellungsverfahren für die Probekörpertypen in 6.2.1;

d) redaktionelle Überarbeitung.

Frühere Ausgaben

DIN 53448: 1966-10, 1977-05
DIN EN ISO 8256: 1997-02, 2002-04, 2005-05

Nationaler Anhang NA
(informativ)

Literaturhinweise

DIN EN ISO 179 (alle Teile), *Kunststoffe — Bestimmung der Charpy-Schlageigenschaften*

DIN EN ISO 180, *Kunststoffe — Bestimmung der Izod-Schlagzähigkeit*

DIN EN ISO 291, *Kunststoffe — Normalklimate für Konditionierung und Prüfung*

DIN EN ISO 293, *Kunststoffe — Formgepresste Probekörper aus Thermoplasten*

DIN EN ISO 294-1, *Kunststoffe — Spritzgießen von Probekörpern aus Thermoplasten — Teil 1: Allgemeine Grundlagen und Herstellung von Vielzweckprobekörpern und Stäben*

DIN EN ISO 294-2, *Kunststoffe — Spritzgießen von Probekörpern aus Thermoplasten — Teil 2: Kleine Zugstäbe*

DIN EN ISO 294-3, *Kunststoffe — Spritzgießen von Probekörpern aus Thermoplasten — Teil 3: Kleine Platten*

DIN EN ISO 295, *Kunststoffe — Pressen von Probekörpern aus duroplastischen Werkstoffen*

DIN EN ISO 472, *Kunststoffe — Fachwörterverzeichnis*

DIN EN ISO 2818, *Kunststoffe — Herstellung von Probekörpern durch mechanische Bearbeitung*

DIN EN ISO 10350-1, *Kunststoffe — Ermittlung und Darstellung vergleichbarer Einpunktkennwerte — Teil 1: Formmassen*

DIN EN ISO 11403-3, *Kunststoffe — Ermittlung und Darstellung von vergleichbaren Vielpunkt-Kennwerten — Teil 3: Umgebungseinflüsse auf Eigenschaften*

DIN EN ISO 13802, *Kunststoffe — Verifizierung von Pendelschlagwerken — Charpy-, Izod- und Schlagzugversuch*

DIN EN ISO 20753, *Kunststoffe — Probekörper*

– Leerseite –

EUROPÄISCHE NORM

EUROPEAN STANDARD

NORME EUROPÉENNE

EN ISO 8256

Dezember 2023

ICS 83.080.01

Ersetzt EN ISO 8256:2004

Deutsche Fassung

Kunststoffe — Bestimmung der Schlagzugzähigkeit (ISO 8256:2023)

Plastics — Determination of tensile-impact strength (ISO 8256:2023)

Plastiques — Détermination de la résistance au choc-traction (ISO 8256:2023)

Diese Europäische Norm wurde vom CEN am 9. Dezember 2023 angenommen.

Die CEN-Mitglieder sind gehalten, die CEN/CENELEC-Geschäftsordnung zu erfüllen, in der die Bedingungen festgelegt sind, unter denen dieser Europäischen Norm ohne jede Änderung der Status einer nationalen Norm zu geben ist. Auf dem letzten Stand befindliche Listen dieser nationalen Normen mit ihren bibliographischen Angaben sind beim CEN-CENELEC-Management-Zentrum oder bei jedem CEN-Mitglied auf Anfrage erhältlich.

Diese Europäische Norm besteht in drei offiziellen Fassungen (Deutsch, Englisch, Französisch). Eine Fassung in einer anderen Sprache, die von einem CEN-Mitglied in eigener Verantwortung durch Übersetzung in seine Landessprache gemacht und dem Management-Zentrum mitgeteilt worden ist, hat den gleichen Status wie die offiziellen Fassungen.

CEN-Mitglieder sind die nationalen Normungsinstitute von Belgien, Bulgarien, Dänemark, Deutschland, Estland, Finnland, Frankreich, Griechenland, Irland, Island, Italien, Kroatien, Lettland, Litauen, Luxemburg, Malta, den Niederlanden, Norwegen, Österreich, Polen, Portugal, der Republik Nordmazedonien, Rumänien, Schweden, der Schweiz, Serbien, der Slowakei, Slowenien, Spanien, der Tschechischen Republik, der Türkei, Ungarn, dem Vereinigten Königreich und Zypern.

EUROPÄISCHES KOMITEE FÜR NORMUNG
EUROPEAN COMMITTEE FOR STANDARDIZATION
COMITÉ EUROPÉEN DE NORMALISATION

CEN-CENELEC Management-Zentrum: Rue de la Science 23, B-1040 Brüssel

Ref. Nr. EN ISO 8256:2023 D

Inhalt

Bilder

Tabellen

Europäisches Vorwort

Dieses Dokument (EN ISO 8256:2023) wurde vom Technischen Komitee ISO/TC 61 „Plastics" in Zusammenarbeit mit dem Technischen Komitee CEN/TC 249 „Kunststoffe" erarbeitet, dessen Sekretariat von SIS gehalten wird.

Diese Europäische Norm muss den Status einer nationalen Norm erhalten, entweder durch Veröffentlichung eines identischen Textes oder durch Anerkennung bis Juni 2024, und etwaige entgegenstehende nationale Normen müssen bis Juni 2024 zurückgezogen werden.

Es wird auf die Möglichkeit hingewiesen, dass einige Elemente dieses Dokuments Patentrechte berühren können. CEN ist nicht dafür verantwortlich, einige oder alle diesbezüglichen Patentrechte zu identifizieren.

Dieses Dokument ersetzt EN ISO 8256:2004.

Rückmeldungen oder Fragen zu diesem Dokument sollten an das jeweilige nationale Normungsinstitut/nationale Gremium des Anwenders gerichtet werden. Eine vollständige Liste dieser Institute ist auf den Internetseiten von CEN abrufbar.

Entsprechend der CEN-CENELEC-Geschäftsordnung sind die nationalen Normungsinstitute der folgenden Länder gehalten, diese Europäische Norm zu übernehmen: Belgien, Bulgarien, Dänemark, Deutschland, die Republik Nordmazedonien, Estland, Finnland, Frankreich, Griechenland, Irland, Island, Italien, Kroatien, Lettland, Litauen, Luxemburg, Malta, Niederlande, Norwegen, Österreich, Polen, Portugal, Rumänien, Schweden, Schweiz, Serbien, Slowakei, Slowenien, Spanien, Tschechische Republik, Türkei, Ungarn, Vereinigtes Königreich und Zypern.

Anerkennungsnotiz

Der Text von ISO 8256:2023 wurde von CEN als EN ISO 8256:2023 ohne irgendeine Abänderung genehmigt.

Vorwort

ISO (die Internationale Organisation für Normung) ist eine weltweite Vereinigung nationaler Normungsinstitute (ISO-Mitgliedsorganisationen). Die Erstellung von Internationalen Normen wird üblicherweise von Technischen Komitees von ISO durchgeführt. Jede Mitgliedsorganisation, die Interesse an einem Thema hat, für welches ein Technisches Komitee gegründet wurde, hat das Recht, in diesem Komitee vertreten zu sein. Internationale staatliche und nichtstaatliche Organisationen, die in engem Kontakt mit ISO stehen, nehmen ebenfalls an der Arbeit teil. ISO arbeitet bei allen elektrotechnischen Normungsthemen eng mit der Internationalen Elektrotechnischen Kommission (IEC) zusammen.

Die Verfahren, die bei der Entwicklung dieses Dokuments angewendet wurden und die für die weitere Pflege vorgesehen sind, werden in den ISO/IEC Directives, Teil 1, beschrieben. Es sollten insbesondere die unterschiedlichen Annahmekriterien für die verschiedenen ISO-Dokumentenarten beachtet werden. Dieses Dokument wurde in Übereinstimmung mit den Gestaltungsregeln der ISO/IEC Directives, Teil 2, erarbeitet (siehe www.iso.org/directives).

ISO weist auf die Möglichkeit hin, dass die Anwendung dieses Dokuments mit der Verwendung eines oder mehrerer Patente verbunden sein kann. ISO bezieht jedoch in dieser Hinsicht keinerlei Stellung bezüglich Nachweis, Gültigkeit oder Anwendbarkeit jeglicher beanspruchten Patentrechte. Zum Zeitpunkt der Veröffentlichung dieses Dokuments lag ISO keine Mitteilung über ein Patent bzw. mehrere Patente vor, welche/s zur Umsetzung dieses Dokuments erforderlich sein könnte/n. Anwender werden jedoch darauf hingewiesen, dass dies möglicherweise nicht der aktuelle Informationsstand ist. Dieser kann jedoch der Patentdatenbank unter www.iso.org/patents entnommen werden. ISO ist nicht dafür verantwortlich, einige oder alle diesbezüglichen Patentrechte zu identifizieren.

Jeder in diesem Dokument verwendete Handelsname dient nur zur Unterrichtung der Anwender und bedeutet keine Anerkennung.

Für eine Erläuterung des freiwilligen Charakters von Normen, der Bedeutung ISO-spezifischer Begriffe und Ausdrücke in Bezug auf Konformitätsbewertungen sowie Informationen darüber, wie ISO die Grundsätze der Welthandelsorganisation (WTO, en: World Trade Organization) hinsichtlich technischer Handelshemmnisse (TBT, en: Technical Barriers to Trade) berücksichtigt, siehe www.iso.org/iso/foreword.html.

Dieses Dokument wurde vom Technischen Komitee ISO/TC 61, *Plastics*, Unterkomitee SC 2, *Mechanical behaviour*, in Zusammenarbeit mit dem Europäischen Komitee für Normung (CEN), Technisches Komitee CEN/TC 249, *Kunststoffe*, in Übereinstimmung mit der Vereinbarung zur technischen Zusammenarbeit zwischen ISO und CEN (Wiener Vereinbarung) erarbeitet.

Diese dritte Ausgabe ersetzt die zweite Ausgabe (ISO 8256:2004), die technisch überarbeitet wurde.

Die wesentlichen Änderungen sind folgende:

— die Verweisung auf ISO 3167 wurde durch ISO 20753 ersetzt;

— Tabelle 2 wurde geändert und deutlicher gestaltet;

— zusätzliche Beschreibung der Herstellungsverfahren für die Probekörpertypen in 6.2.1 wurde angegeben.

Rückmeldungen oder Fragen zu diesem Dokument sollten an das jeweilige nationale Normungsinstitut des Anwenders gerichtet werden. Eine vollständige Auflistung dieser Institute ist unter www.iso.org/members.html zu finden.

1 Anwendungsbereich

1.1 Dieses Dokument legt zwei Verfahren (Verfahren A und Verfahren B) zur Bestimmung der Schlagzugzähigkeit von Kunststoffen unter festgelegten Bedingungen fest. Die Prüfungen können als Zugversuche mit verhältnismäßig hoher Verformungsgeschwindigkeit bezeichnet werden. Diese Verfahren können bei steifen Werkstoffen (wie in ISO 472 festgelegt) angewendet werden, sie sind jedoch besonders bei Werkstoffen von Nutzen, die für die Schlagbiegeprüfungen in Übereinstimmung mit der Normenreihe ISO 179 und nach ISO 180 zu flexibel oder zu dünn sind.

1.2 Diese Verfahren werden benutzt, um das Verhalten festgelegter Probekörper bei festgelegten Schlaggeschwindigkeiten zu untersuchen und die Sprödigkeit oder Zähigkeit von Probekörpern innerhalb der Grenzen der Prüfbedingungen festzustellen.

1.3 Diese Verfahren sind sowohl für Probekörper geeignet, die aus Formmassen hergestellt sind, als auch für Probekörper, die Formteilen und Halbzeugen entnommen sind (zum Beispiel aus Spritzgussteilen, Schichtstoffen oder aus extrudierten oder gegossenen Tafeln).

1.4 Ergebnisse, die bei der Prüfung von geformten Probekörpern unterschiedlicher Maße gewonnen wurden, sind nicht notwendigerweise gleich. Ebenso ist es möglich, dass die aus Formteilen ausgearbeiteten Probekörper nicht zu den gleichen Ergebnissen wie direkt aus der Formmasse geformte Probekörper gleicher Maße führen. An aus Formmassen hergestellten Probekörpern erhaltene Prüfergebnisse können nicht unmittelbar auf Formteile irgendeiner Form übertragen werden, da die Messwerte von der Formteilgestalt und den Bedingungen der Formgebung abhängen können. Ergebnisse nach Verfahren A und Verfahren B können vergleichbar sein oder nicht.

1.5 Diese Verfahren sind nicht als Datenquelle für Konstruktionsberechnungen von Teilen geeignet. Informationen über das spezifische Werkstoffverhalten können jedoch erhalten werden durch die Prüfung unterschiedlicher Probekörpertypen, die unter verschiedenen Bedingungen hergestellt wurden, und durch Prüfung bei verschiedenen Temperaturen. Die beiden verschiedenen Verfahren sind sowohl zur Produktionskontrolle als auch zur Qualitätskontrolle geeignet.

2 Normative Verweisungen

Die folgenden Dokumente werden im Text in solcher Weise in Bezug genommen, dass einige Teile davon oder ihr gesamter Inhalt Anforderungen des vorliegenden Dokuments darstellen. Bei datierten Verweisungen gilt nur die in Bezug genommene Ausgabe. Bei undatierten Verweisungen gilt die letzte Ausgabe des in Bezug genommenen Dokuments (einschließlich aller Änderungen).

ISO 179 (alle Teile), *Plastics — Determination of Charpy impact properties*

ISO 180, *Plastics — Determination of Izod impact strength*

ISO 291, *Plastics — Standard atmospheres for conditioning and testing*

ISO 293, *Plastics — Compression moulding of test specimens of thermoplastic materials*

ISO 294-1, *Plastics — Injection moulding of test specimens of thermoplastic materials — Part 1: General principles, and moulding of multipurpose and bar test specimens*

ISO 294-2, *Plastics — Injection moulding of test specimens of thermoplastic materials — Part 2: Small tensile bars*

ISO 295, *Plastics — Compression moulding of test specimens of thermosetting materials*

ISO 472, *Plastics — Vocabulary*

ISO 1268 (alle Teile), *Fibre-reinforced plastics — Methods of producing test plates*

ISO 2602, *Statistical interpretation of test results — Estimation of the mean — Confidence interval*

ISO 2818, *Plastics — Preparation of test specimens by machining*

ISO 13802, *Plastics — Verification of pendulum impact-testing machines — Charpy, Izod and tensile impact-testing*

3 Begriffe

Für die Anwendung dieses Dokuments gelten die Begriffe nach ISO 472 und die folgenden Begriffe.

ISO und IEC stellen terminologische Datenbanken für die Verwendung in der Normung unter den folgenden Adressen bereit:

— ISO Online Browsing Platform: verfügbar unter https://www.iso.org/obp

— IEC Electropedia: verfügbar unter https://www.electropedia.org/

3.1
Schlagzugzähigkeit ungekerbter Probekörper
a_{tU}
Arbeit, die beim Bruch eines ungekerbten Probekörpers unter festgelegten Bedingungen verbraucht wird, bezogen auf die Anfangs-Querschnittsfläche des Probekörpers

Anmerkung 1 zum Begriff: Sie wird in Kilojoule je Quadratmeter (kJ/m^2) angegeben.

3.2
Schlagzugzähigkeit gekerbter Probekörper
a_{tN}
Arbeit, die beim Bruch eines gekerbten Probekörpers unter festgelegten Bedingungen verbraucht wird, bezogen auf die Anfangs-Querschnittsfläche des Probekörpers an der Kerbe

Anmerkung 1 zum Begriff: Sie wird in Kilojoule je Quadratmeter (kJ/m^2) angegeben.

4 Kurzbeschreibung

Der Bruch des Probekörpers erfolgt durch einen einmaligen Schlag im Tiefstpunkt der Bewegung des Pendels einer Schlagzugmaschine. Zum Zeitpunkt des Bruches befindet sich der Probekörper in horizontaler Lage. Ein Ende des Probekörpers wird während des Schlages entweder vom Rahmen oder vom Pendel, das andere vom Querjoch gehalten. Die beiden beschriebenen Verfahren beruhen auf zwei unterschiedlichen Arten der Lage des vom Querjoch gehaltenen Probekörpers: der Probekörper darf entweder stationär an der Einspannvorrichtung angebracht sein (Verfahren A) oder sich gemeinsam mit dem Pendel nach unten bewegen (Verfahren B).

Die für den Bruch erforderliche Arbeit wird durch die kinetische Energie vorgegeben, die beim Brechen des Probekörpers vom Pendel abgegeben wird. Für das Wegschleudern (Verfahren A) oder Zurückprallen (Verfahren B) des Querjochs werden Arbeitskorrekturen durchgeführt.

5 Prüfeinrichtung

5.1 Prüfmaschine

Die Prinzipien, Kenngrößen und Verifikation geeigneter Prüfmaschinen sind ausführlich in ISO 13802 angegeben.

5.2 Pendel und Hammer

5.2.1 Das Pendel muss aus einem ein- oder mehrteiligen Pendelarm bestehen, der den Hammer hält, in dem die größte Masse konzentriert ist. Ein steifes Pendel ist wesentlich, um die richtigen Abstände und geometrischen Beziehungen zwischen den einzelnen Teilen beizubehalten und die Energieverluste auf ein Minimum herabzusetzen, die immer im gemessenen Wert der Schlagarbeit enthalten sind.

5.2.2 Die Hämmer für die Verfahren A und B sind ausführlich in ISO 13802 beschrieben.

5.3 Querjoch

5.3.1 Wie in ISO 13802 dargelegt, muss der für das Querjoch verwendete Werkstoff (z. B. Aluminium) zu einem im Wesentlichen unelastischen Stoß führen, um das Zurückprallen des Metallhammers aufgrund des Auftreffens auf ein Querjoch aus Metall zu verringern. Die Masse des Querjochs muss sowohl für Verfahren A als auch für Verfahren B aus den in Tabelle 1 angegebenen Werten gewählt werden.

5.3.2 Es muss eine Einspannlehre oder eine andere Einrichtung angewendet werden, die das Spannen des Querjochs in der festgelegten Lage im rechten Winkel zur Längsachse des Probekörpers unterstützt.

Tabelle 1 — Massen des Querjochs

Arbeitsvermögen J	Masse des Querjochs g	
	Verfahren A	Verfahren B
2,0	15 ± 1 oder 30 ± 1	15 ± 1
4,0	15 ± 1 oder 30 ± 1	15 ± 1
7,5	30 ± 1 oder 60 ± 1	30 ± 1
15,0	30 ± 1 oder 60 ± 1	120 ± 1
25,0	60 ± 1 oder 120 ± 1	120 ± 1
50,0	60 ± 1 oder 120 ± 1	120 ± 1
ANMERKUNG Für Verfahren A ist nach Möglichkeit das jeweils leichtere Querjoch zu verwenden.		

5.4 Klemmvorrichtungen/Spannbacken

Klemmen und Spannbacken für die Schlagzugprüfung sind in ISO 13802 beschrieben.

5.5 Messschrauben und -schieber

Es werden Messschrauben und -schieber benötigt, mit denen sich die Maße der Probekörper mit einer Messunsicherheit von 0,01 mm bestimmen lassen. Bei der Messung der Dicke des Probekörpers muss der Messkopf einen Druck von 0,01 MPa bis 0,05 MPa ausüben. Für gekerbter Probekörper gelten die Anforderungen in 7.4.

6 Probekörper

6.1 Form und Maße

Es dürfen fünf Probekörpertypen benutzt werden, wie sie in Tabelle 2 festgelegt und in Bild 1 dargestellt sind. Im Allgemeinen können bei beiden Verfahren alle Typen verwendet werden.

Verfahren A: die bevorzugten Probekörpertypen sind Typ 1 und Typ 4.

Verfahren B: die bevorzugten Probekörpertypen sind Typ 2 und Typ 4.

Das Prüfergebnis hängt vom verwendeten Probekörpertyp sowie dessen Herstellung und Dicke ab. Für wiederholbare Ergebnisse oder in Schiedsfällen müssen der Probekörpertyp sowie dessen Herstellung und Dicke vereinbart werden.

Die Probekörper werden bis einschließlich einer Dicke von 4 mm in Originaldicke geprüft. Die bevorzugte Dicke des Probekörpertyps 1 beträgt (4 ± 0,2) mm und die des Probekörpertyps 4 beträgt (3 ± 0,2) mm. Innerhalb der gemessenen Fläche darf das zulässige Grenzabmaß der Dicke nicht mehr als ±5 % betragen. Bei einer Dicke von mehr als 4 mm sind die in diesem Dokument beschriebenen Prüfverfahren nicht anwendbar, und zur Bestimmung der Schlagzähigkeitseigenschaften der Probekörper muss ISO 179 oder ISO 180 angewendet werden.

Tabelle 2 — Probekörpertypen und -maße

Maße in Millimeter

Probekörpertyp	1	2	3	4	5
Länge l	80,0 ± 2,0	60,0 ± 2,0	80,0 ± 2,0	60,0 ± 2,0	80,0 ± 2,0
Einspannlänge l_e[a]	30,0 ± 2,0	25,0 ± 2,0	30,0 ± 2,0	25,0 ± 2,0	50,0 ± 2,0
Vorzugswert für das Maß l_0	—	10,0 ± 0,2	10,0 ± 0,2	—	10,0 ± 0,2
Krümmungsradius r	—	10,0 ± 1,0	20,0 ± 1,0	15,0 ± 1,0	20,0 ± 1,0
Breite b	10,0 ± 0,2	10,0 ± 0,2	15,0 ± 0,2	10,0 ± 0,2	15,0 ± 0,2
Vorzugswert für das Maß x	6,0 ± 0,2	3,0 ± 0,2	10,0 ± 0,2	3,0 ± 0,2	5,0 ± 0,2
b'	—	—	—	—	23,0 ± 2,0
r'	—	—	—	—	4,0 ± 0,5
l'	—	—	—	—	11,0 ± 1,0
Dicke h (Vorzugswert)	≤ 4 (4,0 ± 0,2)	≤ 4	≤ 4	≤ 4 (3,0 ± 0,2)	≤ 4
Alle Grenzabmaße für l, l_0, r, b, x, b', r', l', h sind identisch mit den in ISO 20753 angegebenen Grenzabmaßen.					
[a] Die Einspannlänge l_e ist kein Probekörpermaß, sondern ein Prüfmaß.					

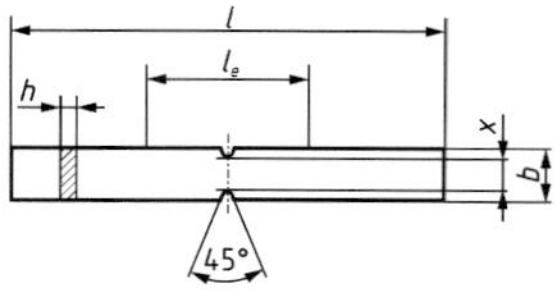

Typ 1

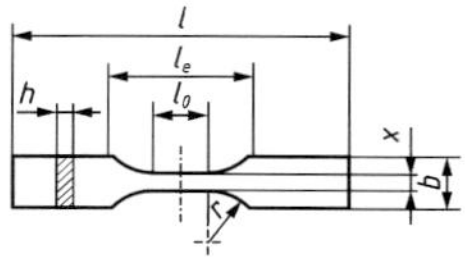

Typ 2

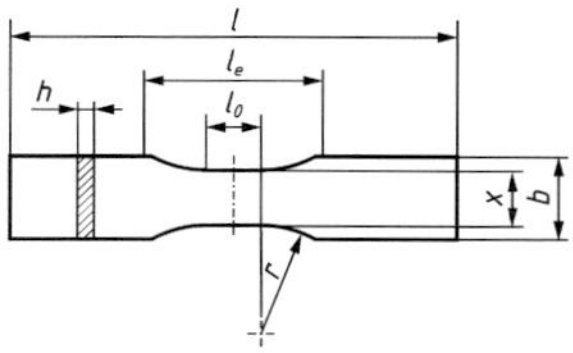

Typ 3

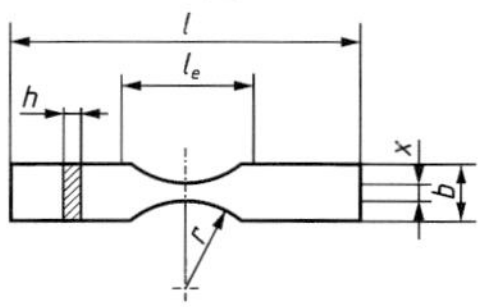

Typ 4

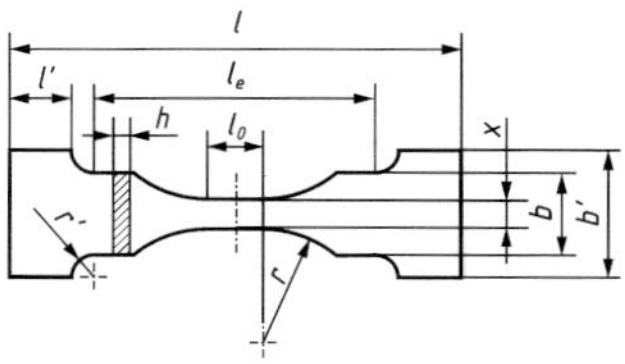

Typ 5

Bild 1 — Probekörpertypen

6.2 Herstellung

6.2.1 Formmassen

Die Probekörper müssen nach der entsprechenden Werkstoff-Spezifikation hergestellt werden. Wenn diese nicht existiert oder falls nicht anders festgelegt, müssen die Probekörper unmittelbar durch Extrudieren oder durch Pressen oder Spritzgießen aus dem Werkstoff nach ISO 293, ISO 294-1, ISO 294-2 oder ISO 295 hergestellt werden oder nach ISO 2818 aus Tafeln oder Platten gefertigt werden, die aus der Formmasse gepresst oder spritzgegossen wurden.

Der Probekörper vom Typ 1 kann aus dem Probekörper Typ A1 oder Typ B1, beschrieben in ISO 20753, hergestellt werden.

Der Probekörper vom Typ 2 kann aus dem Probekörper Typ D1, beschrieben in ISO 20753, hergestellt werden.

Der Probekörper vom Typ 3 ist identisch mit dem Typ CP, beschrieben in ISO 20753, und kann aus dem Probekörper Typ F1, beschrieben in ISO 20753, hergestellt werden.

Der Probekörper vom Typ 4 ist identisch mit dem Typ CW, beschrieben in ISO 20753, und kann nach ISO 294-2 direkt geformt oder aus nach ISO 294-3 geformten Platten gefertigt werden.

Der Probekörper vom Typ 5 kann aus dem Probekörper Typ F1, beschrieben in ISO 20753, hergestellt werden.

Andere als die oben beschriebenen Herstellungsverfahren sind ebenfalls zulässig, wenn keine Norm oder Spezifikation verfügbar ist.

6.2.2 Tafeln

Probekörper aus Tafeln müssen nach ISO 2818 gefertigt werden.

6.2.3 Langfaserverstärkte Harze

Aus der Formmasse muss nach dem zutreffenden Teil der Normenreihe ISO 1268 eine Tafel gefertigt werden, und die Probekörper sind nach ISO 2818 auszuarbeiten.

6.3 Kerbung von Probekörpern

6.3.1 Kerben (bei Probekörpern vom Typ 1) müssen maschinell nach ISO 2818 an nach 6.2 hergestellten ungekerbten Probekörpern eingearbeitet werden.

6.3.2 Der Radius im Kerbgrund muss (1,0 ± 0,05) mm betragen, der Kerbwinkel (45 ± 1)° (siehe Bild 1). Das Profil des Schneidzahns muss derart gestaltet sein, dass in rechten Winkeln zu den Hauptachsen im Probekörper zwei Kerben der Form und Tiefe nach Bild 1 erzeugt werden. Der Abstand zwischen den beiden durch die Scheitelpunkte der Kerben senkrecht zur Längsachse des Probekörpers gezogenen Linien darf nicht mehr als 0,2 mm betragen. Die Genauigkeit des Maßes x muss mit besonderer Sorgfalt eingehalten werden (siehe Tabelle 2). Für Profil und Radius der Kerben müssen bei den meisten Werkstoffen enge Grenzabmaße eingehalten werden, weil diese Faktoren weitgehend den Grad der Spannungskonzentration im Kerbgrund während der Prüfung bestimmen. Die Aufrechterhaltung eines scharfen Schneidwerkzeuges mit sauberen Kanten ist besonders wichtig, da geringe Fehler im Kerbgrund große Abweichungen in den Prüfergebnissen bewirken können. Das mit Hilfe eines bestimmten Schneidwerkzeugs erzeugte Kerbprofil muss in regelmäßigen Zeitabständen überprüft werden.

6.3.3 Probekörper mit eingeformten Kerben dürfen verwendet werden, falls dies für den zu prüfenden Werkstoff festgelegt ist. Probekörper mit eingeformten Kerben führen im Allgemeinen zu anderen Ergebnissen als Probekörper mit maschinell hergestellten Kerben, und dieser Unterschied sollte bei der Interpretation der Ergebnisse berücksichtigt werden. Probekörper mit maschinell hergestellten Kerben werden im Allgemeinen bevorzugt, da Skineffekte und/oder örtlich auftretende Anisotropie minimiert werden. Das erzeugte Kerbprofil muss in regelmäßigen Zeitabständen überprüft werden.

6.3.4 Bei ausgestanzten Probekörpern darf die Kerbe nicht gestanzt werden, sondern sie muss in einem zweiten Schritt maschinell hergestellt werden.

6.4 Anzahl der Probekörper

Sofern in dem Dokument für den zu prüfenden Werkstoff nicht anders festgelegt, muss ein Satz aus zehn Probekörpern geprüft werden. Wenn der Variationskoeffizient (siehe ISO 2602) unter einem Wert von 5 % liegt, reicht eine Anzahl von mindestens fünf Probekörpern aus.

6.5 Anisotropie

Die Schlagzähigkeitseigenschaften bestimmter Arten von Tafelwerkstoffen dürfen sich in Abhängigkeit von der Messrichtung in der Tafelebene unterscheiden. In solchen Fällen ist es üblich, zwei Gruppen von Probekörpern mit den Hauptachsen entsprechend parallel und senkrecht zur Richtung einer Eigenschaft der Tafel herzustellen, die entweder augenscheinlich ist oder aus der Kenntnis des Herstellungsverfahrens abgeleitet werden kann.

6.6 Konditionierung

Soweit nicht anders in der Norm für den zu prüfenden Werkstoff festgelegt, müssen die Probekörper nach ISO 291 konditioniert werden, sofern nicht andere Bedingungen zwischen den interessierten Parteien vereinbart sind. Im Fall von gekerbten Probekörpern beginnt die Konditionierzeit nach dem Einbringen der Kerben.

7 Verfahren

7.1 Die Prüfung ist im gleichen Klima wie bei der Konditionierung durchzuführen, wenn keine anderen Bedingungen von den interessierten Parteien vereinbart wurden (z. B. für Prüfungen bei hohen oder niedrigen Temperaturen).

7.2 Es ist zu überprüfen, ob das Pendelschlagwerk in der Lage ist, die Prüfung mit der festgelegten Aufschlaggeschwindigkeit durchzuführen und ob die aufgenommene Arbeit im richtigen Bereich liegt, d. h. zwischen 20 % und 80 % des Arbeitsvermögens zum Zeitpunkt des Aufschlages. Wenn mehr als ein Pendel diese Anforderungen erfüllt, muss das Pendel mit dem höchsten Arbeitsvermögen Anwendung finden.

7.3 Die Reibungsverluste sind nach ISO 13802 zu bestimmen.

7.4 Die Dicke h und die Breite x des mittleren parallelen Abschnitts des Probekörpers werden auf 0,02 mm gemessen. Bei gekerbten Probekörpern wird das Maß x mit einer Messschraube gemessen, die mit einer Messspitze ausgerüstet ist, deren Breite 2 mm bis 3 mm beträgt und die ein geeignetes, der Form der Kerbe angepasstes Profil hat.

Im Fall von spritzgegossenen Probekörpern ist es nicht notwendig, die Maße aller Probekörper zu bestimmen. Es genügt, einen Probekörper aus einem Satz auszumessen, um sicherzustellen, dass die Maße den Anforderungen entsprechen. Bei Vielfach-Spritzformen ist sicherzustellen, dass die Probekörper aus allen Formhohlräumen übereinstimmende Maße haben.

7.5 Das Pendel ist auf die vorgeschriebene Höhe zu heben und einzuklinken. Der Probekörper ist in die Klemme einzuführen und festzuspannen: beim Verfahren A wird ein Ende des Probekörpers in die Spannbacke des Rahmens und das andere in die Klemme des Querjochs gelegt; beim Verfahren B wird ein Ende des Probekörpers in die befestigte Probekörperklemme und das andere in die unbefestigte Probekörperklemme des Querjochs gelegt (Einzelheiten siehe ISO 13802).

7.6 Das Pendel ist auszuklinken. Die vom Probekörper aufgenommene Schlagarbeit E_S ist aufzuzeichnen; durch Reibungsverluste bedingte notwendige Korrekturen sind gegebenenfalls nach ISO 13802 vorzunehmen.

7.7 Liegt die sich ergebende korrigierte Schlagzugarbeit unter 20 % des Arbeitsvermögens des 2,0-J-Pendels, sollte dem Verdacht nachgegangen werden, dass die Daten fehlerhaft sind.

Für den Fall, dass die Probekörper zu dünn oder ohne ausreichende Festigkeit sind, dürfen steife, mehrschichtige Probekörper verwendet werden. Die Anwendung dieser Probekörper muss zwischen den interessierten Parteien vereinbart und im Prüfbericht eindeutig angegeben werden.

7.8 Sind verschiedene Werkstoffe miteinander zu vergleichen, müssen bei allen Werkstoffen Pendel mit derselben Auftreffgeschwindigkeit eingesetzt werden. In Schiedsfällen wird empfohlen, dass die Prüfergebnisse nur mit Ergebnissen verglichen werden, die mit Pendeln mit gleichem Nenn-Arbeitsvermögen und an Probekörpern mit gleicher Geometrie erhalten wurden.

7.9 Sofort nach Beendigung der Prüfung muss durch eine Kontrolle sichergestellt werden, dass der Probekörper fest eingespannt war oder ob er in eine der beiden Klemmen gerutscht ist und dass das Versagen im schmalen parallelen Teil des Probekörpers aufgetreten ist. Wenn einzelne der geprüften Probekörper diesen Anforderungen nicht entsprechen, müssen die Ergebnisse dieser Probekörper verworfen und weitere Probekörper geprüft werden.

8 Bestimmung der Arbeitskorrekturen

8.1 Verfahren A — Korrektur E_q infolge der plastischen Verformung und der kinetischen Energie des Querjochs

Die Korrektur E_q wird mit Gleichung (1) nach Anhang A bestimmt:

$$E_q = \frac{E_{max} \times \mu \times (3 + \mu)}{2 \times (1 + \mu)} \approx \frac{3}{2} \times E_{max} \times \mu \tag{1}$$

Dabei ist

E_q die Arbeitskorrektur infolge der plastischen Verformung und der kinetischen Energie des Querjochs, in Joule;

E_{max} die maximale Schlagarbeit des Pendels, in Joule;

μ die Masse des Querjochs geteilt durch die reduzierte Masse des Pendels (d. h. m_{cr}/m_p).

Die reduzierte Masse des Pendels m_p ergibt sich aus Gleichung (2):

$$m_p = \frac{E_{max}}{g \times L_p \times (1 - \cos\alpha)} \tag{2}$$

Dabei ist

g die Fallbeschleunigung, in m·s^{-2};

L_p die Länge des Pendels, bestimmt nach ISO 13802, in Meter;

α der Winkel zwischen der höchsten und der niedrigsten Pendelstellung.

8.2 Verfahren B — Querjoch-Rückprallenergie E_b

Die Querjoch-Rückprallenergie E_b ist für jeden Probekörper und jedes Pendel der Querjoch-Rückprallenergie-Kurve zu entnehmen. Diese Kurve wird nur einmal für jede Querjoch-Pendel-Kombination bestimmt (siehe Anhang B).

9 Berechnung und Darstellung der Ergebnisse

9.1 Berechnung der korrigierten Schlagzugzähigkeit

9.1.1 Allgemeines

Für die Berechnung der Schlagzugzähigkeit der Probekörper muss zuerst die verbrauchte Arbeit E_s um die Schleuderarbeit E_q beim Verfahren A und um die Querjoch-Rückprallenergie E_b beim Verfahren B korrigiert werden.

9.1.2 Arbeitskorrektur für Verfahren A

Die korrigierte Schlagzugarbeit E_c, in Joule, wird nach Gleichung (3) berechnet:

$$E_c = E_s - E_q \quad (3)$$

Dabei ist

E_s die beim Aufprall verbrauchte und mit einem Gerät gemessene Schlagarbeit (siehe 7.6), in Joule;

E_q die Schleuderarbeit infolge der plastischen Verformung und der kinetischen Energie des Querjochs, berechnet nach 8.1, in Joule.

9.1.3 Arbeitskorrektur für Verfahren B

Die korrigierte Schlagzugarbeit E_c, in Joule, wird nach Gleichung (4) berechnet:

$$E_c = E_s + E_b \quad (4)$$

Dabei ist

E_s die mit einem Gerät gemessene Schlagarbeit (siehe 7.6), in Joule;

E_b die Querjoch-Rückprallenergie, bestimmt aus dem gemessenen Wert für E_s und der für das speziell verwendete Pendelschlagwerk nach 8.2 und Anhang B erstellten Kurve, in Joule.

9.2 Berechnung der Schlagzugzähigkeit

Die Schlagzugzähigkeit a_{tU} oder die Kerb-Schlagzugzähigkeit a_{tN}, angegeben in Kilojoule je Quadratmeter, wird nach Gleichung (5) berechnet:

$$a_{tU}\ (a_{tN}) = \frac{E_c}{x \times h} \times 10^3 \quad (5)$$

Dabei ist

E_c die korrigierte Schlagarbeit, berechnet nach 9.1, in Joule;

x die Breite des schmalen, parallelen Teils des Probekörpers (für Probekörpertypen 2, 3, 4 und 5 in Bild 1) oder der Abstand zwischen den Kerben (hinsichtlich Probekörpertyp 1 in Bild 1), in Millimeter;

h die Dicke des schmalen, parallelen Teils des Probekörpers [oder bei mehrschichtigen Probekörpern (siehe 7.7) die Gesamtdicke], in Millimeter.

9.3 Statistische Größen

Falls erforderlich, sind der arithmetische Mittelwert der Prüfergebnisse, die Standardabweichung des Mittelwertes und der Variationskoeffizient nach der in ISO 2602 angegebenen Vorgehensweise zu berechnen.

9.4 Anzahl der Dezimalstellen

Sämtliche errechneten Mittelwerte sind mit drei Dezimalstellen anzugeben.

10 Präzision

Die Präzision dieses Prüfverfahrens ist zum Zeitpunkt der Veröffentlichung nicht bekannt.

11 Prüfbericht

Der Prüfbericht muss die folgenden Angaben enthalten:

a) eine Verweisung auf dieses Dokument, d. h. ISO 8256:2023;

b) das angewandte Verfahren (A oder B) und der verwendete Probekörpertyp (siehe Tabelle 2);

Schlagzugversuch ISO 8256/1A

Probekörper-Typ

Verfahren

c) sämtliche zur Identifikation des geprüften Werkstoffes notwendigen Angaben, einschließlich Art, Herkunft, Produktbezeichnung des Herstellers, Güteklasse und Vorgeschichte, soweit diese bekannt sind;

d) eine Beschreibung der Beschaffenheit und Form des Werkstoffes, d. h. Fertigteil, Halbzeug, Tafel oder Probekörper, einschließlich Hauptmaße, Gestalt, Herstellungsverfahren usw., soweit diese bekannt sind;

e) die Dicke der geformten Probekörper oder bei Tafeln die Dicke der Tafel und, sofern zutreffend, die Richtungen der Hauptachsen der Probekörper im Zusammenhang mit einem Merkmal der Tafel;

f) das Verfahren der Probekörperherstellung;

g) das bei der Konditionierung und Prüfung angewandte Normalklima sowie jede spezielle Konditionierung, wenn sie von der Norm für den Werkstoff oder das Fertigteil verlangt wird;

h) das Nenn-Arbeitsvermögen des Pendels;

i) die Masse des verwendeten Querjochs;

j) die Schlagzugzähigkeit a_{tN} oder a_{tU} des Werkstoffs, angegeben in Kilojoule je Quadratmeter, als arithmetischer Mittelwert der Ergebnisse von gekerbten und/oder ungekerbten Probekörpern, sofern zutreffend;

k) die einzelnen Prüfergebnisse, sofern erforderlich;

l) die Standardabweichung und den Variationskoeffizienten der Ergebnisse, sofern erforderlich;

m) die Art des bei den Probekörpern aufgetretenen Versagens;

n) das Datum der Prüfung.

Anhang A
(normativ)

Bestimmung des Korrekturfaktors für das Verfahren A

A.1 Verwendete Ausdrücke zu Energie/Arbeit

Bei der Berechnung der Korrektur E_q werden die folgenden Ausdrücke zu Energie/Arbeit verwendet [siehe Gleichung (A.1) bis Gleichung (A.4)]:

$$E_{max} = \frac{1}{2} \times m_p \times v_0^2 \tag{A.1}$$

$$E_p = \frac{1}{2} \times m_p \times v_p^2 \tag{A.2}$$

$$E_s = E_{max} - E_p \tag{A.3}$$

$$E_{cr,kin} = \frac{1}{2} \times m_{cr} \times v_{cr}^2 \tag{A.4}$$

Da die elastische Energie des Schlages vernachlässigt werden kann (wie nach 5.3.1 gefordert), ist der Schlag im Wesentlichen unelastisch, $v_{cr} = v_p$, und die kinetische Energie des Querjochs ergibt sich aus Gleichung (A.5):

$$E_{cr,kin} = \frac{1}{2} \times m_{cr} \times v_p^2 \tag{A.5}$$

Dabei ist

E_{max} die maximale Schlagarbeit des Pendels, in Joule;

E_p die Restenergie des Pendels nach dem Schlag, in Joule;

E_s die gemessene, beim Schlag verbrauchte Arbeit, in Joule;

$E_{cr,kin}$ die kinetische Energie des fortgeschleuderten Querjochs, in Joule;

m_p die reduzierte Masse des Pendels (siehe 8.1), in Kilogramm;

v_0 die Geschwindigkeit des Pendels unmittelbar vor dem Aufschlag, in $m \cdot s^{-1}$;

v_p die Geschwindigkeit des Pendels unmittelbar nach dem Aufschlag, in $m \cdot s^{-1}$;

m_{cr} die Masse des Querjochs, in Kilogramm;

v_{cr} die Geschwindigkeit des Querjochs unmittelbar nach dem Aufschlag, in $m \cdot s^{-1}$;

und zusätzlich

E_c die für die Verformung und den Bruch des Probekörpers notwendige Arbeit, in Joule, (ist zu berechnen);

$E_{cr,pl}$ die durch die plastische Verformung des Querjochs verbrauchte Arbeit, in Joule.

A.2 Bestimmung von $E_{cr,kin}$

Die Energiegleichung des Schlages ergibt sich aus Gleichung (A.6):

$$E_s = E_c + E_{cr,pl} + E_{cr,kin} \tag{A.6}$$

Weiterhin folgt aus Gleichung (A.2) und Gleichung (A.4):

$$\frac{E_{cr,kin}}{E_p} = \mu \tag{A.7}$$

Die Kombination dieser Gleichung mit Gleichung (A.3) ergibt Gleichung (A.8):

$$E_{cr,kin} = \mu \times (E_{max} - E_s) \tag{A.8}$$

Dabei ist

$$\mu = \frac{m_{cr}}{m_p} \tag{A.9}$$

A.3 Bestimmung von $E_{cr,pl}$

Zur Berechnung der bei der plastischen Verformung des Querjochs verbrauchten Arbeit $E_{cr,pl}$ ist es notwendig, die Impulsgleichung beim Schlag ohne Probekörper zu berücksichtigen (d. h. $E_c = 0$).

Dieser Fall wird mit einem Sternchen (*) gekennzeichnet.

Die Impulsgleichung (unter Berücksichtigung dessen, dass der Schlag im Wesentlichen unelastisch ist) kann wie folgt angegeben werden:

$$m_p \times v_0 = (m_p + m_{cr}) \times v_p^* \tag{A.10}$$

Die Anwendung von Gleichung (A.9),

$$v_p^* = \frac{1}{1 + \mu} \times v_0 \tag{A.11}$$

Die Berücksichtigung von Gleichung (A.3),

$$E_s^* = E_{max} - E_p^* \tag{A.12}$$

Dabei ist

$$E_p^* = \frac{1}{2} \times m_p \times v_p^{*2} \tag{A.13}$$

und durch Einsetzen der Gleichung (A.1) und der Gleichung (A.13) in Gleichung (A.12) und unter Anwendung von Gleichung (A.11) ergibt sich die verbrauchte Arbeit, gemessen ohne Probekörper, aus:

$$E_s^* = E_{max} \times \frac{\mu \times (2 + \mu)}{(1 + \mu)^2} \tag{A.14}$$

Bei $E_c = 0$ ergibt sich aus Gleichung (A.6):

$$E_s^* = E_{cr,pl}^* + E_{cr,kin}^* \tag{A.15}$$

Aus Gleichung (A.5), Gleichung (A.11) und Gleichung (A.9) folgt:

$$E^*_{\mathrm{cr,kin}} = E_{\mathrm{max}} \times \frac{\mu}{(1+\mu)^2} \tag{A.16}$$

Schließlich ergibt sich aus Gleichung (A.14), Gleichung (A.15) und Gleichung (A.16) die Arbeit durch die plastische Verformung des Querjochs ohne Probekörper:

$$E^*_{\mathrm{cr,pl}} = E_{\mathrm{max}} \times \frac{\mu}{(1+\mu)} \tag{A.17}$$

Weil das Querjoch mit und ohne Probekörper gleichermaßen plastisch verformt wird, ist:

$$E_{\mathrm{cr,pl}} = E^*_{\mathrm{cr,pl}} \tag{A.18}$$

A.4 Arbeitskorrektur

Unter Berücksichtigung der Gleichung (A.6) kann die Arbeitskorrektur wie folgt angegeben werden:

$$E_{\mathrm{q}} = E_{\mathrm{s}} - E_{\mathrm{c}} = \mu \times \left[\frac{E_{max}}{(1+\mu)} + (E_{max} - E_s)\right] \tag{A.19}$$

Diese Korrektur besteht aus einem vorherrschenden konstanten Anteil (der die durch die plastische Verformung des Querjochs verbrauchte Arbeit $E_{\mathrm{cr,pl}}$ repräsentiert) und einem kleineren Teil ($E_{\mathrm{max}} - E_{\mathrm{s}}$), der mit ansteigender verbrauchter Arbeit von μE_{max} auf null abfällt (wenn $E_{\mathrm{s}} \sim E_{\mathrm{max}}$). Unter Berücksichtigung der Messunsicherheit kann eine konstante Korrektur als eine ausreichende Annäherung verwendet werden, unter der Annahme, dass

$$E_{\mathrm{s}} = \frac{E_{\mathrm{max}}}{2} \tag{A.20}$$

ergibt sich eine Korrektur

$$E_{\mathrm{q}} = E_{\mathrm{s}} - E_{\mathrm{c}} = \frac{E_{\mathrm{max}} \times \mu \times (3+\mu)}{2 \times (1+\mu)} \tag{A.21}$$

Der korrigierte Wert der verbrauchten Arbeit beim Schlag mit dem Probekörper ist daher:

$$E_{\mathrm{c}} = E_{\mathrm{s}} - E_{\mathrm{q}} = E_{\mathrm{s}} - \frac{E_{\mathrm{max}} \times \mu \times (3+\mu)}{2 \times (1+\mu)} \approx E_{\mathrm{s}} - \frac{3}{2} \times \mu \times E_{\mathrm{max}} \tag{A.22}$$

Anhang B
(normativ)

Bestimmung des Rückprall-Korrekturfaktors für Verfahren B

Nach dem Schlag und Rückprall des Querjochs wird der Probekörper von zwei sich bewegenden Körpern gezogen, dem Pendel mit einer Energie von 0,5 MV^2 und dem Querjoch mit einer Energie von 0,5 mv^2. Wenn der Probekörper bricht, wird nur die Arbeit auf der Skale des Pendelschlagwerks angezeigt, die das Pendel verloren hat. Deshalb ist es notwendig, die zusätzliche Arbeit, die vom Querjoch beigetragen wird, für die Bestimmung der wahren, für den Bruch des Probekörpers aufgewendeten Arbeit hinzuzufügen. Die Korrektur (d. h. die zusätzliche Arbeit, die vom Querjoch beigetragen wird) kann wie folgt berechnet werden:

Durch Definition ist

$$E = \frac{1}{2} \times M\left(V^2 - V_2^2\right) \tag{B.1}$$

und

$$e = \frac{1}{2} \times m\left(v_1^2 - v_2^2\right) \tag{B.2}$$

Dabei ist

- M die Masse des Pendels, in Kilogramm;
- m die Masse des Querjochs, in Kilogramm;
- V die maximale Geschwindigkeit des Aufschlagzentrums des Querjochs, in Meter je Sekunde;
- V_2 die Geschwindigkeit des Aufschlagzentrums des Pendels zum Zeitpunkt des Bruches des Probekörpers, in Meter je Sekunde;
- v_1 die Geschwindigkeit des Querjochs unmittelbar nach dem Rückprall, in Meter je Sekunde;
- v_2 die Geschwindigkeit des Querjochs zum Zeitpunkt des Bruches des Probekörpers, in Meter je Sekunde;
- E die auf der Skale des Pendelschlagwerkes abgelesene Arbeit, in Joule;
- e der Arbeitsbeitrag des Querjochs, d. h. der Rückprall-Korrekturfaktor, der dem an der Skale des Pendelschlagwerkes abgelesenen Wert hinzuzufügen ist, in Joule.

Sobald der Rückprall des Querjochs stattgefunden hat, bleibt der Impuls des Systems (in horizontaler Richtung) konstant. Unter Vernachlässigung senkrechter Komponenten kann die Impulsgleichung für den Schlag wie folgt geschrieben werden:

$$MV - mv_1 = MV_2 - mv_2 \tag{B.3}$$

Gleichung (B.1), Gleichung (B.2) und Gleichung (B.3) können zusammengefasst werden zu:

$$e = \frac{1}{2} \times m\left\{v_1^2 - \left[v_1 - \frac{M}{m} \times \left(V - \sqrt{V^2 - \frac{2 \times E}{M}}\right)\right]^2\right\} \tag{B.4}$$

In Gleichung (B.4) ist die Geschwindigkeit des Querjochs nach dem Rückprall v_1 die einzige unbekannte Größe. Wie in ASTM D 1822 [5] angegeben, ist die anfängliche Rückprallgeschwindigkeit v_1 des Querjochs bei einer tatsächlichen, am Probekörper durchgeführten Prüfung dieselbe, wie sie ohne Probekörper am Pendel gemessen wird. Für das speziell angewendete Pendelschlagwerk kann v_1 nach dem in ASTM D 1822 beschriebenen Verfahren entweder experimentell durch photographische Analyse oder theoretisch mit dem Koeffizienten des Restitutionsverfahrens bestimmt werden.

Wenn e als Funktion von E dargestellt wird (für feste Werte von V, M, m und v_1), steigt e von Null an, geht durch ein Maximum (gleich 0,5 mv_1^2) und fällt anschließend ab, geht wieder durch Null und wird negativ. Der einzige Bereich dieser Kurve, für den eine einigermaßen genaue Analyse gemacht wurde, ist der Anfangsbereich zwischen $e = 0$ und $e = 0{,}5\ mv_1^2$.

Sobald sich die Bewegungsrichtung des Querjochs umgekehrt hat, wird die Korrektur weniger klar definiert und, nachdem ein zweiter Kontakt mit der Messspitze stattgefunden hat, ist die Korrektur sehr viel schwieriger zu berechnen. Der Einfachheit halber wird deshalb angenommen, dass, sobald e seinen Höchstwert erreicht hat, der Korrekturfaktor bei einem Wert von 0,5 mv_1^2 konstant bleibt. Es sollte klar erkannt werden, dass die Anwendung des Teils der Kurve in Bild B.1, in dem e konstant ist, keine genaue Korrektur ergibt. Jedoch wird der Korrekturfaktor mit ansteigendem E weniger wichtig, und aus der Annahme, dass die maximale Korrektur 0,5 mv_1^2 ist, ergibt sich kein großer Verlust hinsichtlich der Gesamtgenauigkeit.

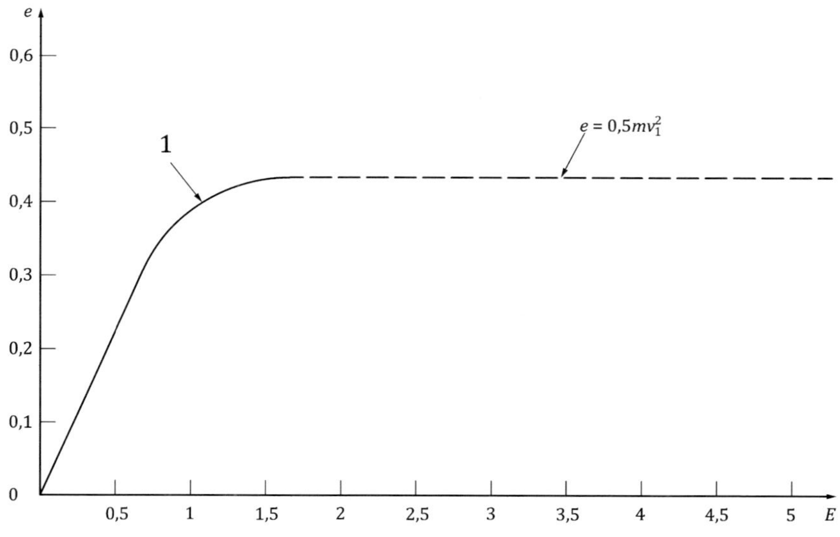

Legende

1 Gleichung (B.4)

Bild B.1 — Typische Korrekturfaktor-Kurve für einmaligen Rückprall des Querjochs in einem Schlagzuggerät mit Aufnahme des Probekörpers im Querjoch

Literaturhinweise

[1] ISO 294-3, *Plastics — Injection moulding of test specimens of thermoplastic materials — Part 3: Small plates*

[2] ISO 10350-1, *Plastics — Acquisition and presentation of comparable single-point data — Part 1: Moulding materials*

[3] ISO 11403-3, *Plastics — Acquisition and presentation of comparable multipoint data — Part 3: Environmental influences on properties*

[4] ISO 20753, *Plastics — Test specimens*

[5] ASTM D 1822:2021, *Standard Test Method for Tensile-Impact Resistance of Plastics*

DIN EN ISO 13802

DIN

ICS 83.200

Ersatz für
DIN EN ISO 13802:2016-07

Kunststoffe – Verifizierung von Pendelschlag-Prüfmaschinen – Charpy-, Izod- und Schlagzugversuch (ISO 13802:2025); Deutsche Fassung EN ISO 13802:2025

Plastics –
Verification of pendulum impact-testing machines –
Charpy, Izod and tensile impact-testing (ISO 13802:2025);
German version EN ISO 13802:2025

Plastiques –
Vérification des machines d'essai de choc pendulaire –
Essais de choc Charpy, Izod et de choc-traction (ISO 13802:2025);
Version allemande EN ISO 13802:2025

Gesamtumfang 43 Seiten

DIN-Normenausschuss Kunststoffe (FNK)
DIN-Normenausschuss Materialprüfung (NMP)

Nationales Vorwort

Das Dokument EN ISO 13802:2025 wurde vom Technischen Komitee ISO/TC 61 „Plastics" in Zusammenarbeit mit dem Technischen Komitee CEN/TC 249 „Kunststoffe" erarbeitet, dessen Sekretariat von SIS (Schweden) gehalten wird.

Das zuständige nationale Normungsgremium ist der Arbeitsausschuss NA 054-01-02 AA „Mechanische Eigenschaften und Probekörperherstellung" im DIN-Normenausschuss Kunststoffe (FNK).

Für die in diesem Dokument zitierten Dokumente können die entsprechenden deutschen Dokumente kostenlos auf der DIN-Media-Homepage recherchiert werden.

Aktuelle Informationen zu diesem Dokument können über die Internetseiten von DIN (www.din.de) durch eine Suche nach der Dokumentennummer aufgerufen werden.

Änderungen

Gegenüber DIN EN ISO 13802:2016-07 wurden folgende Änderungen vorgenommen:

a) die Begriffe 3.6 (Schwerpunktlänge), 3.7 (Schwungmassenlänge) und 3.21 (halbhoher Bezugsprobekörper für den Charpy-Schlagversuch) wurden gestrichen und die Nummerierung in Abschnitt 3 wurde entsprechend geändert;

b) die Maßeinheit und die Anforderung in 6.2.4 wurden korrigiert;

c) Aktualisierung der Annahmekriterien in 6.6.3;

d) Aktualisierung der Verweisungen in Abschnitts 7, Anmerkung 2;

e) der Wert D_1 in Tabelle A.1 wurde korrigiert, da er nicht mit dem in Tabelle 4 angegebenen Wert übereinstimmt;

f) der Wert p_1 in Tabelle B.1 wurde korrigiert, da er nicht mit dem in Tabelle 4 angegebenen Wert übereinstimmt;

g) Gleichungen (D.4) und (D.5) in Anhang D wurden korrigiert.

Frühere Ausgaben

DIN EN ISO 13802: 2006-06, 2015-11, 2016-07

EUROPÄISCHE NORM
EUROPEAN STANDARD
NORME EUROPÉENNE

EN ISO 13802

August 2025

ICS 83.200

Ersetzt EN ISO 13802:2015

Deutsche Fassung

Kunststoffe — Verifizierung von Pendelschlag-Prüfmaschinen — Charpy-, Izod- und Schlagzugversuch (ISO 13802:2025)

Plastics —
Verification of pendulum impact-testing machines —
Charpy, Izod and tensile impact-testing
(ISO 13802:2025)

Plastiques —
Vérification des machines d'essai de choc pendulaire —
Essais de choc Charpy, Izod et de choc-traction
(ISO 13802:2025)

Diese Europäische Norm wurde vom CEN am 23. August 2025 angenommen.

Die CEN-Mitglieder sind gehalten, die CEN/CENELEC-Geschäftsordnung zu erfüllen, in der die Bedingungen festgelegt sind, unter denen dieser Europäischen Norm ohne jede Änderung der Status einer nationalen Norm zu geben ist. Auf dem letzten Stand befindliche Listen dieser nationalen Normen mit ihren bibliographischen Angaben sind beim CEN-CENELEC-Management-Zentrum oder bei jedem CEN-Mitglied auf Anfrage erhältlich.

Diese Europäische Norm besteht in drei offiziellen Fassungen (Deutsch, Englisch, Französisch). Eine Fassung in einer anderen Sprache, die von einem CEN-Mitglied in eigener Verantwortung durch Übersetzung in seine Landessprache gemacht und dem Management-Zentrum mitgeteilt worden ist, hat den gleichen Status wie die offiziellen Fassungen.

CEN-Mitglieder sind die nationalen Normungsinstitute von Belgien, Bulgarien, Dänemark, Deutschland, Estland, Finnland, Frankreich, Griechenland, Irland, Island, Italien, Kroatien, Lettland, Litauen, Luxemburg, Malta, den Niederlanden, Norwegen, Österreich, Polen, Portugal, der Republik Nordmazedonien, Rumänien, Schweden, der Schweiz, Serbien, der Slowakei, Slowenien, Spanien, der Tschechischen Republik, der Türkei, Ungarn, dem Vereinigten Königreich und Zypern.

EUROPÄISCHES KOMITEE FÜR NORMUNG
EUROPEAN COMMITTEE FOR STANDARDIZATION
COMITÉ EUROPÉEN DE NORMALISATION

CEN-CENELEC Management-Zentrum: Rue de la Science 23, B-1040 Brüssel

Ref. Nr. EN ISO 13802:2025 D

Inhalt

Bilder

Tabellen

Europäisches Vorwort

Dieses Dokument (EN ISO 13802:2025) wurde vom Technischen Komitee ISO/TC 61 „Plastics“ in Zusammenarbeit mit dem Technischen Komitee CEN/TC 249 „Kunststoffe“ erarbeitet, dessen Sekretariat von SIS gehalten wird.

Diese Europäische Norm muss den Status einer nationalen Norm erhalten, entweder durch Veröffentlichung eines identischen Textes oder durch Anerkennung bis Februar 2026, und etwaige entgegenstehende nationale Normen müssen bis Februar 2026 zurückgezogen werden.

Es wird auf die Möglichkeit hingewiesen, dass einige Elemente dieses Dokuments Patentrechte berühren können. CEN ist nicht dafür verantwortlich, einige oder alle diesbezüglichen Patentrechte zu identifizieren.

Dieses Dokument ersetzt EN ISO 13802:2015.

Rückmeldungen oder Fragen zu diesem Dokument sollten an das jeweilige nationale Normungsinstitut des Anwenders gerichtet werden. Eine vollständige Liste dieser Institute ist auf den Internetseiten von CEN abrufbar.

Entsprechend der CEN-CENELEC-Geschäftsordnung sind die nationalen Normungsinstitute der folgenden Länder gehalten, diese Europäische Norm zu übernehmen: Belgien, Bulgarien, Dänemark, Deutschland, die Republik Nordmazedonien, Estland, Finnland, Frankreich, Griechenland, Irland, Island, Italien, Kroatien, Lettland, Litauen, Luxemburg, Malta, Niederlande, Norwegen, Österreich, Polen, Portugal, Rumänien, Schweden, Schweiz, Serbien, Slowakei, Slowenien, Spanien, Tschechische Republik, Türkei, Ungarn, Vereinigtes Königreich und Zypern.

Anerkennungsnotiz

Der Text von ISO 13802:2025 wurde von CEN als EN ISO 13802:2025 ohne irgendeine Abänderung genehmigt.

Vorwort

ISO (die Internationale Organisation für Normung) ist eine weltweite Vereinigung nationaler Normungsorganisationen (ISO-Mitgliedsorganisationen). Die Erstellung von Internationalen Normen wird üblicherweise von Technischen Komitees von ISO durchgeführt. Jede Mitgliedsorganisation, die Interesse an einem Thema hat, für welches ein Technisches Komitee gegründet wurde, hat das Recht, in diesem Komitee vertreten zu sein. Internationale staatliche und nichtstaatliche Organisationen, die in engem Kontakt mit ISO stehen, nehmen ebenfalls an der Arbeit teil. ISO arbeitet bei allen elektrotechnischen Themen eng mit der Internationalen Elektrotechnischen Kommission (IEC) zusammen.

Die Verfahren, die bei der Entwicklung dieses Dokuments angewendet wurden und die für die weitere Pflege vorgesehen sind, werden in den ISO/IEC Directives, Teil 1, beschrieben. Es sollten insbesondere die unterschiedlichen Annahmekriterien für die verschiedenen ISO-Dokumentenarten beachtet werden. Dieses Dokument wurde in Übereinstimmung mit den Gestaltungsregeln der ISO/IEC Directives, Teil 2, erarbeitet (siehe www.iso.org/directives).

ISO weist auf die Möglichkeit hin, dass die Anwendung dieses Dokuments mit der Verwendung eines oder mehrerer Patente verbunden sein kann. ISO bezieht jedoch in dieser Hinsicht keinerlei Stellung bezüglich Nachweis, Gültigkeit oder Anwendbarkeit jeglicher beanspruchten Patentrechte. Zum Zeitpunkt der Veröffentlichung dieses Dokuments lag ISO keine Mitteilung über ein Patent bzw. mehrere Patente vor, welche/s zur Umsetzung dieses Dokuments erforderlich sein könnte/n. Anwender werden jedoch darauf hingewiesen, dass dies möglicherweise nicht der aktuelle Informationsstand ist. Dieser kann jedoch der Patentdatenbank unter www.iso.org/patents entnommen werden. ISO ist nicht dafür verantwortlich, einige oder alle diesbezüglichen Patentrechte zu identifizieren.

Jeder in diesem Dokument verwendete Handelsname dient nur zur Unterrichtung der Anwender und bedeutet keine Anerkennung.

Für eine Erläuterung des freiwilligen Charakters von Normen, der Bedeutung ISO-spezifischer Begriffe und Ausdrücke in Bezug auf Konformitätsbewertungen sowie Informationen darüber, wie ISO die Grundsätze der Welthandelsorganisation (WTO, en: World Trade Organization) hinsichtlich technischer Handelshemmnisse (TBT, en: Technical Barriers to Trade) berücksichtigt, siehe www.iso.org/iso/foreword.html.

Dieses Dokument wurde vom Technischen Komitee ISO/TC 61, *Plastics*, Unterkomitee SC 2, *Mechanical properties*, in Zusammenarbeit mit dem Europäischen Komitee für Normung (CEN), Technisches Komitee CEN/TC 249, *Kunststoffe*, in Übereinstimmung mit der Vereinbarung zur technischen Zusammenarbeit zwischen ISO und CEN (Wiener Vereinbarung) erarbeitet.

Diese dritte Ausgabe ersetzt die zweite Ausgabe (ISO 13802:2015), die technisch überarbeitet wurde.

Die wesentlichen Änderungen sind folgende:

— die Begriffe 3.6 (Schwerpunktlänge), 3.7 (Schwungmassenlänge) und 3.19 (halbhoher Bezugsprobekörper für den Charpy-Schlagversuch) wurden gestrichen und die Nummerierung von Abschnitt 3 wurde entsprechend geändert;

— Korrektur der Maßeinheit und der Anforderung in 6.2.4;

— Aktualisierung der Annahmekriterien in 6.6.3;

— Aktualisierung der Verweisungen in Abschnitt 7, Anmerkung 2;

— korrigierter Wert D_1 in Tabelle A.1 zur Anpassung an den in Tabelle 4 angegebenen Wert;

— korrigierter Wert p_1 in Tabelle B.1 zur Anpassung an den in Tabelle 4 angegebenen Wert;

— Gleichung (D.4) und Gleichung (D.5) in Anhang D korrigiert.

Rückmeldungen oder Fragen zu diesem Dokument sollten an das jeweilige nationale Normungsinstitut des Anwenders gerichtet werden. Eine vollständige Auflistung dieser Institute ist unter www.iso.org/members.html zu finden.

Einleitung

Ein nach diesem Dokument verifiziertes und als zufriedenstellend beurteiltes Pendelschlagwerk wird für Schlagzähigkeitsprüfungen mit ungekerbten und gekerbten Probekörpern unterschiedlicher Arten als geeignet angesehen.

Die Verifizierung einiger geometrischer Eigenschaften ist an der zusammengebauten Prüfmaschine schwierig auszuführen. Es wird daher angenommen, dass der Hersteller für die Verifizierung derartiger Eigenschaften und für die Bereitstellung von Bezugsebenen an der Prüfmaschine, die eine ordnungsgemäße Verifizierung nach diesem Dokument ermöglichen, verantwortlich ist.

1 Anwendungsbereich

Dieses Dokument legt die Häufigkeit und die Verfahren für die Verifizierung von Pendelschlag-Prüfmaschinen zur Anwendung für den Charpy-Schlagversuch, den Izod-Schlagversuch und den Schlagzugversuch, die in ISO 179-1, ISO 180 bzw. ISO 8256 beschrieben sind, fest. Die Verifizierung von instrumentierten Prüfmaschinen ist insofern berücksichtigt, als dass geometrische und physikalische Eigenschaften von instrumentierten Maschinen identisch mit denen von nicht-instrumentierten Maschinen sind. Die Verifizierung der Kraft-/Schlagarbeitsbestimmung von instrumentierten Maschinen wird von diesem Dokument nicht abgedeckt.

Dieses Dokument ist anwendbar für Prüfmaschinen vom Pendelschlagtyp mit unterschiedlichen Kapazitäten (Schlagenergien) und/oder Konstruktionen und den in Abschnitt 5 festgelegten geometrischen und physikalischen Eigenschaften.

Es werden Verfahren zur Verifizierung der geometrischen und physikalischen Eigenschaften der verschiedenen Teile der Prüfmaschine festgelegt.

Diese Verfahren sind für die Anwendung vorgesehen, wenn die Prüfmaschine installiert, instandgesetzt oder bewegt wird oder einer regelmäßigen Überprüfung unterzogen wird.

2 Normative Verweisungen

Die folgenden Dokumente werden im Text in solcher Weise in Bezug genommen, dass einige Teile davon oder ihr gesamter Inhalt Anforderungen des vorliegenden Dokuments darstellen. Bei datierten Verweisungen gilt nur die in Bezug genommene Ausgabe. Bei undatierten Verweisungen gilt die letzte Ausgabe des in Bezug genommenen Dokuments (einschließlich aller Änderungen).

ISO 179-1, *Plastics — Determination of Charpy impact properties — Part 1: Non-instrumented impact test*

ISO 179-2, *Plastics — Determination of Charpy impact properties — Part 2: Instrumented impact test*

ISO 180, *Plastics — Determination of Izod impact strength*

ISO 8256:2023, *Plastics — Determination of tensile-impact strength*

3 Begriffe

Für die Anwendung dieses Dokuments gelten die folgenden Begriffe.

ISO und IEC stellen terminologische Datenbanken für die Verwendung in der Normung unter den folgenden Adressen bereit:

— ISO Online Browsing Platform: verfügbar unter https://www.iso.org/obp

— IEC Electropedia: verfügbar unter https://www.electropedia.org/

3.1
Verifizierung
Nachweis unter Verwendung kalibrierter Normale oder genormter Referenzmaterialien, dass die *Kalibrierung* (3.2) eines Messgeräts akzeptabel ist

3.2
Kalibrierung
Reihe von Arbeitsvorgängen, die unter bestimmten Bedingungen den Zusammenhang zwischen Anzeigewerten eines Messgeräts oder Messsystems und den zu geeigneten Normalen gehörenden Werten oder den von Normalen abgeleiteten bekannten Werten herstellt

3.3
Schwingungsperiode des Pendels
T_P
Periode einer einzelnen vollständigen Schwingung des Pendels, das mit einem Auslenkungswinkel kleiner als 5° im Durchschnitt zu beiden Seiten der Senkrechten schwingt

Anmerkung 1 zum Begriff: Sie wird in Sekunden (s) angegeben.

3.4
Schwingungsmittelpunkt
Stoßzentrum
Punkt an einem Pendel, bei dem ein senkrechter Schlag in der Schwingungsebene keine Gegenkräfte an der Rotationsachse des Pendels bewirkt

3.5
Pendellänge
L_P
Abstand zwischen der Rotationsachse des Pendels und dem *Stoßzentrum* (3.4) und sie entspricht dem Abstand zur Rotationsachse, an dem sich die Pendelmasse als Punktmasse befinden müsste, um die gleiche Schwingungsperiode, T_P, wie beim tatsächlichen Pendel zu erreichen

Anmerkung 1 zum Begriff: Sie wird in Meter (m) angegeben.

3.6
Schlaglänge
L_I
Abstand zwischen der Rotationsachse des Pendels und dem Aufschlagpunkt der Hammerschneide in der Mitte der Probekörperstirnfläche

Anmerkung 1 zum Begriff: Sie wird in Meter (m) angegeben.

3.7
Anfangswinkel
α_0
Winkel relativ zur Senkrechten, von dem aus das Pendel freigegeben wird

Anmerkung 1 zum Begriff: Üblicherweise wird der Probekörper am niedrigsten Punkt der Pendelschwingung (α_0 = 0°) dem Schlag ausgesetzt. In diesem Fall entspricht der Anfangswinkel auch dem Fallwinkel [siehe Bild 1 b)].

Anmerkung 2 zum Begriff: Er wird in Grad (°) angegeben.

3.8
Aufschlaggeschwindigkeit
v_I
Geschwindigkeit des Pendels zum Zeitpunkt des Aufschlags

Anmerkung 1 zum Begriff: Sie wird in Meter je Sekunde (m/s) angegeben.

3.9
potentielle Energie
E
Energie des Pendels in dessen Ausgangsposition relativ zu dessen Schlagpunkt

Anmerkung 1 zum Begriff: Sie wird in Joule (J) angegeben.

3.10
Schlagenergie
W
Energie die erforderlich ist, um den Probekörper zu verformen, zu zerbrechen und wegzustoßen

Anmerkung 1 zum Begriff: Sie wird in Joule (J) angegeben.

3.11
Rahmen
Teil der Prüfmaschine, der die Lager des Pendels, die Auflager, die Klemmvorrichtung und/oder Klemmen, die Messgeräte und den Mechanismus zum Halten und Freigeben des Pendels trägt

Anmerkung 1 zum Begriff: Die Masse des Rahmens, m_F, wird in Kilogramm (kg) angegeben.

3.12
Maschinensockel
Teil des Maschinengestells unterhalb der waagerechten Ebene der Auflager

3.13
Widerlager
Bauteil des Pendelschlagwerks, das die vorgeschriebene Position des Probekörpers in Bezug auf die Hammerfinne und die Auflager für die Probekörper sichert und den Probekörper bei Einwirkung der Schlagkraft abstützt

3.14
Auflager für den Probekörper
Bauteil des Pendelschlagwerks, das die vorgeschriebene Position des Probekörpers in Bezug auf den Schwingungsmittelpunkt des Pendels, die Hammerfinne und die *Widerlager* (3.13) sichert

3.15
Hammerfinne
Finnenschneide
Hammer
Teil des Pendels, der den Probekörper berührt

3.16
Schwingungsperiode des Rahmens
T_F
Periode der frei abklingenden Horizontalschwingung des Rahmens, und sie charakterisiert die Schwingung des Rahmens, der gegen die Steifigkeit der (erschütterungsfreien) Installation vibriert

Anmerkung 1 zum Begriff: Beispiele für die Installation sind ein Prüfstand und/oder dessen Unterbau (der z. B. Dämpfungsmaterialien einschließen kann). Siehe Anhang D.

Anmerkung 2 zum Begriff: Sie wird in Sekunden (s) angegeben.

3.17
Masse des Pendels
$m_{P,max}$
Masse des schwersten verwendeten Pendels

Anmerkung 1 zum Begriff: Sie wird in Kilogramm (kg) angegeben.

3.18
Bezugsprobekörper für den Izod-/Charpy-Schlagversuch
Probe aus nichtrostendem Stahl, mit 80 mm ± 0,05 mm Länge und rechteckigem Querschnitt, 10 mm ± 0,02 mm Höhe und 10 mm ± 0,02 mm Breite

3.19
Bezugsprobekörper für den Schlagzugversuch
Probe aus nichtrostendem Stahl, mit 80 mm ± 0,05 mm Länge und rechteckigem Querschnitt, 10 mm ± 0,02 mm Höhe und 4 mm ± 0,02 mm Breite

4 Messgeräte

Die in diesem Dokument festgelegten Verifizierungsverfahren erfordern die Verwendung von Haarlinealen, Schiebelehren, Zeichendreiecken/Winkeln, Richtwaagen und Kraftmessgeräten (Dynamometern), Kraftmessdosen oder Waagen und Zeitmessgeräten, um zu überprüfen, ob die geometrischen und physikalischen Eigenschaften der Bauteile der Prüfmaschine den in diesem Dokument gestellten Anforderungen entsprechen.

Diese Messgeräte müssen genau genug sein, um die Parameter innerhalb der in Abschnitt 6 (siehe Tabelle 4) angegebenen Grenzabweichungen zu messen.

5 Beschreibung einer Pendelschlag-Prüfmaschine

5.1 Arten von Pendelschlag-Prüfmaschinen

In diesem Dokument werden drei verschiedene Arten von Pendelschlag-Prüfmaschinen behandelt.

Die Konstruktion und Leistungsfähigkeit einer für die Prüfung nach Charpy ausgelegten Maschine müssen Anhang A entsprechen. Bild A.1 zeigt ein typisches Beispiel für eine Charpy-Prüfmaschine. Die wichtigen zu verifizierenden Werte sind in Tabelle A.1 angegeben. Die Prüfbedingungen müssen der Normenreihe ISO 179 entsprechen.

Die Konstruktion und Leistungsfähigkeit einer für die Prüfung nach Izod ausgelegten Maschine müssen Anhang B entsprechen. Bild B.1 zeigt ein typisches Beispiel für eine Izod-Prüfmaschine. Die wichtigen zu verifizierenden Werte sind in Tabelle B.1 angegeben. Die Prüfbedingungen müssen ISO 180 entsprechen.

Die Konstruktion und Leistungsfähigkeit einer für die Schlagzugprüfung ausgelegten Maschine müssen Anhang C entsprechen. Bild C.1 und Bild C.2 zeigen typische Beispiele für Schlagzugprüfmaschinen. Die wichtigen zu verifizierenden Werte sind in Tabelle C.1 angegeben. Die Prüfbedingungen müssen ISO 8256 entsprechen.

5.2 Bauteile der Pendelschlag-Prüfmaschine

5.2.1 Maschinenrahmen. Der Maschinensockel und der das Pendel tragende Aufbau.

5.2.1.1 Lager.

5.2.1.2 Mechanismus zum Halten und Freigeben des Pendels.

5.2.1.3 Maschinensockel.

5.2.2 Pendel.

5.2.2.1 Pendelstab oder zusammengesetzte (gegabelte) Konstruktion.

5.2.2.2 Hammerfinne mit Hammerschneide für Charpy- oder Izod-Schlagversuche oder mit Schlag(ober)flächen oder Klemmen für Schlagzugzähigkeitsprüfungen nach ISO 8256, Prüfverfahren A bzw. Prüfverfahren B (siehe Anhang C, Bild C.1 und Bild C.2).

5.2.2.3 Zusatzgewichtsstücke (optional) zur Erhöhung der potentiellen Energiekapazität des Pendels. Es sind mehrere Pendelkonstruktionen verfügbar und diese sind zulässig, wenn sie die Anforderungen dieses Dokuments erfüllen.

5.2.3 Widerlager, Auflager, Klemmen und/oder Halterungen für den Probekörper.

5.2.3.1 Widerlager und Auflager für den Probekörper für den Charpy-Schlagversuch.

Die Prüfauflager und Widerlager in Charpy-Prüfmaschinen müssen sich auf jeder Seite der Schwingungsebene des Pendels befinden. Die Widerlager müssen im rechten Winkel zu den Auflagern und senkrecht zur Schwingungsebene des Pendels eingebaut werden. Im Wesentlichen stützt sich der Probekörper auf die Auflager und das Widerlager nimmt die Rückstoßkraft vom Schlag auf den Probekörper auf. Aussparungen in den Auflagern zur Aufnahme des Grates an Probekörpern sind zulässig.

5.2.3.2 Klemmvorrichtung für den Izod-Schlagversuch.

5.2.3.3 Klemmen oder Anschläge für Schlagzugzähigkeitsprüfungen (in Abhängigkeit von ISO 8256, Verfahren A und Verfahren B).

ANMERKUNG Siehe Anhang C.

5.2.3.4 Querjoche für Schlagzugzähigkeitsprüfungen (in Abhängigkeit von ISO 8256, Verfahren A und Verfahren B).

ANMERKUNG Siehe Anhang C.

5.2.4 Anzeigegerät für die aufgenommene Energie (z. B. Skala und Reibungszeiger oder elektronisches Auslesegerät).

6 Verfahren für die Verifizierung und Inspektion einer Pendelschlag-Prüfmaschine

6.1 Maschinenkonstruktion und Hersteller

Es gibt mehrere Konstruktions- und Herstellungsaspekte eines Schlagwerks, die in Bezug auf dessen Leistungsfähigkeit kritisch sind und nur während der Herstellung durch den Hersteller verifiziert und dokumentiert werden können, dazu gehören die folgenden Aspekte (siehe Tabelle 1):

a) Stoßzentrum;

b) Rotationsachse;

c) Schwingungsebene des Pendels;

d) Masse des Rahmens.

Wenn das Verhältnis $m_F/m_{P,max}$ der Masse des Rahmens zur Masse des schwersten verwendeten Pendels nicht mindestens 40 beträgt, muss der Rahmen auf einem starren Prüfstand befestigt werden.

Da viele Maschinen möglicherweise nicht mit Herstellerverifizierungen geliefert worden sein könnten, die das Verhältnis der Masse des Rahmens zur Masse des Pendels genau angeben, wird ausdrücklich empfohlen, die Maschine auf dem Prüfstand mit Bolzen zu befestigen und mit Ausgleichsscheiben zu nivellieren.

Tabelle 1 — Bauteile von Schlagwerken, die nur während der Herstellung zu verifizieren und zu dokumentieren sind

Parameter	Einheit	Wert
Stoßzentrum	mm	Am Auftreffpunkt der Hammerfinne ±2,5
Rotationsachse des Pendels[a]	—	Parallel innerhalb von ±2/1 000 in Bezug auf die Bezugsebene

Tabelle 1 (*fortgesetzt*)

Parameter	Einheit	Wert
Schwingungsebene im Verhältnis zur Rotationsachse	—	90° ± 0,1° zur Rotationsachse
Masse des Rahmens	kg	Mindestens das 40-Fache der Masse des schwersten verwendeten Pendels oder mit Bolzen auf einen erheblich gesicherten Prüfstand befestigt
[a] Die Bezugsebene einer bestimmten Maschine ist vom Hersteller abhängig.		

6.2 Verifizierung des Maschinenrahmens am Aufstellungsort

6.2.1 Allgemeines

Die Verifizierung des Maschinenrahmens am Aufstellungsort muss aus der Bestimmung der in 6.2.2 bis 6.2.12 angegebenen Punkte bestehen (siehe Tabelle 4).

6.2.2 Einbau

Die Pendelschlag-Prüfmaschine muss auf einem stabilen Prüfstand oder Tisch in einem Bereich, der frei von Schwingungen ist, aufgebaut werden. Sofern die Prüfmaschine mit Einstellschrauben zur Nivellierung ausgerüstet ist, müssen die Einstellschrauben nach dem Nivellieren befestigt werden, um die Position des Rahmens und die Steifigkeit des Aufbaus aufrechtzuerhalten. Während eines Schlagversuchs darf kein sichtbarer Versatz des Rahmens auf dessen Auflager auftreten. Es ist sicherzustellen, dass dabei keine Bewegung der Maschine oder des Prüfstands durch die Konfigurierung der Prüfmaschine mit der höchsten für die Maschine verfügbaren Energiekapazität des Pendels entsteht. Das Pendel ist zu verriegeln und eine Richtwaage ist auf den Maschinensockel zu legen. Das Pendel ist freizugeben und die Richtwaage ist in Bezug auf jegliche Bewegung der Gasblase in der Libelle zu beobachten. Jede beobachtete Bewegung der Gasblase erfordert die noch sicherere Befestigung der Prüfmaschine.

6.2.3 Ebenheit

Die Ebenheit der Bezugsebene ist in Richtung der Schwingung und im rechten Winkel zur Schwingung zu bestimmen. Die Maschine muss so aufgebaut werden, dass die Bezugsebene innerhalb von 2/1 000 horizontal ist.

6.2.4 Axialspiel der Pendellager

Das Längsspiel in den Lagern der Pendelwelle in Axialrichtung darf 0,25 mm nicht überschreiten.

6.2.5 Radialspiel der Pendellager

Das Radialspiel des Schaftes in den Pendellagern ist zu bestimmen, wenn ein Drehmoment von (2 ± 0,2) Nm in wechselnden Richtungen im rechten Winkel zur Schwingungsebene des Pendels angelegt wird. Das Gesamtspiel in radialer Richtung darf 0,05 mm nicht überschreiten.

6.2.6 Mechanismus zum Halten und Freigeben des Pendels

Der Mechanismus zum Freigeben des Pendels aus seiner Ausgangsstellung muss durch Sichtprüfung überprüft werden. Ein ordnungsgemäß funktionierender Freigabemechanismus arbeitet störungsfrei und ermöglicht die Freigabe des Pendels ohne einen Anfangsimpuls, Verzögerung oder Querschwingung oder andere Beeinträchtigungen, die zu einem Energieverlust führen würden.

6.2.7 Frei hängende Position

Bei einem freihängenden Pendel muss dieses so hängen, dass sich die Hammerschneide innerhalb von 6,35 mm in der Position befindet, in der es den Bezugsprobekörper gerade berühren würde.

6.2.8 Kontakt zwischen Probekörper und Hammerschneide (Izod-/Charpy-Schlagversuch)

Bei Izod- und Charpy-Prüfmaschinen muss die Hammerfinne den Kontakt über die gesamte Breite des Bezugsprobekörpers für den Izod-/Charpy-Schlagversuch herstellen.

Ein Verfahren zur Verifizierung der vorstehend angegebenen Anforderung ist Folgendes.

Ein Bezugsprobekörper für den Izod-/Charpy-Schlagversuch wird in dünnes Papier fest eingewickelt (z. B. unter Verwendung von Klebeband) und zwischen die Auflager oder Klemmen für den Probekörper gesetzt. In ähnlicher Weise wird die Hammerschneide mit Kohlepapier, dessen Kohleseite nach außen (d. h. nicht zur Hammerfinne) zeigt, fest umwickelt. Das Pendel wird aus dessen Gleichgewichtslage um einige Grad angehoben und so freigegeben, dass es den Bezugsprobekörper für den Izod-/Charpy-Schlagversuch berührt und eine zweite Berührung mit dem Probekörper vermieden wird. Der Abdruck des Kohlepapiers auf dem Einwickelpapier des Bezugsprobekörpers für den Izod-/Charpy-Schlagversuch sollte über das gesamte Papier reichen. Diese Prüfung darf gleichzeitig mit der Überprüfung des Kontaktwinkels zwischen Hammerfinne und Bezugsprobekörper für den Izod-/Charpy-Schlagversuch durchgeführt werden.

6.2.9 Potentielle Energie, E

Tabelle 2 zeigt die Werte der potentiellen Nennenergie des Pendels, das üblicherweise in Izod-/Charpy- und Schlagzug-Prüfmaschinen angewendet wird. Die potentielle Energie, E, darf um nicht mehr als 1 % von dem in Tabelle 2 angegebenen Nennwert abweichen. Sie muss wie folgt bestimmt werden:

a) Das Pendel ist bei einer willkürlichen Länge, L_H, ab der Rotationsachse auf einer Waage oder einem Kraftmessgerät abzustützen. Es ist sicherzustellen, dass die Gerade von der Rotationsachse zum Schwerpunkt des Pendels horizontal verläuft [siehe Bild 1 a)].

b) Die vertikale Kraft, F_H, in Newton, bei L_H sowie die Länge, L_H, in Meter, sind mit einer Messunsicherheit von ±1,0 % zu messen.

c) Das Horizontalmoment, M_H, des Pendels um die Rotationsachse, in Newtonmeter, ist mit Gleichung (1) zu berechnen:

$$M_H = F_H L_H \quad (1)$$

d) Der Anfangswinkel, α_0 [siehe Bild 1 b)], ist mit einer Genauigkeit, $\Delta\alpha_0$, die einer relativen Messunsicherheit von 1/400 der potentiellen Energie E entspricht, und der Aufschlagwinkel α_I ist, soweit zutreffend, innerhalb von 0,25° zu messen. Für Anfangswinkel von 140°, 150° und 160° beträgt $\Delta\alpha_0$ dementsprechend 0,39°, 0,54° bzw. 0,81°.

e) Die potentielle Energie, E, des Pendels ist mit Gleichung (2) zu berechnen:

$$E = M_H(\cos \alpha_I - \cos \alpha_0) \quad (2)$$

Dabei ist

E die potentielle Energie des Pendels, in Joule;

M_H das Horizontalmoment des Pendels [siehe Gleichung (2)], in Newtonmeter;

α_0 der Anfangswinkel, in Grad;

α_I der Aufschlagwinkel, in Grad.

ANMERKUNG 1 Meistens nutzen Pendelschlag-Prüfmaschinen einen Aufschlagwinkel von 0°, bei dem $\cos \alpha_I = 1$ ist.

ANMERKUNG 2 In bestimmten Fällen kann es notwendig sein, das Pendel von der Prüfmaschine abzunehmen, um dessen Horizontalmoment, M_H, nach dem beschriebenen Verfahren zu bestimmen.

Tabelle 2 — Grundeigenschaften der Charpy-, Izod- und Schlagzugprüfmaschinen

Potentielle Nennenergie E J	Art der Prüfung	Aufschlaggeschwindigkeit v_I m/s	Höchstzulässige Reibungsverluste ohne Probekörper % von E
0,5	Charpy		4
1,0	Charpy		2
2,0	Charpy/Schlagzugversuch	2,9 (±10 %)	1
4,0	Charpy/Schlagzugversuch		0,5
5,0	Charpy		0,5
7,5	Charpy/Schlagzugversuch		
15	Charpy/Schlagzugversuch	3,8 (±10 %)	0,5
25	Charpy/Schlagzugversuch		
50	Charpy/Schlagzugversuch		
1,0	Izod		2
2,75	Izod		1
5,5	Izod	3,5 (±10 %)	0,5
11	Izod		0,5
22	Izod		0,5
ANMERKUNG Siehe Anhang E zu zusätzlichen Angaben über potentielle Energie und Aufschlaggeschwindigkeit.			

6.2.10 Pendellänge, L_P

Die Pendellänge, L_P, muss durch den Hersteller während der Herstellung verifiziert und dokumentiert werden. Unter normalen Umständen sollte die Länge nicht verändert werden, sie muss jedoch als Teil des Kalibrierverfahrens überprüft werden, sofern eine Reparatur oder ein Austausch erfolgt ist. Die Pendellänge muss für jedes verfügbare Pendel bestimmt werden.

Die Pendellänge ist mit der festgelegten Messunsicherheit (siehe Tabelle 3) zu bestimmen.

Die Pendellänge wird durch Messung der Schwingungsperiode (Schwingungszeit), T_P, des Pendels überprüft. Das Pendel ist anzuheben und aus einer Höhe freizusetzen, die eine Schwingung mit einem Maximum von durchschnittlich 5° ergibt, und die Dauer einer vollständigen Schwingung, in Sekunden, ist zu messen. Die Schwingungsperiode ist als der Mittelwert von vier Bestimmungen festzulegen.

Tabelle 3 — Beispiele für die Mindestanzahl an Schwingungen zur Bestimmung von T_P

L_P m	T_P s	**Messunsicherheit der Zeitmessung** s	**Mindestanzahl an Schwingungen** *n*
0,225	0,95	0,1 0,01	50 10
0,390	1,25	0,1 0,01	50 10

ANMERKUNG Für Hand-Stoppuhren gilt im Allgemeinen, dass sie eine Fehlergrenze von 0,1 s aufweisen. Um eine bessere Genauigkeit der Zeitmessung zu erzielen, sind integrierte elektronische Zeitmesseinrichtungen erforderlich.

Die Pendellänge, L_P, ist aus der Schwingungsperiode, T_P, des Pendels mit Gleichung (3) zu bestimmen:

$$L_P = \frac{gT_P^2}{4\pi^2} \quad (3)$$

Dabei ist

T_P die Schwingungsperiode des Pendels, in Sekunden;

g ein Wert, der mit 9,81 m/s^2 angesetzt wird, sofern die örtliche Erdbeschleunigung jedoch bekannt ist oder angenommen wird, dass sie beträchtlich von 9,81 m/s^2 abweicht, muss die örtliche Erdbeschleunigung eingesetzt werden;

π^2 ein Wert, der mit 9,87 angesetzt wird.

Deshalb ist L_P = 0,248 5 T_P^2, in Meter.

Der Wert von T_P muss mit einer Messunsicherheit von 0,5 % bestimmt werden.

6.2.11 Schlaglänge, L_I

Die Schlaglänge, L_I, muss innerhalb von 1 % der Pendellänge, L_P, entsprechend der Bestimmung aus der Schwingungsperiode, T_P, des Pendels liegen [siehe Gleichung (3) und Bild 1 a)].

6.2.12 Aufschlaggeschwindigkeit des Pendels, v_I

Die Aufschlaggeschwindigkeit, v_I, muss dem jeweiligen in Tabelle 2 für Charpy-, Izod- bzw. Schlagzugprüfungen angegebenen Wert entsprechen.

Die Aufschlaggeschwindigkeit ist mit Gleichung (4) zu bestimmen:

$$v_I = \sqrt{2gL_I(\cos\alpha_I - \cos\alpha_0)} \quad (4)$$

Dabei ist

v_I die Aufschlaggeschwindigkeit, in Meter je Sekunde;

g ein Wert, der mit 9,81 m/s^2 angesetzt werden darf (zur Sicherung der Messung am Aufstellungsort jeder Prüfmaschine);

L_I die Schlaglänge, in Meter;

α_0 der Anfangswinkel, in Grad;

α_I der Aufschlagwinkel, in Grad.

ANMERKUNG In den meisten Fällen beträgt der Aufschlagwinkel 0°, d. h. cos α_I = 1.

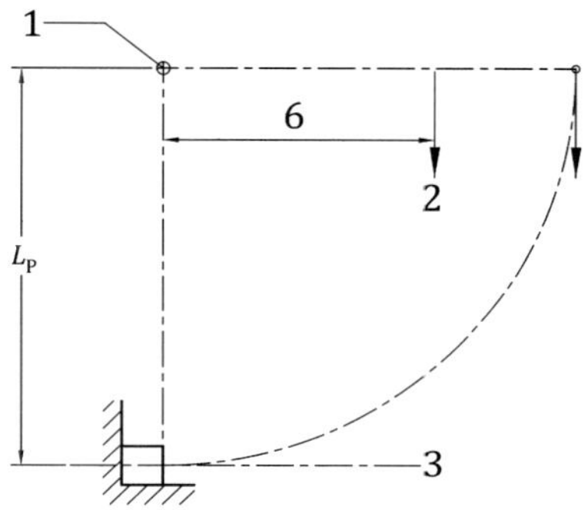

a) Größen zum Bestimmen des Horizontalmoments

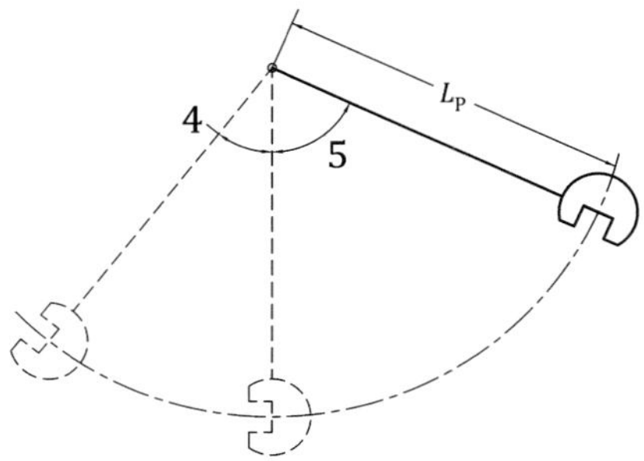

b) Größen zur Skalenkalibrierung und zur Berechnung der potentiellen Energie

Legende

1 Rotationsachse
2 senkrechte Kraft, F_H
3 Stoßzentrum
4 Steigwinkel, α_R
5 Anfangswinkel, α_0
6 willkürliche Länge ab der Rotationsachse, über die das Pendel auf einer Waage oder einem Kraftmessgerät abgestützt wird, LH

Bild 1 — Erforderliche Größen für die Energieverifizierung

6.3 Charpy-Prüfmaschinen

Die Überprüfung und Verifizierung von Charpy-Prüfmaschinen (siehe Bild A.1 und Tabelle A.1) müssen wie folgt durchgeführt werden.

a) Position der Widerlager in Bezug auf die Hammerschneide.

Der freie Abstand zwischen den Widerlagern und der Hammerfinne oder jeglichem benachbarten Pendelteil, das zwischen den Widerlagern pendelt, sollte ausreichend sein, um sicherzustellen, dass der gebrochene Probekörper die Prüfmaschine mit minimalen Behinderungen frei verlassen kann, und somit die Möglichkeit verhindert ist, dass der Probekörper in das Pendel zurückprallt. Jeder zum Positionieren des Probekörpers in den Widerlagern verwendete Anschlag sollte die Bewegung des Probekörpers bei der Prüfung nicht beeinträchtigen.

b) Berührung zwischen Charpy-Hammerfinne und Probekörper.

c) Winkel zwischen der Berührungslinie der Hammerfinne und der horizontalen Achse des Bezugsprobekörpers für den Izod-/Charpy-Schlagversuch (siehe Bild A.1).

d) Winkel der Hammerfinne, θ_1.

e) Radius der Hammerschneide, R_1.

f) Parallelität (Ausrichtung) der Auflager, p_1.

g) Radius der Widerlager, R_2.

h) Winkel des Hinterschnitts der Widerlager, θ_2.

i) Neigungswinkel der Widerlager, θ_3.

j) Winkel zwischen Auflager- und Widerlageroberflächen, θ_4.

k) Abstand zwischen den Auflagern.

ANMERKUNG 1 Der Abstand zwischen den Auflagern verändert sich durch den Probekörpertyp.

l) Position der Kerbe.

Sofern Mittel zum Lagern des Probekörpers vorhanden sind, muss sichergestellt werden, dass die Symmetrieebene der Kerbe innerhalb von ±0,5 mm von der Mitte des Freiraums zwischen den Widerlagern für den Probekörper liegt.

ANMERKUNG 2 Eine Bauart einer Messlehre, die zur Prüfung des Abstands zwischen den Widerlagern und deren Fluchtung in Bezug auf die Hammerschneide angewendet werden kann, ist in Anhang F dargestellt.

6.4 Izod-Prüfmaschinen

Die Überprüfung und Verifizierung von Izod-Prüfmaschinen (siehe Bild B.1 und Tabelle B.1) müssen wie folgt durchgeführt werden.

a) Berührungslinie der Hammerfinne.

b) Hammerschneide des Pendels für Izod-Prüfmaschinen. Die Hammerfinne oder der Stoßkörper muss mit allen nachstehend aufgeführten Anforderungen übereinstimmen.

1) Radius, R_1. Die Hammerschneide der Hammerfinne oder der Stoßkörper muss eine zylindrische Oberfläche haben, deren Achse horizontal im rechten Winkel zur Schwingungsebene des Pendels verläuft.

2) Winkel in Bezug auf die Längsachse des Bezugsprobekörpers für den Izod-/Charpy-Schlagversuch, θ_1. Beim Berühren des Bezugsprobekörpers für den Izod-/Charpy-Schlagversuch muss die Hammerschneide mittig sein und über beide Seiten des Bezugsprobekörpers für den Izod-/Charpy-Schlagversuch hinausragen.

3) Parallelität, p_1 mit der Fläche des Bezugsprobekörpers für den Izod-/Charpy-Schlagversuch (über die gesamte Breite).

c) Klemmvorrichtung für den Probekörper. Die Klemmvorrichtung (Klemm- und Auflagerblöcke) zum Halten des Probekörpers in den Izod-Prüfmaschinen (siehe Bild B.1) muss mit allen nachstehend aufgeführten Anforderungen übereinstimmen.

1) Parallelität der Klemmvorrichtungsflächen in Horizontal- und Vertikalrichtung. Ist der Bezugsprobekörper für den Izod-/Charpy-Schlagversuch ordnungsgemäß eingespannt, müssen die Spannbackenflächen sowohl in Horizontal- als auch in Vertikalrichtung, p_3, parallel verlaufen.

2) Horizontalität der Oberseite der Klemmvorrichtung im Verhältnis zur Bezugsebene, p_2.

3) Winkel zwischen den Stirnflächen des Auflager-/Klemmblocks und der Oberseite der Klemmvorrichtung, θ_2.

Zur Prüfung auf Verschleiß werden zusätzlich ein Haarlineal und eine Handlampe angewendet. Jedes Anzeichen von Licht zwischen dem Haarlineal und dem Auflagerblock ist ein Hinweis auf Abnutzung des Auflagerblocks und erfordert einen Austausch des Teils.

4) Radius des Auflagerblocks. Der Radius der Oberkante des Auflagers, um die gebogen wird, ist zu überprüfen, R_2.

5) Position der Hammerschneide über der Oberseite des Auflagers, D_1.

d) Position des Probekörpers und der Hammerfinne.

Ist ein Bezugsprobekörper in der Klemmvorrichtung so positioniert und eingespannt, dass er fest auf dem Rahmen angebracht ist, müssen die folgenden Anforderungen erfüllt sein:

1) die Oberseite des Auflagerblocks muss sich innerhalb von 3/1 000 parallel zur Bezugsebene der Prüfmaschine befinden;

2) die Längsachse des Probekörpers muss sich innerhalb von ±0,5° im rechten Winkel zur Oberseite des Auflagerblocks befinden;

3) die Kerbe muss gegenüber der Hammerfinne liegen und sich innerhalb von ±0,1 mm im rechten Winkel zur Schwingungsebene des Pendels befinden und die Symmetrieebene der Kerbe muss innerhalb von ±0,1 mm mit der Oberseite des Auflagerblocks übereinstimmen;

4) wenn die Hammerschneide, die ausreichend breit sein muss, um über beide Seiten des Probekörpers hinauszuragen, den Probekörper berührt, muss sich diese innerhalb von ±2° im rechten Winkel zur Längsachse des Probekörpers und innerhalb von 0,025 mm (= 0,36°) parallel zur Fläche des Probekörpers über die gesamte Breite des Probekörpers befinden.

Mit einem eingespannten Probekörper müssen die Klemmvorrichtungsflächen innerhalb von 4/1 000 sowohl in der Horizontal- als auch in der Vertikalrichtung parallel sein.

6.5 Schlagzugprüfmaschinen

Die Überprüfung und Verifizierung von Schlagzugprüfmaschinen (siehe Bild C.1 und Bild C.2 sowie Tabelle C.1) müssen wie folgt durchgeführt werden.

a) Probekörperklemmen für Schlagzugprüfmaschinen müssen Folgendem entsprechen.

   1) Verfahren A

   Die Oberflächen der Probekörperklemmen müssen komplanar sein.

   Die Probekörperklemmen müssen parallel zur Rotationsachse des Pendels sein.

   Bei Verwendung eines Bezugsprobekörpers für den Schlagzugversuch müssen die Mittelpunkte der Berührungsflächen auf dem Querjoch und auf der Hammerfinne in einer Ebene liegen, die innerhalb von 2° horizontal ist, und sich innerhalb von ±0,5 mm in der Schwingungsebene des Pendels befinden.

   2) Verfahren B

   Ist der Bezugsprobekörper für den Schlagzugversuch ordnungsgemäß eingespannt, muss dieser innerhalb von ±0,5 mm in der Schwingungsebene des Pendels liegen, und zwar derart, dass dessen Längsachse innerhalb von 4/1 000 parallel zur Schwingungsebene des Pendels verläuft.

   Die Berührungsflächen an dem auf einem rechtwinkligen Bezugsprobekörper angebrachten Querjoch müssen innerhalb von 5/1 000 komplanar und parallel zur Rotationsachse des Pendels sein.

b) Klemmen für den Schlagzugversuch

   Bei Probekörpern der Typen 1, 2, 3 und 4 (siehe ISO 8256:2023, Tabelle 2 und Bild 1) müssen die Oberflächen, zwischen denen der Probekörper eingespannt wird, so sein, dass beim Auftreffen des Schlags kein Verrutschen bewirkt wird. Dies gilt für sowohl die Spannbackenflächen von Klemmen, die am Rahmen oder an der Hammerfinne befestigt sind, als auch für die Querjoche. Die Klemmen müssen so konstruiert sein, dass sie nicht zum Versagen des Probekörpers beitragen.

   Spannbacken dürfen ein feilenartiges Kerbzahnprofil (Kreuzhieb) haben und die Größe der Zahnung muss entsprechend der Erfahrung so ausgewählt werden, dass sie für die Härte und Zähigkeit des Probekörpermaterials und dessen Dicke geeignet ist. Die Kanten der gezahnten Spannbacken in unmittelbarer Nähe des Prüfbereiches müssen einen derartigen Radius haben, dass sie entlang der Kanten der ersten Kerbzahnprofilreihe schneiden.

   Bei Probekörpern des Typs 5 (siehe ISO 8256:2023, Tabelle 2 und Bild 1), die nur durch Einbettung gehalten werden, ist ein Paar gekerbter Spannbacken unterschiedlicher Höhen erforderlich. Die Höhe des für die Prüfung gewählten Spannbackenpaares muss größer als die Dicke des Probekörpers aber kleiner als 120 % seiner Dicke sein.

c) Ausrichtung

   Der ordnungsgemäß eingespannte Probekörper muss innerhalb von ±0,5 mm in der Schwingungsebene des Pendels liegen.

d) Masse des Querjochs

   In Abhängigkeit von der angewendeten Pendelenergie müssen Querjoche verschiedener Massen verwendet werden. Durch Wägen ist sicherzustellen, dass die Querjochmasse den in ISO 8256:2023, Tabelle 1, angegebenen Grenzwerten entspricht.

6.6 Energie-Anzeigeeinrichtung

6.6.1 Arten von Skalen

Die Skala der Prüfmaschine darf mit einer Gradeinteilung zur Messung des Steigwinkels, α_R, [siehe Bild 1 b)] oder mit einer Einteilung in Energieeinheiten der aufgenommenen Schlagenergie, W, versehen sein, wobei beide nach Gleichung (5) miteinander verknüpft sind:

$$W = M_H(\cos \alpha_R - \cos \alpha_0) \tag{5}$$

Dabei ist

W die Schlagenergie, in Joule;

M_H das Horizontalmoment des Pendels nach Gleichung (1), in Newtonmeter;

α_0 der Anfangswinkel, in Grad;

α_R der Steigwinkel, in Grad.

ANMERKUNG Es kann hilfreich sein, wenn eine Skala eine Gradeinteilung sowohl in Joule für die aufgenommene Schlagenergie als auch in Grad hat. Für den Aufbau und die Kalibrierung der Prüfmaschine und die Messung der Verluste durch Reibung ist es ebenfalls sinnvoll, wenn die Möglichkeit besteht, den Anfangswinkel zu verändern.

6.6.2 Verifizierung einer analogen Anzeigeeinrichtung

Die Verifizierung einer analogen Anzeigeeinrichtung muss folgende Untersuchungen umfassen:

a) Untersuchung der Skalenteilungen;

b) Untersuchung des Zeigers.

Die Skala muss mit einer Gradeinteilung zur Messung des Steigwinkels, $\alpha_{R,1}$, oder mit einer Einteilung in Energieeinheiten der aufgenommenen Schlagenergie, W_I, versehen sein.

Die Breite der Teilstriche der Skala muss gleich sein und die Breite des Zeigers muss etwa der Breite eines Teilstrichs entsprechen. Der Zeiger muss eine parallaxenfreie Ablesung ermöglichen.

Die Auflösung, r, der Anzeigeeinrichtung ergibt sich aus dem Verhältnis der Zeigerbreite zum Mittenabstand zweier benachbarter Teilstriche (Skalenintervall), wobei die empfohlenen Verhältnisse 1 : 4, 1 : 5 oder 1 : 10 sind; ein Abstand zwischen benachbarten Teilstrichen von mindestens 2,5 mm ist erforderlich, um ein Zehntel eines Skalenteilungswertes abzuschätzen.

Das Skalenintervall darf höchstens 1 % der aufgenommenen Nennenergie entsprechen und muss das Abschätzen der Energie in Schritten von mindestens 0,25 % der aufgenommenen Nennenergie ermöglichen.

6.6.3 Fehler bei der angezeigten aufgenommenen Schlagenergie, W_i bei analogen Anzeigesystemen

a) Die Teilstriche der Skala, die mit den Werten der aufgenommenen Schlagenergie von etwa 10 %, 20 %, 30 %, 50 % und 80 % des Bereichs der potentiellen Nennenergie übereinstimmen, müssen überprüft werden.

b) Die Prüfmaschine ist normal zu betreiben, jedoch ohne einen angebrachten Probekörper, und es ist eine Nullablesung ($W_{S,1}$), wie vom Zeiger angezeigt, vorzunehmen. Dieser Ablesewert ist aufzuzeichnen und darf ±2,5 % der potentiellen Energie, E, nicht überschreiten.

c) Das Pendel ist so zu stützen, dass der Nullwert ($W_{S,1}$) vom Zeiger angezeigt wird, und der zugehörige Steigwinkel, $\alpha_{R,1}$, ist zu messen.

d) Das Pendel ist so zu stützen, dass der Teilstrich für jeden der vorstehend angeführten Kalibrierpunkte vom Zeiger angezeigt wird, und es ist der zugehörige Steigwinkel, $\alpha_{R,i}$, für jeden Punkt zu messen.

e) Die aufgenommene Schlagenergie, W_i, ist mit Gleichung (6) zu berechnen:

$$W_i = M_H(\cos \alpha_{R,i} - \cos \alpha_{R,1}) \tag{6}$$

ANMERKUNG Die für L_I und F_H sowie für $\alpha_{R,1}$ und $\alpha_{R,i}$ festgelegte Genauigkeit ermöglicht die Bestimmung von W_i mit einer Messunsicherheit von etwa 0,3 % der vollen Skalenauslenkung.

f) Die Schritte a) bis d) sind zweimal zu wiederholen.

g) Aus diesen drei Bestimmungen ist der Mittelwert zu berechnen. Die Differenz zwischen den Einzelwerten und deren Mittelwert darf 1 % des Mittelwerts nicht überschreiten (siehe nachstehende Gleichung als Beispiel für die Messung 1 an einem gegebenen Kalibrierpunkt).

$$\Delta W_{i,1} = \left(\frac{W_{i,1}}{\overline{W_i}} - 1\right) \cdot 100 \leq 1\,\%$$

6.6.4 Verifizierung einer digitalen Anzeigeeinrichtung

Die Verifizierung einer digitalen Anzeigeeinrichtung muss sicherstellen, dass die folgenden Anforderungen erfüllt sind.

Die Skala muss mit einer Gradeinteilung oder mit einer Einteilung in Energieeinheiten versehen sein.

Als Auflösung der Skala wird ein Ziffernschritt der letzten aktiven Zahl der Digitalanzeige angesehen, vorausgesetzt, dass die Anzeige um nicht mehr als den Ziffernschritt schwankt. Wenn die Ablesungen um mehr als einen Ziffernschritt schwanken, wird die Auflösung mit der halben Spannweite der Schwankung angesetzt.

Die Auflösung muss besser als 0,25 % der aufgenommenen Nennenergie sein.

Bei Prüfmaschinen, die mit digitalen Anzeigen ausgerüstet sind, sollten die Einstellungen in der Anzeige überprüft werden, sodass sie mit der potentiellen Energie des in der Prüfmaschine eingebauten Pendels übereinstimmen.

6.7 Verluste aufgrund von Reibung

6.7.1 Verlustarten

Energie wird durch Reibung aufgenommen, einschließlich der Reibung im Zeiger (falls vorhanden) oder in elektronischen Drehimpulsgebern, durch Luftwiderstand und in den Pendellagern.

6.7.2 Bestimmung der Verluste durch Reibung im Zeiger

Wenn die Prüfmaschine einen Zeiger hat, ist der Verlust durch Reibung im Zeiger, $W_{f,P}$, nach folgendem Verfahren zu bestimmen:

a) Die Prüfmaschine ist normal zu betreiben, jedoch ohne angebrachten Probekörper, um einen ersten Anzeigewert, $W_{f,1}$, zu erhalten.

b) Das Pendel ist ohne Rücksetzen des Zeigers nochmals von der Anfangsposition freizugeben und ein zweiter Anzeigewert, $W_{f,2}$, ist aufzuzeichnen.

c) Die Schritte a) und b) sind zweimal zu wiederholen.

d) Aus den drei Bestimmungen von $W_{f,1}$ und $W_{f,2}$ ist der Mittelwert zu berechnen.

e) Der Reibungsverlust im Zeiger, $W_{f,P}$, für eine Schwingung ist durch Subtrahieren des Mittelwertes der zweiten Anzeigewerte, $W_{f,2}$, vom Mittelwert der ersten Anzeigewerte, $W_{f,1}$, zu berechnen, siehe Gleichung (7):

$$W_{f,P} = W_{f,1} - W_{f,2} \tag{7}$$

6.7.3 Bestimmung der Verluste aufgrund von Luftwiderstand und Reibung in den Pendellagern

Die Verluste aufgrund von Luftwiderstand und Reibung in den Pendellagern sind nach folgendem Verfahren zu bestimmen:

a) Falls die Prüfmaschine einen Zeiger hat, ist die Prüfmaschine wie in 6.7.2 festgelegt zu betreiben, um einen Anzeigewert, $W_{f,2}$, zu erhalten. Das Pendel ist frei schwingen zu lassen. Zu Beginn der zehnten Vorwärtsschwingung nach dem Messen von $W_{f,2}$ ist der Zeiger wieder so zu positionieren, dass er nach Abschluss dieser Schwingung lediglich einige Unterteilungen entlang der Skala bewegt wird. Der Anzeigewert ist als $W_{f,3}$ aufzuzeichnen.

b) Schritt a) ist zweimal zu wiederholen.

c) Die jeweiligen Mittelwerte aus den drei Bestimmungen von $W_{f,2}$ und $W_{f,3}$ sind zu berechnen.

d) Der Energieverlust aufgrund von Luftwiderstand und Reibung in den Pendellagern, $W_{f,AB}$, für eine Schwingung ist mit Gleichung (8) zu berechnen:

$$W_{f,AB} = \frac{W_{f,3} - W_{f,2}}{20} \tag{8}$$

ANMERKUNG Zum Messen der Pendelbewegung werden häufig elektronische Drehimpulsgeber angewendet. Diese Messeinrichtungen sind entweder reibungslose optoelektronische Einrichtungen oder ihre Reibungsverluste sind in $W_{f,AB}$ enthalten.

6.7.4 Berechnung des Gesamtenergieverlustes aufgrund von Reibung

Der Gesamtenergieverlust durch Reibung, W_f, ist mit Gleichung (9) zu berechnen:

$$W_f = \frac{1}{2}\left[W_{f,AB} + \frac{\alpha_R}{\alpha_0}\left(W_{f,AB} + 2W_{f,P}\right)\right] \tag{9}$$

6.7.5 Höchstzulässige Reibungsverluste

Die Gesamtverluste aufgrund von Reibung für eine Schwingung dürfen den/die geltenden, in Tabelle 2 angegebenen Wert(e) nicht überschreiten.

Der nach Gleichung (9) berechnete Gesamtenergieverlust, W_f, muss von der mit einem Probekörper gemessenen Schlagenergie subtrahiert werden, jedoch nur, wenn W_f 0,5 % der potentiellen Energie, E, überschreitet, d. h. lediglich bei Pendeln mit einer potentiellen Energie kleiner als 4 J (siehe Tabelle 2).

Tabelle 4 — In regelmäßigen Zeitabständen zu verifizierende allgemeine Eigenschaften der aufgestellten Prüfmaschine

Parameter	Symbol	Einheit	Wert
Stabilität des Aufbaus			Keine Schwingungen
Richtwaage, parallel zur Schwingungsebene			Horizontal innerhalb von 2/1 000
Richtwaage, rechtwinklig zur Schwingung			Horizontal innerhalb von 2/1 000

Tabelle 4 (*fortgesetzt*)

Parameter	Symbol	Einheit	Wert
Axialspiel der Lager		mm	0,25
Radialspiel der Lager		mm	0,05
Freigeben des Pendels		—	Kein Energieverlust
Frei hängende Position — ohne zusätzliche Gewichtsstücke		mm	±5,0
Frei hängende Position — mit dem maximalen zusätzlichen Gewicht		mm	±5,0
Berührung zwischen Hammerschneide und Probekörper (Izod/Charpy)		—	Vollständige Berührung
Potentielle Energie	E	J	±1 % des Nennwertes
Pendellänge	L_P	m	0,221 bis 0,417
Schlaglänge	L_I	m	±1 % der Pendellänge
Aufschlaggeschwindigkeit	v_I	m/s	Siehe Tabelle 2
Anfangswinkel	α_0	Grad	
Aufschlagwinkel	α_I	Grad	
Spezifische Eigenschaften der Charpy-Prüfmaschine			
Rahmen-/Pendelposition			
Position der Widerlager in Bezug auf die Hammerschneide	D_1	mm	Übereinstimmung innerhalb von ±0,5
Hammerschneide des Pendels			
Winkel der Spitze der Hammerfinne	θ_1	Grad	30° ± 1°
Radius der Hammerschneide	R_1	mm	2,0 ± 0,5
Auflager für den Probekörper			
Parallelität (Ausrichtung) zwischen der Längsachse des Probekörpers und der Bezugsebene (sofern vorhanden)	p_1		Parallel innerhalb 4/1 000
Krümmungsradius der Oberfläche der Widerlager	R_2	mm	1 ± 0,1
Winkel des Hinterschnitts der Widerlager	θ_2	Grad	10° ± 1°
Neigungswinkel der Widerlager	θ_3	Grad	5° ± 1°
Winkel zwischen den Auflagern und den Widerlagern	θ_4	Grad	90° ± 0,1°
Abstand der Charpy-Auflager		mm	±0,5 von der Anforderung
Berührung zwischen Charpy-Hammerfinne und Probekörper			Vollständige Berührung
Winkel bei der Berührung			Rechtwinklig innerhalb von ±2°
Spezifische Eigenschaften der Izod-Prüfmaschine			
Rahmen-/Pendelposition			
Lage der Hammerschneide über der Oberfläche des Auflagers	D_1	mm	22 ± 0,2

Tabelle 4 (*fortgesetzt*)

Parameter	Symbol	Einheit	Wert
Berührungslinie			Vollständige Berührung
Hammerschneide			
Radius	R_1	mm	0,8 ± 0,2
Breite			In der Mitte
Winkel im Verhältnis zur Längsachse des Bezugsprobekörpers	θ_1	Grad	90° ± 2,0°
Parallelität mit der Fläche des Bezugsprobekörpers für den Izod-/Charpy-Schlagversuch (über die gesamte Breite)	p_1		±0,025
Berührung mit dem Bezugsprobekörper			Vollständige Berührung überprüfen
Klemmvorrichtung für Izod-Probekörper			
Parallelität in horizontaler und vertikaler Richtung	p_3	mm	±0,05
Horizontalität der Oberseite der Klemmvorrichtung	p_2		±3/1 000
Winkel zwischen den Flächen des Auflagerblocks/der Klemmvorrichtung und der Oberseite der Klemmvorrichtung	θ_2	Grad	90° ± 0,5°
Radius der Oberkante des Auflagerblocks, um die gebogen wird	R_2	mm	0,2 ± 0,1
Berührungslinie, Auflagerblock			Vollständige Berührung überprüfen
Spezifische Eigenschaften der Schlagzugprüfmaschinen			
Pendel			
Parallelität der Oberflächen der Klemmen mit der Fläche des Querjochs	p_1		±4/1 000
Winkel zwischen den Oberflächen der Klemmen und der Schwingungsebene	p_2	Grad	90° ± 1°
Symmetrie der Oberflächen der Klemmen in Bezug auf die Schwingungsebene	S_1	mm	±0,5
Position des Probekörpers			
Symmetrie in Bezug auf die Schwingungsebene	S_2	mm	±0,5
Winkel im Verhältnis zur Schwingungsebene	p_3	Grad	±0,2°
Querjoch			
Querjochmasse			Siehe ISO 8256:2023, Tabelle 1.

7 Häufigkeit der Verifizierung

Eine Prüfmaschine muss verifiziert werden, wenn sie zu einem neuen Aufstellungsort transportiert oder wesentlichen Reparaturen oder Einstellungen unterzogen wird oder begründete Zweifel an der Genauigkeit ihrer angegebenen Ergebnisse bestehen. Die Verifizierungen müssen in Abhängigkeit von der konstruktiven

Auslegung der Prüfmaschine sowie der Art und dem Umfang ihrer Anwendung in regelmäßigen Abständen durchgeführt werden (siehe Tabelle 4).

Für eine Prüfmaschine, die sich in gutem Zustand befindet und unter günstigen Betriebsbedingungen angewendet wird, wird ein regelmäßiger Abstand von zwei Jahren empfohlen.

Für die Zeitspanne zwischen zwei aufeinanderfolgenden vollständigen Verifizierungen werden für Prüfmaschinen, die sich in gutem Zustand befinden und unter günstigen Betriebsbedingungen angewendet werden, teilweise Verifizierungen in Abständen von einem Jahr empfohlen. Bei einer teilweisen Verifizierung wird empfohlen, den Zustand des Pendels (auf Übereinstimmung mit 6.2), das Pendellager (auf Übereinstimmung mit 6.2.4 und 6.2.5), die Verluste aufgrund von Reibung (auf Übereinstimmung mit 6.7) und die Hammerfinne (auf Übereinstimmung mit 6.3, 6.4 und 6.5) zu überprüfen.

ANMERKUNG Siehe Tabelle 4 hinsichtlich einer Angabe der Eigenschaften, die regelmäßig oder anfänglich, entweder durch den Hersteller oder nach Reparaturen, Umstellungen usw., zu verifizieren sind.

8 Verifizierungsbericht

Nach Abschluss einer vollständigen Verifizierung muss ein Bericht verfasst werden. Der Bericht muss die folgenden Angaben enthalten:

a) Name und Anschrift der Verifizierungsstelle;

b) Name und Anschrift des Auftraggebers;

c) Beschreibung der Prüfmaschine einschließlich Folgendem, falls zutreffend:

   1) Hersteller;

   2) Typ oder Modell;

   3) Seriennummer;

   4) Art(en) der Prüfung; oder

   5) potentielle Nennenergie von jedem Pendel;

d) Aufstellungsort der Prüfmaschine;

e) Datum der Verifizierung;

f) eine Verweisung auf dieses Dokument, d. h. ISO 13802:2025;

g) Einzelheiten jeglicher vorgenommenen Einstellungen;

h) Mittelwerte von $W_{f,1}$, $W_{f,2}$ und $W_{f,3}$ (siehe 6.7);

i) Konformitätsangabe oder Angabe zur Einhaltung der Anforderungen nach Abschnitt 6;

j) Datum des Prüfberichts.

Anhang A
(normativ)

Konstruktionsanforderungen für Charpy-Prüfmaschinen

Die potentielle Energie, E, darf nicht mehr als ±10 % von dem in der ersten Spalte von Tabelle 2 angegebenen Nennwert abweichen. Spezifische Eigenschaften und Anforderungen sind in Tabelle 4, Tabelle A.1 und Bild A.1 angegeben.

Tabelle A.1 — Spezifische Eigenschaften für Charpy-Prüfmaschinen

Parameter	Symbol in Bild A.1	Einheit	Wert
Rahmen-/Pendelposition Position der Auflager in Bezug auf die Hammerschneide	D_1	mm	Koinzidenz bis ±0,5
Hammerschneide des Pendels			
Winkel der Spitze der Hammerfinne	θ_1	Grad	30° ± 1°
Radius der Hammerschneide	R_1	mm	2,0 ± 0,5
Widerlager und Auflager für den Probekörper			
Parallelität (Ausrichtung) zwischen der Längsachse des Probekörpers und der Bezugsebene (sofern vorhanden)	p_1	mm	Parallel innerhalb 4/1 000
Krümmungsradius der Oberfläche der Widerlager	R_2	mm	1 ± 0,1
Winkel des Hinterschnitts der Widerlager	θ_2	Grad	10° ± 1°
Neigungswinkel der Widerlager	θ_3	Grad	5° ± 1°
Winkel zwischen den Auflagern und den Widerlagern	θ_4	Grad	90° ± 0,1°
Abstand der Charpy-Auflager		mm	±0,5 von der Anforderung
Berührung zwischen Charpy-Hammerfinne und Probekörper			Vollständige Berührung
Winkel bei der Berührung			Rechtwinklig innerhalb von ±2°

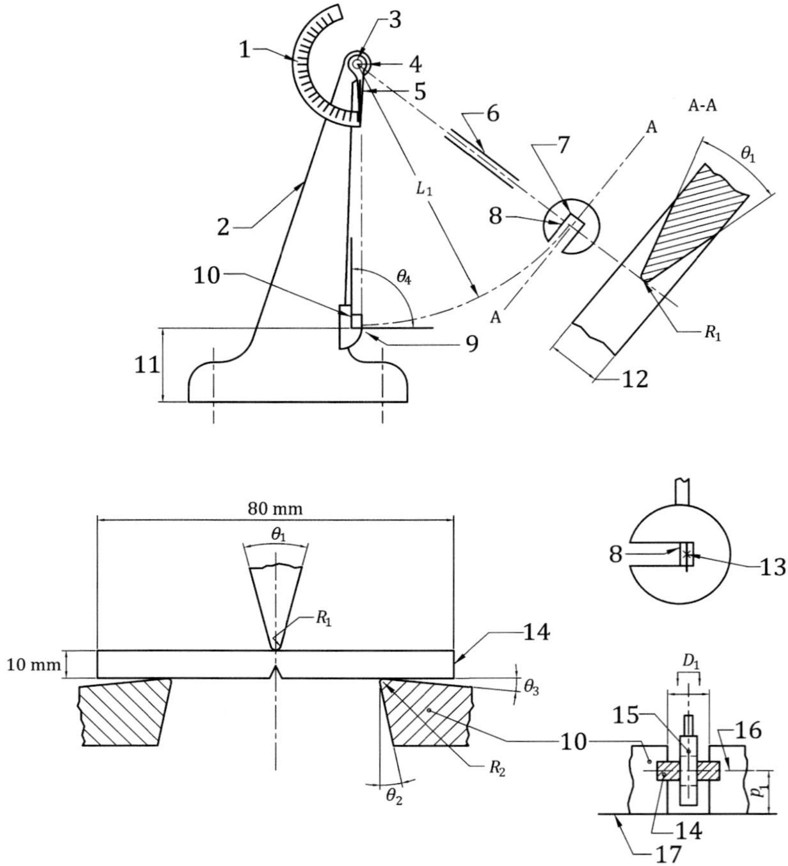

Legende

1 Skala (analoge Anzeige)
2 Prüfmaschinenrahmen
3 Rotationsachse
4 Pendellager
5 Reibungszeiger
6 Pendelstab
7 Hammerfinne
8 Vorderkante der Hammerfinne
9 Auflager
10 Widerlager
11 Maschinensockel
12 Breite der Hammerfinne
13 Stoßzentrum der Hammerfinne
14 Bezugsprobekörper
15 Berührungslinie
16 Achse des Bezugsprobekörpers
17 Bezugsebene

ANMERKUNG Zu Maßen siehe Tabelle A.1.

Bild A.1 — Beispiel für eine Charpy-Prüfmaschine

Anhang B
(normativ)

Konstruktionsanforderungen für Izod-Prüfmaschinen

Spezifische Eigenschaften und Anforderungen sind in Tabelle 4, Tabelle B.1 und Bild B.1 angegeben.

Tabelle B.1 — Spezifische Eigenschaften für Izod-Prüfmaschinen

Parameter	Symbol in Bild B.1	Einheit	Wert
Hammerschneide			
Radius	R_1	mm	0,8 ± 0,2
Winkel im Verhältnis zur Längsachse des Probekörpers	θ_1	Grad	90° ± 2°
Parallelität mit der Fläche des Bezugsprobekörpers (über die gesamte Breite)	p_1	mm	±0,025
Rahmen-/Pendelposition			
Horizontalität der Oberseite der Klemmvorrichtung	p_2	—	±3/1 000
Winkel zwischen Auflagerblock und der Oberseite der Klemmvorrichtung	θ_2	Grad	90° ± 0,5°
Lage der Hammerschneide über der Oberfläche des Auflagers	D_1	mm	22 ± 0,2
Klemmvorrichtungsflächen			
Parallelität in horizontaler und vertikaler Richtung	p_3	mm	±0,05
Radius der Oberkante des Auflagers, um die gebogen wird	R_2	mm	0,2 ± 0,1

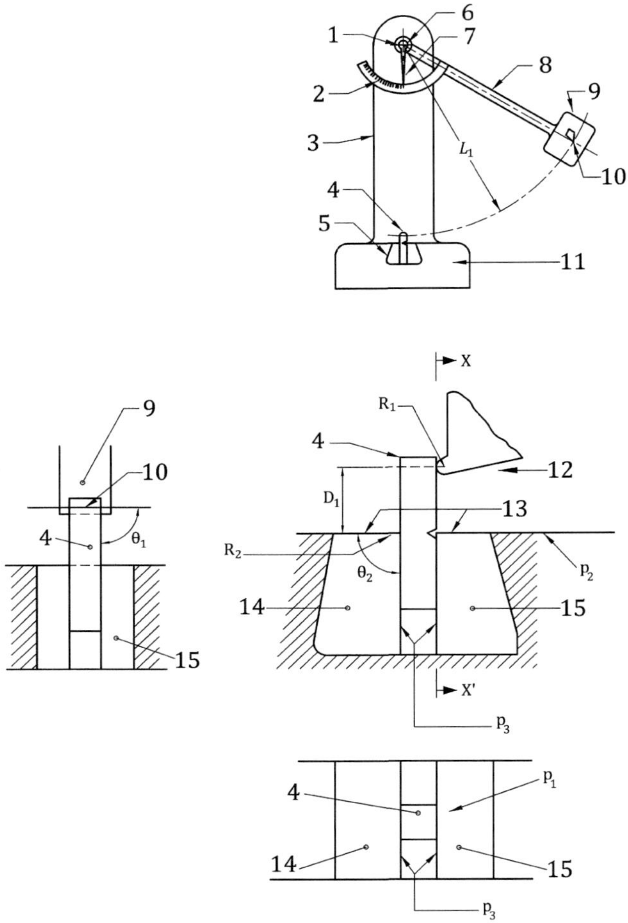

Legende

1 Pendellager
2 Skala
3 Rahmen
4 Probekörper
5 Auflager der Klemmvorrichtung und Klemmblock
6 Rotationsachse
7 Reibungszeiger
8 Pendelarm
9 Hammerfinne
10 Hammerschneide
11 Maschinensockel
12 Aufschlagrichtung
13 Oberseite der Klemmvorrichtung
14 Auflagerblock der Klemmvorrichtung
15 Klemmblock der Klemmvorrichtung

ANMERKUNG Der Auflager- und der Klemmblock bilden eine Klemmvorrichtung

Bild B.1 — Beispiel für die Izod-Prüfmaschine

Anhang C
(normativ)

Konstruktionsanforderungen für Schlagzugprüfmaschinen

Spezifische Eigenschaften und Anforderungen sind in Tabelle 4 und Tabelle C.1 sowie Bild C.1 und Bild C.2 angegeben.

Tabelle C.1 — Eigenschaften für Schlagzugprüfmaschinen

Parameter	Symbol in Bild C.1 und Bild C.2	Einheit	Wert
Pendel			
Parallelität der Oberflächen der Klemmen mit der Fläche des Querjochs	p_1	—	±4/1 000
Winkel zwischen den Oberflächen der Klemmen und der Schwingungsebene	p_2	Grad	90° ± 1°
Symmetrie der Oberflächen der Klemmen in Bezug auf die Schwingungsebene	S_1	mm	±0,5
Position des Probekörpers			
Symmetrie in Bezug auf die Schwingungsebene	S_2	mm	±0,5
Winkel im Verhältnis zur Schwingungsebene	p_3	Grad	±0,2
Querjoch			
Querjochmasse			Siehe ISO 8256:2023, Tabelle 1.

ANMERKUNG Die Eigenschaften der Pendelschlag-Prüfmaschine, die von der Position des Probekörpers abhängen, können nur mit den genau rechtwinkligen Bezugsprobekörpern für den Schlagzugversuch gemessen werden. Spritzgegossene Probekörper sind aufgrund ihrer Verjüngungswinkel nicht geeignet.

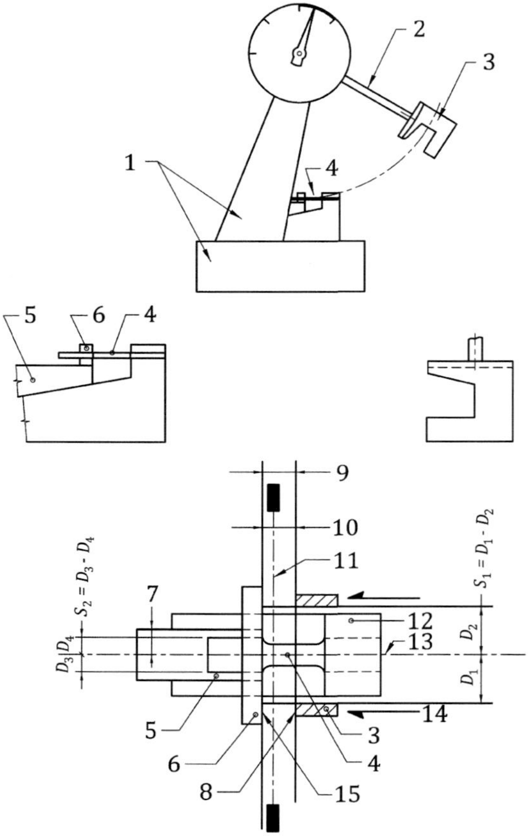

Legende

1 Rahmen
2 Pendelstab
3 Hammerfinne
4 Probekörper
5 Querjochstütze
6 Querjoch
7 Koplanarität, p_3
8 Stirnfläche der Hammerfinne
9 Parallelität, p_1
10 Parallelität, p_2
11 Rotationsachse
12 Klemmvorrichtungsbacke
13 Schwingungsebene
14 Schlagrichtung
15 Stirnfläche des Querjochs

Bild C.1 — Zusammenhang zwischen Pendel und Probekörperklemmen in Schlagzugprüfmaschinen zur Anwendung bei Verfahren A nach ISO 8256

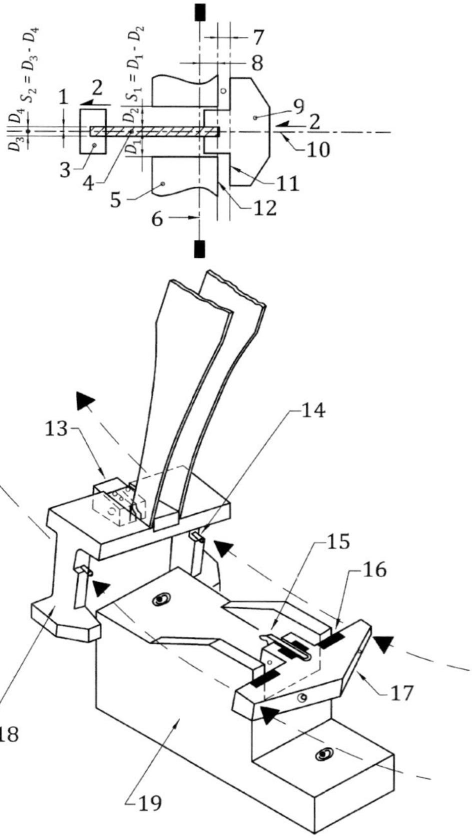

Legende

1 Koplanarität
2 Schlagrichtung
3 Pendelkopf
4 Probekörper
5 Widerlager
6 Rotationsachse
7 Parallelität, p_1
8 Parallelität, p_2
9 Querjochklemme
10 Schwingungsebene
11 Stirnfläche des Querjochs
12 Stirnfläche des Widerlagers
13 Unbefestigte Probekörperklemme
14 Stift für andere Geräte zum Halten des unbefestigten Querjochs während der Abwärtsbewegung
15 gebrochener Probekörper
16 gehärtetes Hammerfinnenpolster (falls zum Verhindern dauerhafter Verformung erforderlich)
17 unbefestigte Querjoch-/Probekörperklemme
18 Pendelkopf
19 Maschinensockel
20 Schlagrichtung
21 befestigte Probekörperklemme

Bild C.2 — Zusammenhang zwischen Pendel und Probekörperklemmen nach Probekörperbruch bei Schlagzugprüfmaschinen zur Anwendung bei Verfahren B nach ISO 8256

Anhang D
(informativ)

Verhältnis der Rahmenmasse zur Pendelmasse

Der Höchstwert der beim Schlag auf den Rahmen übertragenen Energie, W_F, kann unter der Annahme abgeschätzt werden, dass sich der elastisch aufgebaute Rahmen während des Schlags frei bewegen kann. Die Dauer des Schlags ist im Vergleich zur Schwingungsperiode T_F kurz.

Wird der Impuls des gebrochenen Probekörpers vernachlässigt, so ergibt sich der Grundsatz der Impulserhaltung:

$$m_F\, v_F = m_P\,(v_I - v_A) \tag{D.1}$$

Dabei ist

m_F die Masse des Rahmens, in Kilogramm;

m_P die Masse des Pendels, in Kilogramm;

v_F die Höchstgeschwindigkeit des Rahmens unmittelbar nach dem Aufschlag, in Meter je Sekunde;

v_I die Aufschlaggeschwindigkeit, in Meter je Sekunde;

v_A die Geschwindigkeit des Pendels unmittelbar nach dem Aufschlag, in Meter je Sekunde.

Quadrieren der Gleichung (D.1) und Einsetzen der potentiellen Energie:

$$E = \frac{m_P {v_I}^2}{2}$$

und der Energieaufnahme durch den Rahmen:

$$W_F = \frac{m_F {v_F}^2}{2}$$

ergibt

$$\frac{m_F}{m_P} = \frac{\left(1 - \frac{v_A}{v_I}\right)^2 E}{W_F} \tag{D.2}$$

Das Prinzip der Energieerhaltung ergibt:

$$E = \frac{m_P v_A^2}{2} + W + W_F \tag{D.3}$$

und nach Umstellung

$$\frac{v_A}{v_I} = \sqrt{1 - \frac{(W + W_F)}{E}} \tag{D.4}$$

Dabei ist W die Schlagenergie.

Durch das Einsetzen von Gleichung (D.4) in Gleichung (D.2) ergibt sich das Verhältnis der Rahmenmasse zur Pendelmasse, angegeben als Funktion der relativen Schlagenergie des Probekörpers und der relativen Energieaufnahme des Rahmens:

$$\frac{m_F}{m_P} = \left[1 - \sqrt{1 - \frac{(W + W_F)}{E}}\right]^2 \cdot \frac{E}{W_F} \qquad \text{(D.5)}$$

Die vom Rahmen aufgenommene Energie darf 0,5 % von E nicht überschreiten. Das Massenverhältnis m_F/m_P ist in Bild D.1 für $W_F/E = 0{,}005$ und 0,01 dargestellt, d. h. für eine Energieaufnahme durch den Rahmen von 0,5 % und 1 % von E (siehe auch Tabelle D.1).

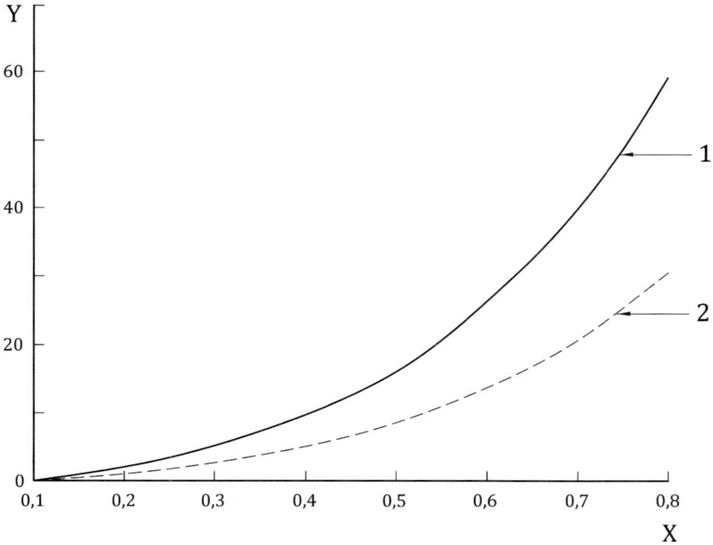

Legende

X W/E

Y m_F/m_P

1 $W_F/E = 0{,}005$

2 $W_F/E = 0{,}01$

Bild D.1 — Verhältnis der Masse des Rahmens zur Masse des Pendels, aufgetragen gegen die relative Energieaufnahme, W/E, durch den Probekörper für zwei Werte der relativen Energieaufnahme durch den Rahmen, W_F/E

Tabelle D.1 — Mindestverhältnis der Masse des Rahmens zur Masse des Pendels als Funktion der gemessenen höchsten relativen Schlagenergie W_{max}/E_{max}, wobei eine relative Messabweichung der Energie, $\Delta W/E_{max}$, von höchstens 0,5 % zulässig ist

W_{max}/E_{max}, in Prozent	40	50	60	70	80
$m_F/m_{P,max}$	10	18	28	42	62

Es wird empfohlen, dass ein Massenverhältnis $m_F/m_{P,max}$ von 40 verwendet wird, das für die Messung von Schlagenergien bis zu 70 % der potentiellen Energie des schwersten Pendels geeignet ist, z. B. W_{max} = 35 J bei E_{max} = 50 J.

Um die Resonanzübertragung der Energie des Pendels auf den Rahmen während einer einzelnen Schwingung ohne Probekörper zu vermeiden, muss die Schwingungsperiode des Rahmens, T_F, die folgende Ungleichung erfüllen:

$$T_F \leq T_P/7 \tag{D.6}$$

Dabei ist

T_F die Schwingungsperiode des Rahmens, in Sekunden;

T_P die Schwingungsperiode des Pendels, in Sekunden.

ANMERKUNG Üblicherweise verwendete Pendel haben eine Schwingungsperiode, T_P, zwischen 0,9 s und 1,3 s. Deren Rahmen müssen deshalb einen ausreichend starren Aufbau haben, damit ihre Schwingungsperiode, T_F, weniger als 0,13 s bzw. 0,19 s beträgt.

Die Steifigkeit des Aufbaus, S_F, muss die folgende Ungleichung erfüllen:

$$S_F \geq 4\pi^2 m_F/T_F^2 \tag{D.7}$$

Bei Verwendung des empfohlenen Massenverhältnisses $m_F/m_{P,max}$ von 40 sowie bei Kombination von Ungleichung (D.6) mit Ungleichung (D.7) ergibt sich:

$$S_F \geq 7{,}7 \times 10^4 \times m_{P,\,max}/T_P^2 \tag{D.8}$$

Dabei ist

S_F die Steifigkeit des Aufbaus, in Newton je Meter;

$m_{P,max}$ die Masse des schwersten Pendels, in Kilogramm;

T_P die Schwingungsperiode des Pendels, in Sekunden.

Die Steifigkeit des Aufbaus, S_F, kann z. B. aus dem Versatz, s, bestimmt werden, der von einer bekannten Horizontalkraft F_F ($S_F = F_F/s$) hervorgerufen wird, die in Aufschlagrichtung auf den Rahmen einwirkt. Alternativ dazu kann die Schwingungsperiode des Rahmens, T_F, aus der Resonanzschwingung abgeleitet werden, die von einem Impuls in Aufschlagrichtung angeregt wurde und von einem geeigneten Aufzeichnungsgerät überwacht wird.

Anhang E
(informativ)

Verzögerung des Pendels beim Schlag

Die Tangentialgeschwindigkeit, v_A, in Meter je Sekunde, des Pendels bei der Schlaglänge unmittelbar nach dem Aufschlag kann wie in Gleichung (D.4) ausgedrückt werden, jedoch ohne W_F:

$$v_A = v_I \sqrt{1 - \frac{W}{E}} \tag{E.1}$$

Dabei ist

v_I die Aufschlaggeschwindigkeit, in Meter je Sekunde;

W die Schlagenergie, in Joule;

E die potentielle Energie des Pendels, in Joule.

Bild E.1 zeigt v_A, aufgetragen als Funktion der Schlagenergie, Schlagzähigkeit und Kerbschlagzähigkeit (Charpy-Schlagzähigkeitsprüfung nach ISO 179-1/1eU und ISO 179-1/1eA) für die verschiedenen verwendeten Pendel.

Die Geschwindigkeiten nach dem Aufschlag sind für 10 % bis 80 % der potentiellen Energie, E, die bei einem bestimmten Pendel aufgenommen werden können, angegeben (20 % bis 80 % für Schlagzugversuche; siehe ISO 8256).

Außerdem muss stets das Pendel mit der innerhalb des vorstehend angegebenen Energiebereiches höchstmöglichen potentiellen Energie verwendet werden.

Diese Anforderung ist durch die fett gedruckte Linie in Bild E.1 angezeigt. Als eine Folge dieser Anforderung ist der bei Charpy-Schlagzähigkeitsprüfungen auftretende Geschwindigkeitsbereich beträchtlich vermindert. Die Verzögerung aufgrund der beim Aufschlag auf den Probekörper verbrauchten Arbeit ist auf 5 % bis 10 % der Aufschlaggeschwindigkeit wirkungsvoll eingeschränkt.

Diese Anforderung stellt sicher, dass Schlagzähigkeitsprüfungen, bei denen Pendel unterschiedlicher potentieller Energie zum Einsatz kommen, bei etwa gleicher Geschwindigkeit durchgeführt werden.

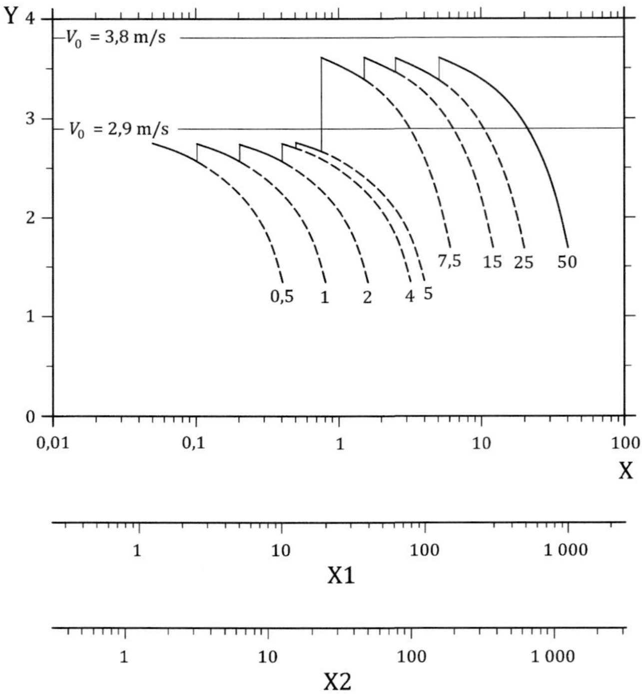

Legende

X Schlagenergie, J
X1 Schlagzähigkeit, kJ/m
X2 Kerbschlagzähigkeit, kJ/m
Y Geschwindigkeit nach dem Aufschlag, m/s

Bild E.1 — Pendelgeschwindigkeit nach dem Aufschlag als Funktion der Schlagenergie, Schlagzähigkeit und Kerbschlagzähigkeit für Charpy-Schlagzähigkeitsprüfungen

Anhang F
(informativ)

Lehrenplatte zur Verifizierung von Charpy-Schlagpendeln

Bild F.1 bis Bild F.3 zeigen die Gestaltung und Verwendung einer Lehrenplatte für die Verifizierung von Charpy-Schlagpendeln.

Werkstoff: korrosionsbeständiger oder nichtrostender Stahl, z. B. X 46 Cr 13, 100 Cr 6.

Maße in Millimeter

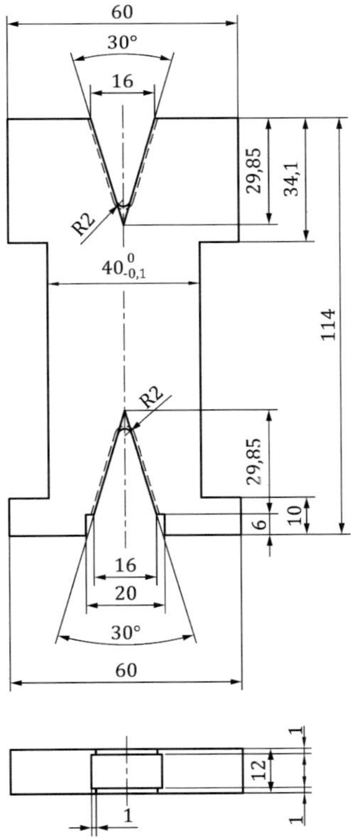

ANMERKUNG $\sqrt{R_Z 25}$ auf allen Seiten

Bild F.1 — Form und Maße der Lehrenplatte

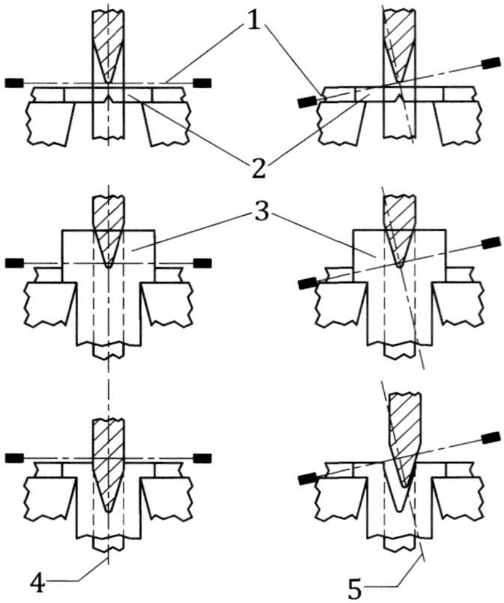

a) Durch „Umdrehen" der Lehrenplatte festgestellter Fehler

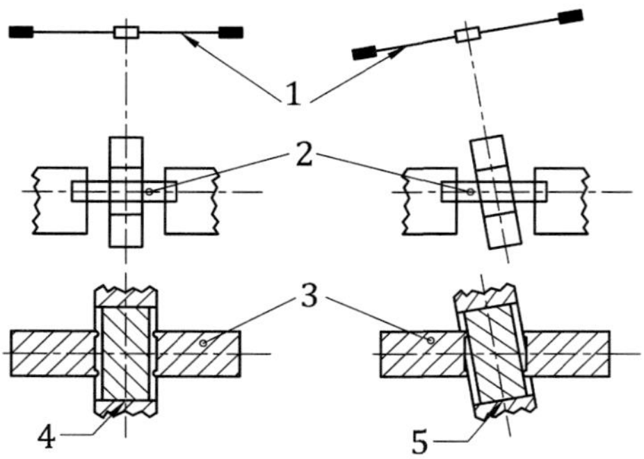

b) Infolge der Berührung der Lehrenplattenkanten durch die Hammerschneide erkannter Fehler

Legende

1 Rotationsachse des Pendels
2 Probekörper
3 Lehrenplatte
4 Schwingungsebene des Pendels senkrecht zur Längsachse des Probekörpers
5 Schwingungsebene des Pendels nicht senkrecht zur Längsachse des Probekörpers

ANMERKUNG In diesem Beispiel verläuft die Schwingungsebene des Pendels nicht senkrecht zur Längsachse des Probekörpers (rechte Seite des Bildes).

Bild F.2 — Verwendung der in Bild F.1 dargestellten Lehrenplatte — Beispiel 1

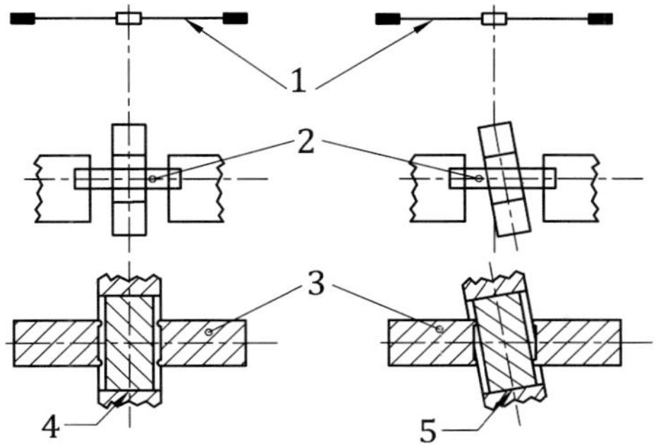

a) Infolge der Berührung der Lehrenplattenkanten durch die Hammerschneide erkannter Fehler

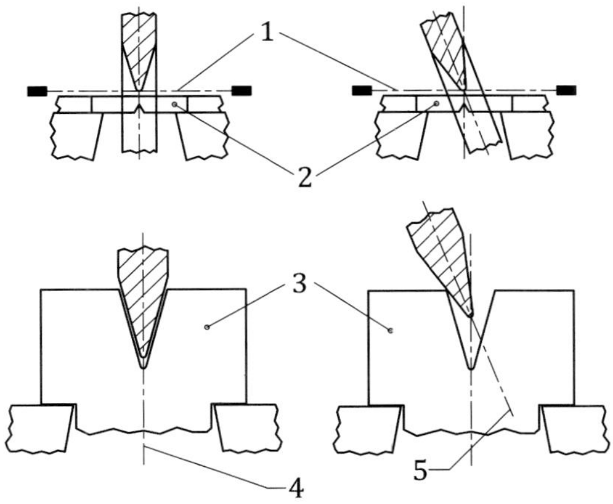

b) Infolge des Nichterreichens des Bodens der Vertiefung in der Lehrenplatte durch die Hammerschneide erkannter Fehler

Legende

1 Rotationsachse des Pendels
2 Probekörper
3 Lehrenplatte
4 Symmetrieebene der Hammerschneide in der Schwingungsebene des Pendels
5 Symmetrieebene der Hammerschneide nicht in der Schwingungsebene des Pendels

ANMERKUNG In diesem Beispiel liegt die Symmetrieebene der Hammerschneide nicht in der Schwingungsebene des Pendels (rechte Seite des Bildes).

Bild F.3 — Verwendung der in Bild F.1 dargestellten Lehrenplatte — Beispiel 2

Service-Angebote von DIN Media

DIN und DIN Media

DIN Media ist eine Tochtergesellschaft von DIN Deutsches Institut für Normung e. V. – gegründet im April 1924 in Berlin.

Neben den Gründungsgesellschaftern DIN und VDI (Verein Deutscher Ingenieure) haben im Laufe der Jahre zahlreiche Institutionen aus Wirtschaft, Wissenschaft und Technik ihre verlegerische Arbeit an DIN Media übertragen. Seit 1993 sind auch das Österreichische Normungsinstitut (ASI) und die Schweizerische Normen-Vereinigung (SNV) Teilhaber der DIN Media GmbH.

Nicht nur im deutschsprachigen Raum nimmt DIN Media damit als Fachverlag eine führende Rolle ein: DIN Media ist einer der größten Technikverlage Europas. Von den Synergien zwischen DIN und DIN Media profitieren heute über 178.000 Kundinnen und Kunden weltweit.

Normen und mehr

Die Kernkompetenz von DIN Media liegt in ihrem Angebot an Fachinformationen rund um das Thema Normung. In diesem Bereich hat sich in den letzten Jahren ein rasanter Medienwechsel vollzogen – die Mehrheit der DIN-Normen wird mittlerweile als PDF-Datei genutzt. Auch DIN-Taschenbücher sind als PDF-E-Books beziehbar.

Als moderner Anbieter technischer Fachinformationen stellt DIN Media Produkte nach Möglichkeit medienübergreifend zur Verfügung. Besondere Aufmerksamkeit gilt dabei den Online-Entwicklungen. Im Webshop unter www.dinmedia.de sind bereits heute 900.000 Titel lieferbar. Ein Großteil davon ist auch im Download erhältlich und kann von den Anwendenden innerhalb weniger Minuten digital eingesehen und eingesetzt werden.

Von der Pflege individuell zusammengestellter Normensammlungen für Unternehmen bis hin zu maßgeschneiderten Recherchedaten bietet DIN Media ein breites Spektrum an Dienstleistungen an.

So erreichen Sie uns

DIN Media GmbH
Am DIN-Platz
Burggrafenstraße 6
10787 Berlin

Telefon +49 30 588 857 00-70
kundenservice@dinmedia.de
www.dinmedia.de

Ihre Ansprechpartner*innen in den verschiedenen Bereichen von DIN Media finden Sie auf der Seite „Kontakt“ unter www.dinmedia.de.

Stichwortverzeichnis

Die hinter den Stichwörtern stehenden Nummern sind DIN-Nummern der enthaltenen Normen.